旅館前檯作業管理

郭春敏◇著

序 言

一本Front Office的中文書出版了！在撰寫與整理這本書的過程中，我自己的收穫與成長很多，希望您在閱讀此書時，也能有所收穫與感動。

本書首先介紹客務從業者應有之基本服務概念與專業技巧之認識，接著介紹旅客抵達旅館前的訂房，及到達時的旅館遷入，與旅客住在館內相關的客務服務，直到退房之一連串作業之內容與程序，最後介紹旅館營收管理與電腦化系統等。此外，本書為增加其內容之豐富與趣味性，在每一章皆有旅館世界觀，其主要介紹世界各國比較具特色之旅館，以增加讀者對旅館之興趣。而基於筆者這幾年來教授客務管理與實務之體驗，客務運作之教師與學習者都感到困難，因它比較難具體化，如前檯接待人員除了要有合宜之儀態外，亦須對旅館本身的各項服務設備及附近的設施等充分瞭解，且用流利的語言推銷其服務項目予客人，尤其遇到顧客抱怨如何靈活處理等問題，皆需有經驗的服務員才能勝任，故旅館管理者大多比較不願冒險讓一位沒有經驗之學習者至如此重要的場所演練，因為他們瞭解前檯是旅客第一個接觸且也是旅客對旅館留下最後印象的重要地方。因此，本書利用個案探討與分析（本書之個案皆為真實案例，而為求不影響旅館之聲譽，本書已改寫）以增進學習者面對真實情況之解決問題的判斷與分析能力。

本書得以出版要感謝揚智文化事業股份有限公司，亦要感謝我的學生在授課中給我很多的點子與衝擊，才能讓本書資料更豐

富，更感謝華泰、華國、亞太……等各大飯店給予的協助。此外，還要感謝麗娟、怡萱、秀庭、淑玲的支持與幫忙，還有我最親愛的家人給我的關心與愛護。最後感謝協助本書出版的每一個人，以及閱讀本書的讀者。本書雖然經縝密編著，但謬誤或疏漏之處恐在所難免，尚祈各界先進不吝指正。

郭春敏 謹誌

二〇〇三年一月

目　錄

第一章　客務服務基本觀念

天才是將心裏想到的東西付諸實施的能力。

——無名氏

　　客務部（Front Office）又稱前檯，當每位旅客在抵達或退房離開旅館時，都會直接與前檯人員接觸，因此它成為旅客第一印象與最後印象之主軸部門，故客務部門及其員工對建立旅館的形象和聲譽有著重要的使命。服務的原則是以對待親人或最愛的人的態度來服務顧客，亦出自內心之服務。人與人之間自然互動下所產生的真心關懷，才是服務的精髓。與顧客直接面對面接觸的服務人員，藉由企業方針、服務基本守則等訓練課程，使其瞭解接待客人的程序及方式，目的是為了訓練員工運用自己的智慧及臨場判斷能力，將服務品質推向更高境界。如此也可以培養出員工強烈的責任感及自信，進而做到人性化的服務。在進入觀光旅館之客務服務前，我們應先瞭解台灣觀光旅館發展之過程與形態，以俾提供更完善的客務服務。因此，本章首先介紹台灣觀光旅館之發展與經營形態，其次說明客務部工作職掌與組織架構，進而分享客務部扮演的角色與功能，最後進行個案探討與問題分析。

第一節　台灣觀光旅館之發展與經營形態

　　台灣觀光旅館發展歷程是隨著觀光事業的發展而開始，主導整體歷程是隨著政治、經濟、社會、來華旅客人次及政府政策的推動而展開，其背景從傳統旅社演進到觀光旅館，在民國五十二年，因來華旅客大量增加，由政府制定相關法令正式定名，而發展至現今之概況與規模。

一、觀光旅館發展歷程

我國政府自民國四十五年開始發展觀光事業，由於政府的鼓勵與推動，才帶動觀光旅館投資興建熱潮，詹益政（1991）依年代及營運現況區分為：傳統式旅社時代、觀光旅館發軔時代、國際觀光旅館時代、大型化國際觀光旅館時代、國際化旅館連鎖時代。而黃應豪（1995）再細分增加為能源危機停滯期（民國六十三年至六十五年）、整頓期（民國七十一年至七十二年）、重視餐飲時期（民國七十三年至七十八年）。綜合上述與陳世呂（1993）《台灣旅館事業的演變與發展》中的劃分後，將台灣觀光旅館發展歷程分為下列八階段說明之。

(一)傳統旅社時期（民國三十四年至四十五年）

台灣光復後，百廢待舉，經濟蕭條，全省旅社僅四百餘家，多為傳統的旅社、客棧，設備簡陋，大多為冷暖氣及獨立式衛浴設備，能提供外客住宿的景觀式之招待所，只有圓山大飯店、台北招待所、中國之友社、自由之家、勵志社、台灣鐵路飯店、台南鐵路飯店、日月潭涵碧樓招待所等八家，客房約一百五十四間，全省旅社共四百八十三間。

(二)觀光旅館發軔期（民國四十五年至五十二年）

政府積極推動觀光事業發展，正式成立台灣省觀光事業委員會及台灣觀光協會，而民國四十七年政府為發展觀光事業，擬訂「國際觀光旅館建築及設置標章要點」，以鼓勵民間興建國際觀光旅館，於民國五十二年頒布，因此帶動興建熱潮，此時期共有二十五家較具代表性，計有紐約飯店、石園飯店、綠園飯店、華府飯店、國際飯店、台中鐵路飯店、高雄華園大飯店、第一飯店、亞士都飯店、陽明山中國飯店與台灣飯店等。

(三)國際觀光旅館時期（民國五十三年至六十二年）

民國五十二年正式頒布「新建國際觀光旅館建築及設備要點」與「興建觀光旅館設備標準要點」，並對民間投資興建國際觀光旅館予以五年免徵營利事業所得稅的優待，來華旅客在此十年大量增加，由五十三年九萬餘人次增至六十二年的八十四萬餘人次，因五十三年日本開放觀光，五十四年至六十一年越南美軍來台度假，如此使國際觀光旅館在全台大量興建，具國際水準之觀光旅館有統一大飯店、國賓大飯店、台南大飯店、中泰賓館、高雄華王大飯店及希爾頓大飯店等共二十家國際觀光旅館，一般觀光旅館有八十一家，共計觀光旅館有一百零一家。

(四)能源危機停滯期（民國六十三年至六十五年）

六十二年發生能源危機，政府實施禁止興建建物辦法，且稅捐增加、電費大幅調高，故此階段三年中除台北市鳳殿大飯店外，未有其他新的觀光飯店出現。

(五)大型國際觀光旅館時期（民國六十六年至民國七十二年）

民國六十五年經濟復甦，來華觀光客突破一百萬人次，而發生旅館荒，六十六年公布「都市住宅區內興建國際觀光旅館處理原則」及「興建國際觀光旅館申請貸款要點」，解決建築地難求及資金不足兩大問題，因而刺激民間興建旅館的興趣。

大型觀光旅館大量出現，六年共建四十五家，如六十六年有台北芝麻；六十七年全省十二家，如康華三普（今改為亞太）；六十八年有十一家，如美麗華、財神、兄弟、亞都、高雄名人等；六十九年有十二家，如國聯、台中全國；七十年有九家，如高雄國賓、台北來來；七十二年有富都、環亞及老爺等。但由於新旅館的出現，且六十九年來華旅客成長緩慢，迫使老舊旅館紛紛停業、轉讓，此時期共有二十家結束營業。

(六)重視餐飲時期（民國七十三年至七十八年）

國際觀光旅館面對市場競爭壓力大，經營成本增加，如稅捐、人員薪資等，且來華旅客成長緩慢，故開始改變以客房為主要收入的方式，爭取國民餐飲市場，而使餐飲收入開始超過客房收入之比率，如兄弟、來來、福華、老爺等，皆有不錯之餐飲收入，而此時期增加之旅館有福華、老爺、力霸、墾丁凱撒、通豪等飯店。

(七)連鎖旅館時期（民國七十九年至八十二年）

民國七十九年時凱悅、麗晶（現改名晶華）及西華等三大飯店成立，使台灣的旅館經營邁入國際化的連鎖時期，故帶來對本土化的旅館及中小型的旅館相當大的衝擊，而此時期本土化的旅館發展連鎖體系發展至今，如福華大飯店，相繼在台北、墾丁、翡翠灣、台中、高雄、石門水庫及未來的新竹、台東設店：中信大飯店在花蓮、日月潭、高雄、新竹、中壢、台中、台南、礁溪、淡水、新店及桃園設下據點，而晶華集團在台北、天祥、台中、高雄設下連鎖據點。

(八)休閒旅館時期（民國八十二年至今）

隨著台灣經濟的成長，國民所得提升，國人日漸重視休閒生活，而民國七十五年墾丁凱撒大飯店的經營成功，原設定以國外旅客為主要客源卻反變成以國人為主，而到八十二年知本老爺經營成功，使休閒旅館更受重視，其投資資本少，平均房價高、投資回收快，而掀起投資風潮，相繼成立有溪頭米堤、花蓮美崙、天祥晶華、墾丁福華等，另有更多的投資案在規劃中。於全球化程度越來越高、休閒旅遊風氣暢行與台灣周休二日制度的落實之下，國內觀光旅館產業也隨之進入更密集競爭的時期。

表1-1　台灣觀光旅館之發展經過

階段	發展情況	代表性旅館
民國三十四至三十五年 傳統式旅社時期	＊全省旅社約四百八十三家，多爲客棧、招待所與傳統旅社形式。 ＊景觀式旅社可提供外賓住宿。	＊圓山飯店 ＊台灣鐵路飯店
民國四十五至五十二年 觀光旅館發軔期	＊民國四十五年台灣觀光協會正式成立。 ＊政府政策鼓勵帶動第一次興建觀光旅館熱潮，此一階段共興建二十六家觀光旅館，以高雄圓山與華園最著名。	＊石園（第一家民間資本） ＊高雄華園 ＊第一飯店
民國五十三至六十二年 國際觀光旅館時期	＊民國五十三年國賓與統一飯店相繼成立，使我國旅館經營邁入國際化新紀元。 ＊此時期相繼成立觀光旅館九十五家。 ＊民國六十二年台北希爾頓開幕，爲台北市觀光旅館國際化之始。	＊國賓 ＊統一 ＊中華賓館 ＊希爾頓
民國六十三至六十五年 能源危機停滯期	＊能源危機發生，政府頒布禁建令，稅率、電費大幅調高。 ＊三年間未增加新的觀光旅館。	
民國六十六至七十年 大型國際觀光旅館期	＊民國六十五年經濟復甦，來華旅客突破一百萬人，發生旅館荒。 ＊民國六十六年政府公布「都市住宅區內興建國際觀光處理原則」及「興建國際觀光旅館申請貸款要點」，突破建地及資金不足兩大瓶頸，刺激了大型觀光旅館興建，共計增加四十五家。	＊來來 ＊高雄國賓 ＊兄弟
民國七十一至七十二年 整頓時期	＊第二次石油危機發生，旅客零成長，競爭激烈、稅賦增加，經營不善之旅館進入整頓期。	＊亞都 ＊環亞
民國七十三至七十八年 重視餐飲時期	＊國際觀光旅館逐漸改變客房爲主之經營方針，發展富彈性的餐飲業務，以獲取更多收入。 ＊經濟景氣活絡，歐洲恐怖組織活動頻繁，來華觀光及商務旅客激增，旅館供不應求，房價直逼日本。	＊老爺 ＊福華 ＊力霸 ＊墾丁凱撒 ＊通豪

（續）表1-1　台灣觀光旅館之發展經過

階段	發展情況	代表性旅館
民國七十九至八十二年 國際連鎖旅館時期	*麗晶、凱悅等國際知名的連鎖飯店相繼在台北開幕，為我國觀光旅館業帶來強烈衝擊。	*麗晶 *凱悅 *西華
民國八十二年至今 休閒旅館時期	隨著台灣經濟的成長，國民所得提升，國人日漸重視休閒生活，加上台灣周休二日制度的落實之下，且國內觀光休閒旅館產業也愈來愈興盛。	*天祥晶華 *墾丁福華 *知本老爺飯店 *墾丁悠活度假村 *花蓮遠來大飯店 *花蓮理想大地度假飯店

二、觀光旅館之經營形態

上一節已概述整個觀光旅館業的發展狀況。而目前單就台灣的旅館經營狀況大概又可分成下列四種，將其整理如表1-2，使您對這個產業的經營情況能有更進一步的瞭解。

表1-2　觀光旅館業的經營形態

經營形態	定義	代表旅館	優點	缺點
獨立經營型	企業不借助外力，獨立經營並管理其投資的旅館，擁有所有權與經營管理的決策權力	福華、圓山、統一、中泰、華國、華泰、兄弟、麗晶	*企業資金可統籌運用 *經營管理人員調派有自主權 *因應變化彈性	*投資風險較高 *市場上競爭壓力

（續）表1-2　觀光旅館業的經營形態

經營形態	定義	代表旅館	優點	缺點
加盟連鎖型	只以加盟方式與世界上連鎖旅館集團訂立合作經營契約，規範彼此合作經營之權利與義務。子公司每年付定額權利金，換取母公司之作業標準與管理知識	*老爺（加入日航） *高雄華園（加入假日旅館連鎖） *華泰（日本王子）	*加盟者本身可藉母公司之標誌而開拓市場，提高名氣與身價 *子旅館可獲得總公司提供之管理作業標準 *可共享市場資訊、連鎖訂房系統與廣告宣傳	*經營管理上受到母公司限制，因應市場變化的靈活度降低
管理契約型	旅館投資者以訂定管理契約的方式，委託國際連鎖旅館為管理其投資之旅館。所有權與經營管理權完全分離	*凱悅（新加坡豐隆集團委託凱悅集團經營） *鼎鼎（遠東企業委託香格里拉集團經營） *六福皇宮（國泰建設委託Westin集團經營）	*專業管理技術的轉移 *較易獲得金融機構的貸款支持 *共享市場資訊、訂房系統與廣告宣傳	*投資者對人事任用與經營管理無自主權
加入會員組織型	經過嚴格之資格審查後加入享譽盛名之世界組織，成為其會員旅館，其後仍不斷接受其考核	*西華飯店加入Preferred Hotel	*享有尊榮信譽 *會員旅館間資訊交流 *易得國際人士信賴	*市場區隔明確，策略不易調整 *缺乏管理技術的轉移

紐式 lodge

翻開字典，lodge的意思很多，包括遊覽區的小旅館或旅舍，狩獵季節使用的山林小屋，或是廣義的小屋、小房舍。而在不同地方，lodge也代表著不同的意義，例如，lodge在劍橋大學指的是院長所住的房子，北美印第安人所住的棚屋也稱做lodge。

在紐西蘭，lodge這個字被廣泛應用在不同的住宿形態上，像汽車旅館就有motel lodge，而最約定俗成的意義指的是頂級度假別墅。

紐西蘭Treetops Lodge經營者John Sax分析說，lodge是特殊的住宿形態，有五星級飯店的專業服務水準，但也具備如民宿般的特質，客人和管家般的服務人員閒話家常，多了些親切親近的感受。

一般來說，紐西蘭的lodge走的是小而精美的路線，房間數或套房數都不多，少則四、五間，多則也不過一、二十間，大多是豪華別墅式形態，住起來有家的感覺。lodge大多沒有飯店式冷冰冰的接待大廳，取而代之的是佈置得像家一般溫馨的客廳或起居室，讓喜歡交朋友的客人有舒適的交談社交空間。

絕佳視野是lodge吸引人氣的指標，面湖、臨河或坐落在原始森林中，是紐西蘭lodge的特色之一。

除了自然環境要幽靜，lodge也發展各自的主題或特色，例如，以美食取勝、藏酒豐富可提供品酒、提供森林狩獵的行程，或營造極浪漫的氣氛以吸引新婚者到此度蜜月，也有lodge提供會議室空間，供商務人士運用。不像一般飯店或旅館，lodge提供的不單單只是過夜休息，而是結合美景、美

第二節　客務部工作職掌與組織架構

　　組織（organization）是由一群人組成，這些人分別擔任不同
的工作，彼此協調合作以達成組織之目標，組織本身並非目的
（end），而是達成目的的手段（mean），就旅館客務部門而言，所
謂組織是要依其旅館大小編制旅館內各部門員工的職掌，並亦可
表示它們之間的關係，使每個員工的努力和工作合理化，而能趨
向一個共同的目標，簡言之是要使客務員能與工作適當配合，以
利推展房務工作，主要目的為增加客人滿意且讓旅館增加收入。
而一般國際觀光旅館客務部組織（如**圖1-1**）可分為訂房組、服
務中心、櫃檯接待、總機、商務中心、櫃檯出納等，以下將針對
上述之工作職掌與組織進一步說明。

一、客務各部門工作職掌

　　客務部是旅館的神經中樞，掌控旅館日常的營運，其包括客
人抵達旅館前與訂房組之預約房間接觸，直到客人下榻飯店之服
務中心門衛與行李員之服務；櫃檯接待人員之住宿登記與房間安
排；而當客人住宿時有關電話的使用，須與總機詢問；若為商務

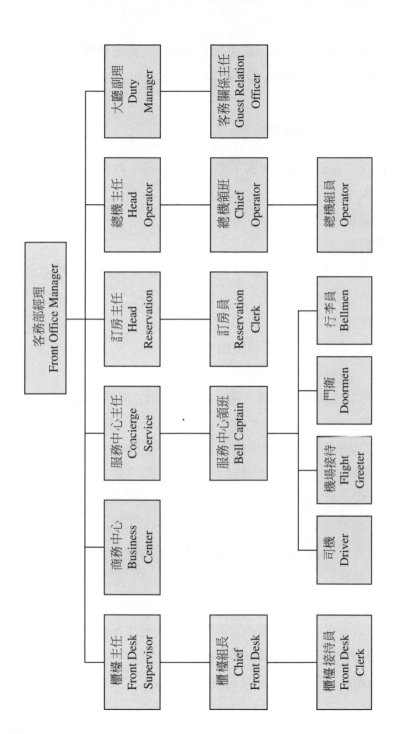

圖1-1 大型旅館客務部組織圖

客務部經理 Front Office Manager
櫃檯主任 Front Desk Supervisor
商務中心 Business Center
服務中心主任 Concierge Service
訂房主任 Head Reservation
總機主任 Head Operator
大廳副理 Duty Manager
櫃檯組長 Chief Front Desk
服務中心領班 Bell Captain
訂房員 Reservation Clerk
總機領班 Chief Operator
客務關係主任 Guest Relation Officer
櫃檯接待員 Front Desk Clerk
司機 Driver
機場接待 Flight Greeter
門衛 Doormen
行李員 Bellmen
總機組員 Operator

旅客亦需商務中心的服務；最後當客人退房亦需至櫃檯出納辦退房手續等，以上林林總總為客務部人員的工作職掌，茲說明如下：

(一)訂房組的工作職掌簡介

1. 接受客人對於飯店房間形態、價格、基本設備及設施等之詢問。
2. 接受客人對飯店客房的預訂。
3. 填寫各項訂房記錄。
4. 在客人未抵達飯店前數天（依飯店之規定）與客人確認訂房。
5. 製作各項訂房表格。
6. 列印房間銷售狀況之各項相關表格。
7. 建立及保存住客歷史資料。
8. 處理各項與訂房相關之信件、傳真、電話或E-mail之訂房相關工作。
9. 對於業務部門或其他部門收受之訂房做後續之追蹤處理。
10. 對於旅行社等相關團體訂房做安排。
11. 飯店客房形態、房號位置所在及房間內部格局與陳設皆需熟悉。
12. 業務或企劃單位所推出之不同的套裝行程內容、價格等皆需熟悉。
13. 對已預定房間之客人做訂房保證金的預收。
14. 飯店未來房間預定狀況、可銷售的房間狀況或未銷售完仍需加強銷售之房間數，應隨時掌控及更新。
15. 瞭解飯店房價政策及訂房員被授權程度，熟悉客房銷售技

巧，以便在銷售客房時予以妥善運用。

16.服從上級指示，完成臨時交辦事項。

(二)服務中心的工作職掌簡介

1.影印服務、名片製作服務。

2.翻譯與秘書服務。

3.傳送與接收傳真。

4.收發快遞郵件與收發E-mail。

5.代客打字與查詢資訊。

6.協助客人上網。

7.飛機票等交通工具之代訂或代為確認。

8.電腦設施、影印設備等器材租借。

9.廠商訪問的預約與安排與會議室之租借和安排。

10.協助櫃檯留言。

11.雜誌之訂閱和清點。

12.入帳並結算每日報表，製作每月之月報表。

13.整理環境，補充所需之用品。

14.服從上級指示，完成臨時交辦事項。

(三)櫃檯接待與出納的工作職掌簡介

1.辦理個人與團體旅客住宿登記、房間引導及說明，並將資料輸入電腦。

2.隨時掌握最新住房情形，並保持電腦住房狀況的正確性。

3.客房鑰匙之收發、控制及遷出房間鑰匙的收回管理。

4.於訂房組下班後及休假時，負責處理訂房作業。

5.協助房客解決處理問題及顧客抱怨之處理，並向上級反應

旅客意見。

6.依房客要求，處理換房、換房價手續，並通知有關單位配合。

7.徹底瞭解昨日住房率，當日住入、遷出之房間數，VIP姓名、身分，及當日各餐廳的宴會資料與飯店所舉辦之活動。

8.保持工作場所的清潔、整齊。

9.交待事項記錄交班簿裏。

10.確實瞭解飯店裏之各項設施、服務項目、房間型態及各餐廳營業時間，飯店近日裏所要辦之各項活動等。

11.兌換外幣與退款作業。

12.辦理旅客之結帳工作。

13.提供有關單位房客資料之報表、配合飯店之業務促銷活動。

14.房客離店後及住宿期間，協助處理個人歷史資料的登記及輸入電腦。

15.服從上級指示，完成臨時交辦事項。

(四)總機的工作職掌簡介

1.轉接電話。

2.留言服務。

3.回答來電詢問有關館內活動之相關資訊。

4.喚醒服務。

5.代客撥打國內、國際長途電話。

6.旅館內外緊急和意外事件之通知，且必須熟記各項緊急事件之聯絡電話及處理步驟。

7. 熟練操作機房內之全館播音系統、付費電影片及客用網路系統之檢查。

8. 全館緊急廣播及廣播系統之測試。

9. 隨時注意監視系統之查看。

10. 負責館內音樂之控制。

11. 電話帳單之核對。

12. 機場on the way回報，並將其回報寫於機場接待通知單上，送至櫃檯（F/D: Front Desk）及服務中心（CNG: Concierge）。

13. 對於公司內部之營運情況等商業機密，必須嚴格保密。

14. 查詢每日氣象簡報，可向氣象台查詢。

15. 負責電話聯繫傳達相關部門，有關住宿旅客所有提出之服務要求。

16. 服從上級指示，完成臨時交辦事項。

(五)商務中心的工作職掌簡介

1. 前往機場、車站接送旅客。

2. 協助旅客行李的運送與保管。

3. 請客人至櫃檯辦理住宿登記及引領客人進入客房，介紹房內設施與使用方式。

4. 遞送每日的日報、晚報。

5. 旅客要離開時，協助搬運行李，並引導客人至櫃檯辦理退房手續。

6. 為離開旅館旅客搬運行李，招呼計程車供旅客搭車。

7. 為館內住客提供留言、信件的服務，並送交給客人。

8. 為館內住客提供寄信服務。

9.代訂、安排各種交通工具。

10.提供館內外資訊詢問的服務。

11.完成旅客交代的事項,如代訂鮮花、門票等。

12.維護大廳四周的安全及整潔。

13.服從上級指示,完成臨時交辦事項。

(六)夜間經理的工作職掌簡介

1.處理突發的意外事件如天災、火災等。

2.維護旅館內外安靜的環境,對大聲喧嘩者應予以勸止。

3.防止不法情事發生,隨時注意是否有可疑人士逗留館內。

4.處理客帳上的各種問題。

5.對於入住館內的VIP客人,隨時留意其所需的服務。

6.接到客人抱怨時,要儘速處理。

7.指揮安全人員及警衛,加強館內設施環境的巡邏。

8.遇有住宿旅客或員工身體病痛難受時,要儘速送醫治療。

9.如發生館內設施有損壞或故障情形,應請負責的部門同仁
　前往修復。

10.對夜晚進出旅館的旅客,予以管制和過濾。

11.服從上級指示,完成臨時交辦事項。

二、客務部各階層職員工作職掌

(一)經理

　　客務部各部門之工作職掌已敘述如上,而瞭解本身所扮演角色之責任與義務,也是很重要的,故將客務部各階層職員之工作職掌介紹如下:

1. 瞭解部門內各單位工作職掌及作業標準程序，同時確定各單位均應配合公司政策及準備流程。
2. 組成一和諧及有效率之團隊。
3. 有效地控制成本及人力支出費用。
4. 監督控制所有營收及費用都能依公司標準執行之。
5. 確認訓練之需求，執行訓練計畫。
6. 傳達上級之命令，向部屬闡明飯店的目標政策和營業方向。
7. 根據公司人力發展計畫培養幹部。
8. 利用各種資源計畫，建立維持顧客關係，同時確保各員工及幹部都能提供最好的服務。
9. 對顧客之抱怨能適當地解決，學習分析抱怨、情緒起伏、員工表現，而預測困難、問題之發生。
10. 招募面試新進員工，同時監督幹部給予新進員工職前訓練。
11. 制訂部門薪津標準，安排部門各式活動。
12. 維持良好公正的員工關係。
13. 對各部門保持良好之關係，減少溝通之障礙。
14. 主持固定幹部會議，工作提示和檢討缺失。
15. 瞭解公司員工安全規章，即時處理員工意外事件。
16. 掌握各部門與櫃檯工作間之重點及聯繫方法。
17. 維護部門內各種生財器具，免其受損。
18. 控制服務水準，降低工作暇疵。
19. 執行公司徵信制度，以減少壞帳損失。

(二)主任

1.訂定櫃檯接待及出納標準作業程序，以利營運之進行。

2.指揮教導主管單位內部所屬作業方法及事務。

3.讓主管充分瞭解接待組工作狀況及工作士氣。

4.與其他部門單位保持良好關係。

5.監督鑰匙管制。

6.確保顧客抱怨將有效、迅速、有禮貌地解決，並向主管提出改進方案。

7.隨時督導部屬保持禮儀服務客人。

8.督導、檢視當日到達客人及團體資料，隨時保持最新資料並通知各相關單位。

9.詳細轉達上級命令並督導執行。

10.每日主持case study的檢討。

11.與櫃檯人員共同瞭解每日應處理之事項。

12.參與每月櫃檯會議。

13.處理相關之行政作業，控制員工請假、調班等事宜。

14.督導員工服裝儀容。

15.每日固定員工之考驗審核。

16.教育新進員工。

(三)組長

1.協助主任處理各項事務。

2.督導及協調部門內之工作。

3.分配部屬工作及領導部屬活動。

4.接待貴賓，安排特別之服務。

5.處理客人之要求及抱怨事宜。

6.督導維持櫃檯工作環境之整齊。

7.教導每班接待之工作內容並審核。

8.隨時向主管報告當班情形並督導各班同仁填寫工作日誌。

9.傳達上級公告及注意事項。

10.參與每月櫃檯會議。

11.督導員工服裝儀容。

12.隨時督導接待員保持應有之服務態度。

13.隨時注意審核櫃檯內零用金之數量。

14.瞭解公司財務徵信政策,同時嚴格執行審核。

15.完成由主管指派之其他相關事宜。

(四)櫃檯接待與出納

1.接班時須與上一班組員交接班,並閱讀交接簿後簽名。

2.處理旅客遷入前的準備工作。

3.處理旅客登記及配合住客要求,給予適當的房間。

4.配合執行公司財務徵信政策。

5.瞭解訂房程序,處理當天訂房。

6.入帳、團帳、外掛、兌換外幣以及信用卡等作業處理。

7.隨時注意與客人講電話之禮儀。

8.保管已到達之物品、郵件、包裹、留言等,等候客人抵達時負責轉交給客人。

9.隨時注意不尋常之事件或客人之特殊要求,告知主管。

10.瞭解緊急狀況處理方法與意外防止處理方法。

11.執行上級交待事項,並完成臨時交辦事項。

12.對於飯店內各項設施皆需熟悉,以便隨時回答客人的詢

問，例如餐廳、健身房等之服務內容、營業時間等。

13. 協助客人辦理住宿登記並替客人安排適當之房間。

14. 客房鑰匙的控管。

15. 掌握當日各種房間形態銷售狀況及報表的製作。

16. 對於飯店本身各種房間形態、位置、視野、內部陳設、坪數及房價等皆需熟記。

17. 熟知當日館內各單位之活動項目，例如各項會議、宴會舉辦之地點等。

18. 處理顧客抱怨。

19. 熟悉各項會計科目，以方便結帳之操作。

20. 熟悉發票之開立作業，二聯式、三聯式需確認，電子發票及手開發票皆需熟悉操作。

21. 熟悉辨識現金之真偽。

22. 協助結帳、顧客歷史資料、房間鑰匙保管、房控、監控機房設備、遺留物品處理、維持櫃檯周圍整潔、訂房組下班後代接訂房電話。

23. 隨時留意電話帳、付費電視有無計入房客帳內，如發現問題應立即查出漏帳的起迄時間。

24. 接班前後必須備齊零用金，以利作業順暢。

25. 凡客人早上外出須確認是否續住，若為續住，檢查房帳收取；當日退房，則收取其他雜費並告知退房時間。

26. 客人未退房前帳單勿先列印，以免漏收帳單列印後所產生的其他消費帳。

27. 每筆帳目均需開立統一發票，開立前請先確定發票號碼，可節省更改的時間。依照電腦時間結前日總帳後，報表金額須與現金相符始可交會計部門。

專欄1-1 十二項你必須克服的職場弱點

　　成功，是每個人的渴望。基層員工想升主管，基層主管希望有朝一日當上副總或總經理，總經理希望有一天能成為集團總裁。但是，有些人就是沒辦法成功。而且，往往許多才華洋溢、學經歷完整、頂著人人稱羨的職位與頭銜的人，卻因為某些個性特質，讓他在邁向成功的關口，沒辦法突破瓶頸，更上一層樓。

　　美國哈佛商學院MBA生涯發展中心主任，華得盧與巴特勒博士，接受《財星》五百大企業委託，擔任諮詢顧問或教練，協助這些明明被看好，卻表現不佳，快要被炒魷魚的主管；或是即將被晉升到最高階層，但是卻有個性特質的障礙；或是表現不錯，但是潛力猶待發揮的企業員工。此外，他們也長期輔導哈佛大學商學院的畢業生。二十多年來，華得盧與巴特勒輔導了上千個個案。

　　「為什麼有才華的人會失敗？為什麼有才華的人表現會不如預期？」這本《別和成功擦肩而過》，就是華得盧與巴特勒鑽研這個問題二十年來的結晶。什麼樣的行為模式，會成為致命缺陷，嚴重地阻礙事業生涯？華得盧與巴特勒歸納出二十項行為模式。

1.永遠覺得自己不夠好

　　這種人患有「事業的懼高症」。他聰明、富有歷練，但是一旦被拔擢，反而毫無自信，覺得自己不適任；此外，他沒有往上爬的野心，他覺得自己的職位已經太高，或許低

一、兩級可能還比較適合。這種自我破壞與自我限制的行為，有時候是無意識的。但是，身為企業中、高階主管，這種無意識的行為卻會讓企業付出很大的代價。從基層做起、領導過無數優秀部屬的惠普科技董事長余振忠，看過很多這樣的人。「他們沒有給自己打一個對的分數。」余振忠觀察。他指出，這些人對自己的看法是負面的，總覺得有成就是因為運氣好。所以，主管必須協助這種人，把自我形象扭轉為正面。

2. 非黑即白看世界

他們眼中的世界非黑即白，他們相信，一切事物都應該像有標準答案的考試一樣，客觀地評定優劣。他們總是覺得自己在捍衛信念、堅持原則，但是，這些原則，別人可能完全不以為意。結果，這種人總是孤軍奮戰，常打敗仗。

企業對這種人的容忍度正在降低，因為很難有人跟他相處。比較可能容忍這種行為的領域是藝術或研發部門；愈遠離市場需求，愈適合他們。華信銀行副總經理賈堅一認為：「只有不斷調適，才可能活得好。」

3. 做太多，要求太嚴格

他們要求自己是英雄，也嚴格要求別人到達他的水準。在工作上，他們要求自己與部屬「更多、更快、更好」，一周七天，二十四小時。結果他的部屬被「操」得精疲力竭，紛紛「跳船求生」，留下來的人更累，結果離職率節節升高，造成企業的負擔。這種人從小就被灌輸「你可以做得更好」的觀念，所以他們不停地工作，停下來就覺得空虛。

數位聯合電信總經理程嘉君觀察，年輕的人特別會有這

種行為模式，而且很難改掉。華得盧與巴特勒指出，這種人適合獨立工作；如果當主管，必須要僱用一位專門人員，當他對部屬要求太多時，大膽不諱地提醒他。

4. 和平至上

這種人不惜一切代價來避免衝突。其實，不同意見與衝突，反而可以激發活力與創造力。一位本來應當為部屬據理力爭的主管，為了迴避衝突，可能被部屬或其他部門看扁。為了維持和平，他們壓抑感情，結果，他們嚴重缺乏面對衝突、解決衝突的能力，到最後，這種解決衝突的無能，蔓延到婚姻、親子、手足與友誼關係。「在獅群中，如果你是斑馬，至少也要假裝成一隻獅子，才不會被吃掉。」聯廣副總經理陳玲玲說。陳玲玲認為，這種人的性格不易改變，但絕對可以看情況調適。

5. 強橫壓制反對者

男性比較容易有這種性格，英國前首相柴契爾夫人則是例外。他們言行強硬，毫不留情，就像一部推土機，凡阻擋去路者，一律剷平，因為橫衝直撞，攻擊性過強，不懂得繞道的技巧，結果，害到自己的事業生涯。

對於這種凡事「先發制人」的人，華得盧與巴特勒認為，必須訓練他們具有同理心，學會「你願意別人怎麼對待你，你也要怎麼對待人」的真諦，異地而處。

6. 天生叛逆

在美國社會與商界，革命者的天生叛逆性格相當重要，他們為了某種理想，奮鬥不懈。在穩定的社會或企業中，這些人總是很快表明立場，覺得妥協就是屈辱，如果沒有人注

意他，他們會變本加厲，直到有人注意為止。通常人們覺得他們「喜歡引人側目」。對於這種人，華得盧與巴特勒認為，他們應該指定一位同伴，在他開始叛逆時，有效制止。

7.一心擊出全壘打

這種人過度自信、急於成功，就好像打擊手一天到晚夢想擊出全壘打。他們不切實際，找工作時，不是龍頭企業則免談，否則就自立門戶。進入大企業工作，他們大多自告奮勇，要求負責超過自己能力的工作。結果任務未達成，但是他不會停止揮棒，反而想用更高的功績來彌補之前的承諾，結果成了常敗將軍。

華得盧與巴特勒指出，這種人大多是心理上缺乏肯定，必須找出心理根源，才能停止不斷想揮棒的行為。除此之外，也必須強制自己「不做為，不行動」。

8.恐懼當家

他們是典型的悲觀論者，杞人憂天。採取行動之前，他會想像一切負面的結果，感到焦慮不安。這種人擔任主管，會遇事拖延，按兵不動。因為太在意羞愧感，甚至擔心部屬會出狀況，讓他難堪。美國總統羅斯福說，「我們唯一需要害怕的，是害怕本身。」華得盧與巴特勒認為，這種人必須訓練自己，在考慮任何事情時，必須列出清單，同時列出利與弊、改變與維持現狀的差異，控制心中的恐懼，讓自己變得更有行動力。

9.情緒音痴

這種人完全不瞭解人性，很難瞭解恐懼、愛、憤怒、貪婪及憐憫等情緒。他們講電話時，連招呼都不打，直接切入

正題，缺乏將心比心的能力，他們想把情緒因素排除在決策過程之外。工程師、會計師等專業人士，常有這樣的行為模式。

華得盧與巴特勒指出，這種人必須為自己做一次「情緒稽查」，瞭解自己對哪些感覺較敏感。問朋友或同事，是否發現你忽略別人的感受，蒐集自己行為模式的實際案例，重新演練整個情境，改變行為。

10.眼高手低

他們常說，「這些工作真無聊」，但是，他們內心的真正感覺是，「我做不好任何工作」。他們希望年紀輕輕就功成名就，但是他們又不喜歡學習、求助或徵詢意見，因為這樣會被人以為他們「不適任」，所以他們只好裝懂。而且，他們要求完美卻又嚴重拖延，導致工作嚴重癱瘓。華得盧與巴特勒認為，這種人必須自我檢討，並且學會失敗，因為失敗是成功的夥伴。

11.不懂分際

不懂分際的人不知道，有些事可以公開談，有些事只能私下說。他們通常都是好人，沒有心機，但是，古諺說，通往地獄之路是由善意鋪成。在講究組織層級的企業，這種管不住嘴巴的人，只會斷送事業生涯。達豐公關總裁梁吳蓓琳認為，這種行為在必須替客戶保密的行業裏，特別不能容忍。所以必須隨時為自己豎立警告標示，提醒自己什麼可以說，什麼不能說。

12.迷航

他們覺得自己失去了生涯的方向，「我走的路到底對不

對？」他們這樣懷疑。他們覺得無力感、自己的角色可有可無、跟不上別人、沒有歸屬感、挫折。華得盧與巴特勒認為，應該重新找出自己的價值與關心的事情，因為這是一個人生命的最終本質。

　　每個人或多或少都具備這十二種行為模式的影子，然而，在邁向成功之路，不論主管或基層員工，都有必要時時檢視自己。

資料來源：藍麗娟（2001），《CHEERS月刊》，11號。

第三節　客務部扮演的角色與功能

　　客務部（Front Office）又稱前檯，最主要的功能是協助處理客人的事務與服務，在旅館中扮演著非常重要的角色，而前檯部門的運作決定於旅館的形態與規模的大小，而在不同的階段有不同的事務與活動。一般而言，前檯的運作可分為四個循環步驟（guest cycle）：顧客抵達前、顧客抵達、住宿期間與顧客離去。

　　圖1-2告訴我們，這四個階段構成了顧客循環，在這個循環中的每一個階段都有一定的處理標準方法。我們能夠從圖1-2看到，有不同形態的顧客交易狀況和服務在於不同階段的循環週期，例如預約、辦理登記住房、郵件和資訊、標準服務及行李處理、電話及訊息、處理顧客帳單，以及退宿及帳單整理。

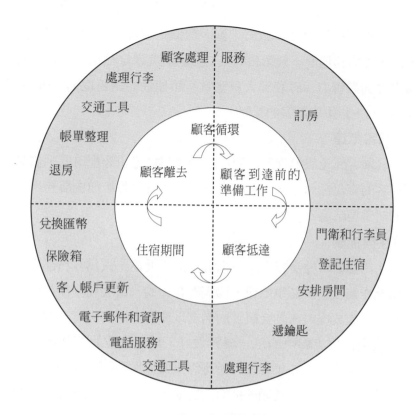

圖1-2　顧客循環

一、客務部門與顧客之間的關係

　　旅館與旅客住宿交易的發生，有四個循環性的步驟，亦即顧客抵達前、顧客抵達、住宿期間與顧客離去等，茲說明如下：

(一)顧客抵達前

　　客人抵達前選擇一家旅館住宿可能基於以前曾有居住旅館的經驗、對旅館或連鎖店的印象或先入為主的評價、旅館的地點、商譽，或經由旅行業者、親友、公司的介紹推薦。不過上述這些因素易受到一些實際情況所左右，例如旅館訂房容易與否、訂房

員解說後的接受程度（旅館設施、房價、環境等）。所以客務部門的人員服務態度、效率和專業知識對旅客決定住宿與否往往有關鍵性的影響力。客務部人員應具有積極性的銷售取向（sales-oriented），以爭取顧客的認同。

(二)顧客抵達

當顧客到達旅館時，接受旅館的住宿登記和分配房間，旅館與顧客的交易於焉產生。旅館人員的工作就是將旅館的服務與顧客的期望連結起來。

(三)住宿期間

在四個循環性步驟中以住宿階段最爲重要。做爲客務部主體的櫃檯作業人員，必須處理、協調對客人的一切服務，而部門的所有人員也要盡力去迎合顧客的需求以使客人感到滿意。客務人員更須把循環步驟中的每一環節做好，以期建立良好的顧客關係，以留住客人。如果客人有所抱怨，要非常熱誠地協助解決，尤其櫃檯作業人員常是顧客抱怨的對象，故要小心地處理客人的抱怨，而處理的方式須朝向雙贏的策略，兼顧客人與旅館之利益。

(四)顧客離去

服務客人的最後步驟爲辦理客人的退房手續，顧客帳單的清算必須正確而迅速，此時客人交回房間鑰匙而離開飯店。顧客的個人資料也應歸檔並建立客人的歷史資料（guest histories）。櫃檯應在電腦中改變房間爲待整理之狀況，聯繫房務部人員清掃整理，以等待下一波住宿之客人。旅館經常利用客人住宿登記資料及住宿狀況記錄建立客人歷史資料檔案（guest history file），因爲這些資料透過分析，能使旅館更瞭解顧客的偏好和需求，以便多方面迎合客人，使住客滿意而成爲旅館常客，這是旅館市場行銷

策略的方法之一。

　　櫃檯同時也須製作營業日報表（daily report），內容包括帳目情況，如現金帳、應收帳等，同時也顯示各種住宿結構分析報告，例如住宿率（occupancy rate）、房間種類銷售狀況、本地人與外國人的比例、散客（FIT）或團體（GIT）結構、營業額分析、平均房租等，將有助於經理人員對旅館業走向和市場進行評估。

二、客務部的任務

　　客人從訂房之後，客務部即以密集的作業為客人安排住宿事宜，而終使客人順利完成登記，享受旅館各方面的服務。由此觀之，客務部各職位的人員，其任務是多樣化的，根據李欽明（1998）分析，客務部的任務有十項，茲說明如下：

(一)對客人的歡迎

　　對於來館客人表示誠摯的歡迎，讓客人感覺旅館為出外人的家外之家，受到尊重與禮遇。站在第一線接觸客人的部門，其成員的言行均不足以代表旅館，所以對客人的接待態度積極而懇摯，可以讓客人產生信賴，進而對整個旅館產生認同與好感。

(二)安排與完成旅客住宿登記

　　客人的住宿登記是一種必備的法律程序。客人將護照或身分證的資料提供給旅館登記，於簽名後完成，櫃檯接待最好能向顧客要求名片，以便登記住宿資料和建立客人歷史檔案，做為日後促銷和業務推廣使用。旅客住宿登記的另一聯也須送警察機關存查，各國皆然。

(三)記錄與確認訂房

　　訂房組接受客人的訂房，基本上也是銷售房間的利潤創造

者，所以要非常仔細而謹慎地處理任何訂房細節，並且做好確認的工作，俾使訂房過程保持在最新而正確的狀況；假若出了差錯，將日期搞錯或是房間形態弄錯了，一旦客人站在櫃檯前面，將是何等的窘狀與尷尬，並引起客人的不悅。

(四)管理客帳

客帳的登錄也要求迅速和正確。每一間客房依房號都有份總帳卡，除每日登錄房租外，接受其他各營業單位所匯轉來的消費帳單，再登入總帳卡內累計金額，每天晚上並加以稽核，以保持最正確的帳目，直到客人退房辦理結算為止。

(五)提供館內外情報資料

櫃檯接待、服務中心往往是客人詢問館內外情況或資訊的主要地點，所以應該熟悉館內所有的設施，包括客房、餐廳、娛樂設備等的詳細情形，尤其館內的促銷活動等也應相當瞭解，以滿足客人的需要。此外，關於當地的交通道路狀況，各公私機構、教會、藝文活動等，也要備有相當資料，以方便客人的詢問。

(六)處理客人的抱怨

櫃檯接待人員或大廳副理必須有心理上的準備，因為所接到住客抱怨是各式各樣的，從設備、服務、價格等問題的不滿，要求獲得解決，到千奇百怪的狀況之處理；無論如何，總是要誠心協助客人，讓客人產生信賴或心存感激。

(七)館內商品的銷售

除了客房外，客務部的所有人員要十分瞭解館內所有營業設施或是各種活動，以便適時推薦給客人，因為對館內的一切熟悉，對客人的解說也較有說服力，易為客人接受。所以客務部各職位的人員也應是館內的銷售高手，來提高旅館的收入。

(八)提供安全的服務

　　旅館經營基本上有風險的存在和若干安全上的問題。櫃檯人員要具備敏銳的判斷力來預防，避免客人未付款而離店的逃帳情況，要做好保險箱管理制度，以確保客人所寄存的貴重物品的安全。對於客房鑰匙管理亦須謹慎，客人領取鑰匙要確定與所分派的房號是一致的。

(九)聯絡和協調對客人的服務

　　旅館提供各種不同的服務，所以對各部門有效溝通非常重要。例如接受訂房時，客人有其他要求，需通知協調相關部門做好跨部門服務之工作。又例如VIP客人在住宿之前，櫃檯要聯絡花坊準備鮮花、盆花，聯絡客房餐飲部門準備水果及迎賓酒，聯絡房務部門準備VIP備品等。

(十)提高住房率

　　住房率是指客房銷售與整體客房的比例而言。如果客務部各職位人員有良好的銷售技巧，可能會挽回無數猶豫不決的客人決定住宿本旅館。這種銷售技巧表現在訂房、接待人員的臨場應對，甚至在做參觀客房時陪同人員的解說技巧與說服力，往往能促使客人做出訂房的決定。

三、客務部的地位與角色

　　客務部的工作是旅館對顧客服務的第一線，身為專業的從業人員，必須認識到自身責任重大，肩負起旅館的營運，以下將介紹其地位與角色，茲說明如下：

(一)代表旅館的門面

　　客務部代表旅館的門面，工作人員穿著整齊、設計巧思的制服和豪華的大廳整體環境相配，可謂是光鮮亮麗，令人賞心悅

目。除此之外，還需要有實質的良好管理與人員訓練，才能產生卓越的服務。顧客的第一印象和最後印象都是前檯人員的表現；獲得正面的評價，才能真正實至名歸。

(二)旅館的訊息中心

由於擔負著客房銷售和對客人的各種服務，各種不同的訊息都會集中到客務部來，例如訪客留言、作業情報、促銷活動內容等各種訊息。客務部彙總這些訊息，成為旅館的訊息中心。

(三)旅館管理系統的關鍵部門

客務部所處理的各項工作，幾乎無不涉及整個旅館的運作。從客人的訂房、接機、住宿到退房離店，一系列的工作無所不包，這過程中包括了客帳的處理、房間狀況的管制（故障、清潔中、住宿房、可售房、未整理房等）、館內服務、對客的溝通與聯繫等工作，所以又被形容為旅館的中樞神經。

(四)營運情形直接決定旅館的營業收入

客務部一直被強調親切與效率，是第一印象和最後印象的決定者，因此它是一種銷售取向（sales-oriented）的營業單位，不但要銷售客房產品，還要設法提高平均房租和住宿率，使旅館的總營業額增加。

客務部的工作性質基本上是充滿挑戰性的，但也是多采多姿的，為了處理來自各方所賦予的各式各樣工作，客務部各職位的人員也就必須擁有外交家、資料記錄者、心理學家、訊息供應者或推銷員的特質與角色扮演。惟客務部人員上述所須具有的資質是否透過訓練而能具備則有待評估，所以管理階層在人員引用時，從面談開始至最後錄用的決定，最基本要求的個人特質必須是個性開朗、細心、有耐心與反應能力佳。

第四節　個案探討與問題分析

被毆打的客人姓魯

秋天的楓葉孤零地緩緩飄落在祈情飯店的花園裏，樹蔭下的一端飯店大門輕啓，是兩位穿著Polo衫的客人從飯店走出，此景透露著他們的悠閒與無憂啊！隨即飯店禮賓車接走了他們。

已是暮色十分，天空索性來了一場太陽雨，淋溼了橘紅的楓葉，此時，突然毫無預警地殺進來一台計程車，這司機將客人載到飯店門口，是那兩位穿著Polo衫的客人回來了，這兩位客人一下車後，計程車司機也隨著下車，馬上拿起一旁飯店圍車用的桿子，不停顧地往這兩位身上猛打著，Bell見到此情形後馬上衝出去制止，司機便匆匆逃走了，兩位客人狼狼地拖著疼痛的身體二話不說就跑到六樓的櫃檯，一肚子窩囊氣地猛罵：「為什麼你們有四個門衛看到有人要打我們，沒有一個來幫忙？讓我們被打就算了，也不會記錄那個混小子的車牌，你們算是什麼飯店啊？我看你們不配是五星級的啦，你們一點也不顧慮到客人的安全，如果你們沒找到那個司機，我一定要叫警察來告你們飯店啦！……」

櫃檯主任一聽到有客人的叫罵聲，細聽之下，心想——「這件事情絕對不能讓客人往上頭投訴，私下解決就好」，毫無思緒地直向客人道歉，努力地和客人溝通著，試圖挽回一些客人憤怒的情緒，其中一位客人趁著另一位朋友與值班主任的溝通，又開始生氣地指著櫃檯人員斥罵著說：「叫妳給我打電話給警察，妳有沒有聽到啊？不然妳是耳聾啊！」

覺得莫名其妙的櫃檯人員左右爲難地看著值班主任，見到主任回的一個眼神後，夜班經理馬上向前去，櫃檯的小姐便趕緊偷偷地退到一旁。在報警之前，夜班經理、值班主任向客人直接瞭解整個事件發生經過，才知道原來是客人拒付多出來的三十元，而因價錢談不妥，憤怒的司機就動手打了他們。

　　此時飯店人員包括夜間經理，僅只有四人罷了，而客人的說辭卻是有四位門衛在大門，這件事情最後還是請警方處理了。

1.若這兩位客人非飯店住客，請問當時的門衛應如何處理之？

2.請問若有人因飯店無法挽拒的原因，而至櫃檯抱怨，請問身爲櫃檯人員應如何處理？

3.若您爲飯店夜間經理，您應如何處理這件事情呢？

第二章　客務專業技能培養

國際禮儀
　　禮儀的重要性
　　禮儀注意事項及實行要點
　　服務人員禮儀應對之實例
銷售技巧
　　瞭解顧客
　　熟悉飯店產品
　　向上銷售的技巧
　　增銷（upsell）
　　客房銷售控制
　　銷售後追蹤服務活動
溝通技巧與情緒管理
　　溝通技巧
　　情緒管理
顧客抱怨處理
　　顧客抱怨的處理原則
　　抱怨處理程序
個案探討與問題分析

有信心不一定會成功，沒有信心一定不會成功。

　　　　　　　　　　　　　　　　　　　── 英雄本色2

　　客務服務人員是代表旅館最先與客人接觸的人，而其表現攸
關旅館整體的評價，因此，客務人員之專業能力素質就非常重
要，而旅館專業技能包括語言能力、溝通能力、管理能力、情緒
管理（EQ）、銷售技巧及人際關係等。此外亦需具備服務的熱
心、愛心、耐心及同理心，且禮儀與親切的服務態度是我們給客
人的第一印象，亦將影響客人對我們的觀感。故本章首先介紹國
際禮儀，其次說明銷售技巧，進而分享溝通技巧與情緒管理，且
介紹顧客抱怨處理，最後則為個案探討與問題分析。

第一節　國際禮儀

　　所謂「國際禮儀」，就是國際上各國人士彼此來往所通用的
禮節，此種禮節乃是人類根據許多文明國家的傳統行為、經驗與
習俗，經多少年來的累積融合所形成（歐陽璜，1997）。在這電
腦化的世紀，凡事講求快速、便捷，卻也忽略了最重要的「人性
化服務」，以致人際疏離成了這世代的表象，然而旅館這個產
業，注重的是客人與服務人員的人際互動，無形中彷彿為這社會
注入了一股暖流。所以，身為旅館人的您，在為客人服務之前，
專業的知識、整齊的儀態和從容的應對技巧都是不可或缺的。小
至為客人開門的門衛，大至掌管飯店的經理，個人的形象塑造，
影響的層面不單單只是個人，連帶還可能影響到客人對旅館整體
的觀感。好的企業形象，須靠每一位員工共同來塑造與維繫。

etiquette，法文原文是標籤之意，也即是一種對人與人之間之言行舉止賦予標準、規範之意。任何社會單位，不論其文化水準之高低，都應有其一定的公認行為準則，對於違反規範者並不會遭受法律上之處罰或是道德上的制裁，但是會因為言行舉止之失當而受到團體中其他成員之責難。雖然沒有任何一國家之法律規定喝湯時湯盤傾斜方式，與湯匙舀湯時必須由身體向外做動作，也沒有硬性規定稱內科醫生為doctor，而稱外科大夫為Sir，但是如果有任何人不是如此照做的話，那就不符etiquette了。

國際禮儀之起源據說來自英國的宮廷中，但卻並不是英國人所發明的。根據考證，它們是起源於中古世紀的歐洲大陸。所以etiquette本是封建社會宮廷中的產物，再以國王為中心，向社會上之高階人士傳播，而在輾轉傳入英國之前，所謂etiquette仍然屬於貴族階層專屬的，一般平民百姓則並不時興這些規矩。後來英國官方加以整合加工，去蕪存菁後的禮儀規範又經由「五月花」號傳到了美國新大陸。這些規範迅速成為殖民地家庭的重要人際關係之行為標準典範，不但老移民遵行不渝，新移民也自然地入境從俗，所以英式禮儀的社會化經由美國殖民的快速擴展也迅速地傳播到了北美殖民地各地。美國殖民地時期由於移民來自四面八方，各有各自不同的風俗習慣與生活方式，由於誤會與陌生，所以也常常造成了社會上人際關係的混亂與敵視。有志之士希望所

有來此的拓荒者都能互相尊重，盡速融入「大熔爐」中，因此一套能為社會各階層以及各地移民所接受的生活規範與公約，就十分迫切了。

據稱，一七一五年時，美國有一位名叫Moody的社會賢達，根據來自英國的禮儀規範，編著了一本名為《德行學校》之手冊，以為殖民地家庭在教育子女時有所依循，沒想到出版之後立刻受到大眾的歡迎，成為當時殖民社會的禮儀經典。

後來又有美國國父華盛頓等人，有感於社會上禮儀混亂，而著作生活禮儀相關手冊，以祈撥亂反正，達到教化社會之目的，由此美國社會之生活禮儀已有了基本的遵循原則了，而其中主要部分也成為今日世界國際禮儀之重要內容的依據。

日益強大的美國，經過了許多次大大小小的戰爭，尤其是第一次與第二次世界大戰，又再以戰勝國之強勢姿態，把美式禮儀傳播到世界各個角落，甚至回傳至其發源地歐洲大陸，乃至英國。因此，我們今日所謂之etiquette，是以封建時期歐洲之繁文縟節的宮廷式貴族禮儀，經過英國宮廷修正再造，與美國殖民地社會務實地將其合理化、生活化之後，輾轉成為今日世界上各國人民所奉行的一套行為舉止的範本了。

專欄2-2　創造完美的第一印象

1. 初見面是否能讓人留下好印象，決定在最初十秒鐘。
2. 人際關係良好的人，都懂得以親切的笑容來面對。
3. 初見面時，大聲說話可減低害羞的程度。
4. 工作前應盡量做些使心情開朗的事；事前若有不愉快的心情，將會留給對方不愉快的印象，保持愉快的心情，自然能緩和緊張膽怯的情緒。
5. 如果感到對方膽怯，可注視對方眼睛。
6. 適當的打扮能產生自信。穿著有自信的服裝，可以強化自我的意識，可以減少和對方的心理距離。
7. 做些有意義的小動作，可避免話題中斷的尷尬場面。

一、禮儀的重要性

"The greater the man, the greater the courtly"（越偉大的人，越有禮貌）（Lord Alfred Tennyson）。禮儀指的是服務人員的儀態、尊重、體貼以及友善程度。而顧客對你的第一個印象，大部分取決於你的服裝儀容、言談舉止以及其他五官所能感覺到的一切。

不要愛在心裏口難開，培養每一位員工的自信心，使飯店內充滿祥和朝氣，並隨時開口說：「謝謝！」「對不起！」迎賓要說：「歡迎光臨！」送客要說：「請慢走！」「謝謝您的光臨！」或「歡迎再來」。而有禮的態度能有效提高員工的服務品質，讓顧客感受到更體貼、尊重與禮貌的服務。

二、禮儀注意事項及實行要點

你的外觀怎麼樣就會影響別人怎麼看你，身為旅館從業人員更應切記，在顧客眼裏，你所代表的就是飯店本身，所以必須以建立自信心及專業的形象為傲。以下將簡介禮儀應該注意事項及實行要點，茲說明如下：

(一)站姿

兩肩平衡，兩臂自然垂下，左手輕鬆握住右手，背置於腹前。男士兩腳分開與肩同寬，大約半步；女士三七步，左腳前右腳後成 T 字型。

(二)表情

平常保持三分笑，來賓迎面而來改成五分笑，三十度鞠躬禮，露齒開口問好，如「您好！」或「歡迎光臨」。

(三)鞠躬

1.鞠躬的種類：

(1)頷首禮（點頭禮）：上身微向前傾十五度，兩眼注視對方，面帶微笑，下巴直，兩手微握置於腹前或身體兩側均可，對於同仁間行此種禮。

(2)欠身禮：介於頷首禮與鞠躬禮之間，除上身前傾三十度外，其他同上，對於客人要慢慢行此種禮。

(3)鞠躬禮：為表達最高的謝意或歉意，增加前傾的度數，約四十五度，手擺身體兩側，兩眼注視對方腳尖或地面。

2.鞠躬的方法：

(1)男士上半身彎曲時手指指尖向前伸，緊貼在褲子邊緣

上。

(2)女士上半身彎曲時左手在上，而雙手相叉放置於身體前方位置。

3.鞠躬的要點：

(1)用笑容以及明朗清脆的聲音打招呼、鞠躬。

(2)腰部以上的上半身前傾，當完成鞠躬時稍為停頓一下，然後再慢慢抬起。

(3)要和客人眼睛四目相交，等鞠躬後再一次溫柔的眼神與其交會。

(4)不可以只有頭向下，要從腰部開始彎曲，而眼睛必須要停留在看到客人的腳指位置。

(5)請注意額頭不可向前突出，要收起額頭。

(四)走路

正確的走路方法與要點：

1.感覺就像腳下有一條筆直的線一樣，一步踏出去時重心往前傾，沿著這條線走。

2.不可以內八字或外八字，雙腿微併，女士內膝輕微磨擦，收下巴，兩眼平視，雙手微握而自然擺動。

3.步伐大小以腳掌長度為標準，體態自然輕盈，勿拖步，勿重踏，勿低著頭走路，須抬頭挺胸。

4.腳大拇指（指尖）的地方在走路時用點力的話，就可以往正前方前進。

(五)說話

抑、揚、頓、挫，清晰有序。必要時加上說明，如「口天

吳」，或輔以手勢。數字三碼一組，住址段落分明。

(六)握手

雙方保持一個手臂距離，右手四指併攏，拇指張開，欠身禮，微笑，眼神注視對方。右手勿戴戒指，自然、自信、誠懇地握住對方的手，握手時間不要太長或太短，也不要抖動。女性以握住對方掌心為恰當。

(七)電話

鈴響三聲內一定要接聽，先說敬語，如「×××飯店，您好！」或「您好！我是×××」，如為代轉電話，可說「請稍後，我幫您轉接，謝謝您的來電」，主管或同事不在時，可說「請問要不要留話」或「我是×××，請問可不可以代勞」，留電話或地址、日期、時間後，要複誦一次，並說：「謝謝您的來電！」馬上寫留言放在主管或同事桌上。

1.講電話雖然對方看不到你，但你仍要保持微笑。
2.講完電話要說：「謝謝您的來電！」
3.等客人先掛上電話，你再掛電話。

(八)交換名片

遞出名片時，需雙手捧上，約在對方胸前半臂距離，名片正面朝對方，四十五度角呈現，並說：「您好！我是×××，請多多指教。」對方遞名片時，欠身雙手接下，轉正名片注視並唸誦對方姓氏、頭銜，如「喔！陳董……久仰！久仰！」或「喔！張小姐……歡迎！歡迎！」

(九)指引

手掌向上，手腕半彎，手高不可高過額頭，低不低於腰間，指引右邊用右手，左邊用左手。

(十)衣著

衣著依公司製作為準，原則上內衣不得外露，外頭不可加穿制服以外之衣物，西裝袋蓋拉出，襯衫下沿紮入褲、裙內，無領帶、領結者，上扣剩一個，其餘全扣。衣著保持乾淨、完好，燙痕明顯。

(十一)配飾

上班時，耳環、項鍊、戒指、手表等顏色、形狀，均以素簡、大方為準。

(十二)領帶

領帶大小要適中，領結正中不歪斜，長度到腰帶上，後方細尾端套入布扣中。

(十三)鞋襪

男士黑色低跟皮鞋，一律黑色或深藍色短襪。女士黑色高跟皮鞋，若為黑色制服為黑色絲襪，其他制服為膚色絲襪。

(十四)髮型

男士鬢角在耳上，女士長髮繫包頭或馬尾，一律使用黑色髮夾。

(十五)化妝

女士一律薄施脂粉，少許腮紅，紅色唇膏。

(十六)介紹

介紹順序，先男士後女士，先晚輩後長輩，先低階後高階，先主人後賓客。

(十七)上、下樓梯

男士原則上在保護一方，如下方或危險一方。所以賓客、高齡、高階、女士均先上後下。

(十八)電梯

等候電梯時，主動頷首問安。電梯關門時，側身以手擋門（壓住安全閥），請賓客先進，自己最後才欠身進入，並操作樓號。門開時以右手擋門（壓住安全閥），左手指引示意，請賓客先出電梯。

(十九)應對技巧

1. 微笑：服務客人時，要面帶微笑，且一定要發自內心的微笑。
2. 熱忱：要充滿誠意，熱忱耐心地為客人服務，不要在客人面前說「不」字，而要婉轉地解說。
3. 專注：聆聽客人說話時，要禮貌地看著客人，並且讓客人把話說完，才可以回答。
4. 態度：溫和有禮，不卑不亢。
5. 談話：說話時音調要清晰，音量要適中，速度要不疾不徐，並注意說話的技巧。

(二十)與上司、同事共事的禮儀與態度

1. 與同事相處：
   (1)不搞小團體。
   (2)不散佈、流傳小道消息。
   (3)樂於協助、教導同事。
2. 與主管相處：
   (1)上司叫妳，應馬上趨前，並備紙筆詳加記錄，並複述以確定之。
   (2)詢問上司交代之工作需完成之期限。

專欄2-3　名片禮

在許多社交場合，彼此初識時，往往將自己的名片畢恭畢敬地呈遞與對方，以示禮遇。有些國家的人，如印尼的商人，就頗重視此禮。

在涉外活動中，人們也可在名片的左下角用鉛筆寫上具有一定含義的法文小寫字母，如 "p. f."（敬賀）等，或寫上極簡短的話語，如「謹呈示賀」、「深致謝忱」、「謹祝早日康復」等，然後寄送予對方，以示恭賀、感謝、慰問、辭行或吊唁等禮。

(3)下班前，先與上司打招呼，以示尊重及責任心。

(4)將心比心，體諒上司壓力及責任重。

(5)保留其隱私。

三、服務人員禮儀應對之實例

應對說話是一種藝術，也是服務人員該學習的一種技巧。應對技巧除了是自己的生活經驗的累積外，新進的服務人員更可從前輩的傳授教導，避免錯誤的言行引發客人的不悅。對常用的應對更是要反覆練習。

表2-1　常用的說話講法舉例

受人歡迎的講法	令人不悅的講法
1.我個人的淺見，請指正！	1.我的想法
2.報告您！	2.我告訴你！
3.我請他盡快回電話給您！	3.我叫他回電話給你。
4.年長的。	4.年老的。
5.您是瞭解的，請您諒解。	5.你知道嗎？
6.先生、小姐！	6.喂！
7.請指教，請指示！	7.你說給我聽聽！
8.請稍候，馬上來！謝謝你。	8.等一下！
9.請換個角度看看好嗎？	9.不要這樣。
10.請問還有什麼要交代的？	10.你還想怎樣？
11.您、先生您、各位、大家！	11.你，你們！
12.好的！就照您的意思辦理！	12.就這樣好了！
13.我私人有點參考意見，想提出來請您指點一下！這點我很為難吶！	13.我反對！
14.請您再商量一下，好嗎？	14.那沒有辦法！
15.對不起呀，實在很抱歉！我沒有這個職權！	15.這不是我的事！
16.勞駕！請幫個小忙，好嗎？	16.你替我辦一下。
17.改天再研究，好嗎？	17.你不要再講了！
18.拜託，借過一下！	18.讓開一點！
19.真抱歉，您知道這我很為難。	19.不行就是不行！
20.請別著急，再想想看嘛！	20.活該！
21.抱歉，這件事我還不大明瞭！	21.我不知耶。
22.請先幫他修一下！	22.隨便先幫他修一下！
23.我很遺憾幫不了忙。	23.他家的事！
24.我建議……	24.你應該……
25.請問最慢要幾天才能修好呢？	25.最快要幾天修好？

第二節　銷售技巧

　　人是一種感覺的動物，因此，成功銷售的首要關鍵就在於
「感覺」。感覺對了，一切好商量，感覺不對，「話不投機半句
多」，更別想要談到產品介紹或是成功銷售了。要讓顧客接受我
們所提供的產品或是服務，前提要件，就是要讓對方接受、喜歡
並且信任我們。所以，和顧客建立一個良好的關係，取得對方的
信任，可以說是銷售第一個也是最重要的階段。「銷售」是最具
挑戰性的工作，它不僅肩負著企業生存獲利的命脈，更必須面對
不同的顧客與對象，解決不同的問題，因此，不論科技如何的發
達和環境如何變遷，它始終是個不退流行且富挑戰的行業。推銷
並不是強迫顧客購買他們不想要的產品，而是讓顧客選擇他們真
正需要的住房服務及備品等，客務人員首先必須瞭解顧客需求，
讓客人能享受飯店更精緻的設備與其他服務，藉此提高客人的滿
意度且提高飯店的收入。為達上述之目的，首先應瞭解顧客，其
次必須熟悉飯店產品，進而熟練銷售技巧，且懂得如何客房銷售
控制，最後是對於銷售後之追蹤服務活動。

一、瞭解顧客

　　飯店生存的命脈在於顧客，而是否能保有顧客以及開發新顧
客，為飯店全體從業人員共同努力的方針。顧客對於飯店如此的
重要，所以我們就更應該瞭解我們的顧客，當我們越瞭解顧客，
我們就越能提供他們所想要的東西，亦能跟著顧客他們的感覺留
給他們最好的印象，而顧客對我們的印象與認知，正是幫助他決

主題旅館

澳洲昆士蘭的凡賽斯飯店〈Palazzo Versace〉

顧名思義，凡賽斯飯店內所有裝飾、用品，甚至服務人員的服飾，皆有眾人一眼便可認出的蛇髮女妖梅杜莎的肖像，在這裏您可坐享尊貴繁華，一圓置身在凡賽斯世界的夢想。

全球唯一以凡賽斯作為主題的飯店，是於二○○○年九月由凡賽斯家族授權澳洲Sunland Group集團建造經營，其所在位置正是居於澳洲熱門度假勝地——陽光海岸（Sunshine Coast），鄰近Broadwater港邊、Marina Mirage精品購物中心，而飯店的外觀造型引人側目，不禁令人多看兩眼！進入飯店內，一眼瞧見大廳金光熠熠，金黃色柱樑有條不紊地聳立其中，米、白兩色的大理石地磚交錯、映襯，顯得豪華卻又不流於世俗。

凡賽斯的飯店裝潢，精心典雅，品味出眾，不愧是出自名家之手！像是這裏的露天溫水泳池，長達五十至六十公尺，不僅是全澳洲最大，而且種植在池畔旁的棕梠樹都是精桃細選，光是一株就合新台幣兩萬七千元以上。另外，飯店內的SPA設施，除了有課程安排外，最值得一提的是，其溫水池仿羅馬澡堂打造，裝飾頂級大方。而在會議室鋪設的紫色地毯，更是不能小看它，因為將近一百二十一坪大小的地毯，其造價就要六百多萬澳幣，也就等於約一千萬新台幣呢！

住進凡賽斯飯店，猶如置身貴族世家，標準房內以金色為基調，而套房是藍、紅色系為主，無論是燈座、椅子、咖

啡杯、床罩、椅墊，甚至浴室玻璃門，皆印有凡賽斯的註冊商標──梅杜莎肖像。凡賽斯飯店還設有公寓供遊客租或買，公寓有三層樓，一樓附設私人游泳池、三樓有露天陽台及戶外按摩池，每戶設有兩或三個房間，其基本配備設施應有盡有，讓人恨不得在此長住下來！

資料來源：Online, Available: http://www.suntravel.com.tw/hot/1/2001/hotel_1-1.asp

定是否購買最主要的因素，而沒有顧客喜歡被說服，顧客喜歡自己作決定，所以更應該不斷花心思在顧客的身上，嘗試更加瞭解與掌握顧客的心理，有效地引導顧客讓他自己作決定，如此一來就能讓顧客有很好的感覺，願意不斷重複地跟我們繼續往來消費或是介紹其他顧客給飯店，而要做到這點，就必須站在顧客的立場為顧客著想。以下有些問題可供參考，茲說明如下：

1.顧客的處境是什麼？

2.顧客自己的看法是什麼？

3.顧客所認知與陳述的需求或沒有說出來與未察覺到的需求是什麼？

4.顧客的好惡為何？

5.顧客同意哪些？又反對哪些？

6.以顧客的眼光來看，我們的競爭對手是誰？我們的優勢點為何？我們的排名為何？

7.對顧客而言，理想的解決方案為何？顧客喜歡什麼樣的人？什麼樣的情況能贏得顧客的信任？

二、熟悉飯店產品

不論是與客人面對面或是透過電話與客人接觸從而進行銷售，客務人員皆需熟悉飯店本身的產品，茲說明如下：

1.飯店的所在位置：瞭解飯店的所在位置，將客人清楚明確地引導到飯店，假使連客人都無法抵達飯店，那之後的所有行銷技巧皆為空談，而身為櫃檯人員最應當熟悉。飯店的服務人員在服務過程當中，常會遇見客人詢問如何抵達飯店（即飯店的所在位置）。最常會遇到這種情況的人員多為總機及前檯單位的服務人員。若剛到一個新的飯店服務時，首先要瞭解客人要如何抵達飯店：

(1)客人若搭公車有幾種路線可以選擇，下車的站牌名為何。

(2)搭捷運要搭哪一條線，何站下車及如何轉乘。

(3)自行開車，從高速公路、北二高或其他省道要在那一個交流道下，並且如何接市區道路到飯店。

(4)搭飛機、船舶或火車時，是否有接泊車至航站口接送，若沒有接泊服務時，客人又該如何抵達飯店。

2.飯店共有多少間房間、房間的位置與房號的配合、房間形態、各房間的視野、床舖的大小、房內附屬的傢具，甚至裝潢及其他特色等，皆需詳細瞭解。當客人要使用或住宿前，飯店一定要瞭解產品是否符合客人的需求，若銷售人員連產品本身都認識不清，就不可能替客人安排符合客人需求的產品，使客人能花錢消費並安心地使用。若服務人員對於產品不熟悉時，不但無法闡明產品特色並向客人做

強力推薦，還很有可能安排錯誤造成顧客抱怨。對於客房，客人最在乎的不外乎上述所列各項，而其他特色所指的是，如是否有按摩浴缸、吹風機、咖啡壺、保險箱，房間內可否直接上網等細節。身為飯店的從業人員，一定要對飯店本身的所有房間有相當程度的瞭解，分析顧客提出的需求，逐一篩選，為顧客找出最符合他需求的房間。

3. 對於各餐廳主要提供的菜色口味、平均售價、營業時間等亦需熟記。

4. 對於飯店內各營業點的時間及收費情況亦需熟記。

5. 對於飯店周圍有何特色景點，或特殊節慶所舉辦的活動，亦需瞭解。

三、向上銷售的技巧

向上銷售的技巧是很常見的推銷技巧，主要包括下列三大項，茲說明如下：

(一)價錢提高一點點（add-up）

此處所指技巧在於讓客人在原有的產品上，再加一點點錢便可購買到更好的產品，當然操作時有幾項重點需注意。

1. 提供一個更合適的產品給客人。

2. 只要陳述再多一點價錢便可有更高的享受。

3. 不要陳述總價錢。

4. 只要告訴客人再增加的金額數。

例如：某位客人訂了一間一般的房間，當他來到櫃檯準備C/I時，由於這位客人感覺起來像商務客，此時服務人員便可詢問客

人是否願意加一點點錢更換比原訂房間更適合的房間。但不要將總價錢告訴客人，以免客人會感覺很貴。服務人員所要做的是只要告訴客人再增加的金額。為什麼只用增加的一點點金額而不談總數呢？因為只用多出來增加的金額來告知客人，會使客人感覺房間沒那麼貴。

(二)從價錢高的開始賣起（top-down）

剛開始提供高一點價格的產品，並且描述優點及特色。

1.詢問客人購買的意願。
2.若客人拒絕所提的建議，提供次一級較便宜的產品，直到客人滿意為止。

當遇到walk in的客人時，使用此方法特別有效，因為一般walk in客人或許要的是最好的房間，此時我們就可以把最貴的房間先賣。此外，第一個建議通常會讓人感覺那是最好的建議。依客人習性，通常在服務人員描述到第三個之前，便會有所決定。

(三)提供選擇性（alternative）

1.提供低、中、高三種不同價格的產品供客人選擇。
2.描述各項產品的特色。
3.詢問客人的期望。

當服務人員提出不同項目供選擇時，會讓客人覺得一切都在自己的控制之中，並不是在服務人員猛力的推銷之下做的選擇，而且通常客人都會選擇中間價錢的產品居多。

四、增銷（upsell）

增銷是指當預訂了某種客房的旅客到達飯店後，櫃檯人員運

用促銷技巧說服客人，使其願意增加支出，而入住更高一級的客房；訂房部分則是指當顧客透過電話預訂某種客房時，經由訂房組人員運用促銷技巧，使其願意訂更高一級的客房。

(一)我們為什麼需要upsell？我們的服務人員做得好嗎？

1. 業務部人員：主要的接觸對象都是顧客或客戶，主要的銷售內容是飯店的地理位置、服務、品牌和級別。

2. 前檯櫃檯人員：銷售對象是預訂了客房且來辦理住宿手續的顧客，這類顧客早已決定下榻該飯店，前檯人員的銷售內容是更大的客房、景色、優點與便利。

3. 訂房組人員：銷售對象是透過電話預訂客房的直接客戶和各類公司。訂房人員和前檯人員的銷售對象是有區別的。

銷售價格是根據市場供需而異的，訂房人員和前檯人員是透過大量的市場銷售工作來進一步增加銷售收入的。一項好的銷售計畫可立刻提高一百到三百元的平均收入，增銷收入對底線價格有著巨大的影響。假如有一項好的銷售計畫，且業務人員做好銷售工作，則飯店的前檯和訂房組的銷售收入就可達到每月五十萬至六十萬元。不增加收入就等於減少收入。如果飯店沒有增加銷售收入，就等於每月白白損失五十萬至六十萬元。

(二)我們需要基本條件如下，才能成功地實施upsell

1. 飯店需要有充足潛在的增銷客源，即FIT顧客（散客）。

2. 團體顧客或空勤人員不能視為增銷客源。如果前兩者只占飯店客源的很小一部分，而飯店又有充足潛在的增銷客源，即可實施增銷計畫。

3. 飯店需要有充足的增銷產品，如套房、總統套房或其他不

同於標準房的客房。

4.飯店須實施增銷獎勵計畫，以確保增銷計畫能使飯店長期受益。

5.有效的技巧培訓。

(三)制定獎勵制度

建議飯店從增銷收入中提取至少5%的金額，作爲對創造增銷收入員工的個人獎勵。其目的是爲了在員工培訓結束後，確保飯店的增銷工作能夠繼續下去。

五、客房銷售控制

(一)最佳的客房銷售方式

最佳的客房銷售乃是在一天結束時無空房，但是如能持續維持高住房率且高利潤，則是旅館業應努力的重點。

(二)超額訂房與客滿

旅館爲求客滿，在接受訂房時酌量超收是必要的，但是並非不可計算與控制。通常每天可容許的超收比率尚無一定的數據，而是依訂房旅客的「不出現率」（no show），再參酌旅客的平均住宿天數，才能決定；如控制得當，可爲旅館爭取更多的利潤。

(三)訂金制度與訂房的推廣

隨著旅遊風氣的興盛及信用卡的普及，訂金的收取與保證訂房，已不會再增加訂房作業上任何的困擾，事實上可成爲雙方利益的最佳保障，是非常值得推廣的作業方式之一。因此訂房組在接受訂房時宜先向旅客講清楚說明白，才不致造成糾紛。其原則如下：

1.如果收取一日房租的訂金，除了雙方另有約定外，旅客所

訂之房間應予保留到二十四小時。

2. 如為全程保證的訂房，除另有約定外，旅客在原訂的期間裏仍有權住宿；但未住部分之訂金將自動轉為未住宿日之房租而不必退還。

3. 有保證金之訂房如欲取消，則應有一定之時限（通常為到達當日下午六時前，但亦可雙方約定視各飯店規定而定）。

4. 只要訂房一經確認，飯店則必須滿足旅客住房的需求，在房間不足時，飯店有義務安排旅客轉住同級或更高級之飯店，相關變動之一切費用由飯店負擔或付差額（視各飯店規定而定）。

(四)淡、旺季價格與附加價值

客房價格可依淡、旺季或假日、平時等作不同的報價，更重要的是將飯店住宿變成套裝旅遊（package tour）的一部分，以增加附加價值（added value），如訂套房贈市區半日遊，或增加旅客舒適度。由於國際化趨勢，外籍旅客愈來愈多，為方便接受國外訂房及加強國際銷售網，可以透過旅行社、電腦網路或直接與國外訂房公司、旅行社或連鎖系統，建立長期合作關係。

(五)銷售策略之訂定

客房銷售策略之訂定必須先瞭解市場現況、同業間營業之成長或衰退，考慮產品之差異、定位及業務推廣之方式與預算，適度檢討並加強產品包裝與宣傳（如適時利用節日、連續假期、元旦或聖誕節設計特殊活動等），以吸引更多顧客光臨消費，因此，業績成長之要訣，在於隨時掌握顧客需求，瞭解市場動態，不斷檢討修正營運方針與策略，並加強產品的包裝銷售及服務水準，以滿足顧客需要，提升本身競爭力。

(六)增加營收之道

　　老闆對員工的評價，除了他對客人服務態度的好壞及員工相處的情形外，如以數量來評量，即應以其生產量來計算，由於櫃檯職員無法到外面去促銷，大部分的生意都是已經上門的，所以如果要增加產能，有賴櫃檯人員如何留住客人，或是想辦法讓客人多付些錢，高興地住下來。為了達成這個目的，每位櫃檯人員必須瞭解自己飯店客房的特色，如大小、色調、設備、景觀等，才能有效地說服客人。但須切記，絕不可強迫客人接受，尤其是客人面有難色或有其他友人在場，他不好意思拒絕時，要特別小心，否則很容易造成事後的抱怨或拒付差額的情形。除了說服客人住較大或較貴的房間，可以增加營收外，另外櫃檯人員也要記住，在飯店中每位員工都是業務員，所以不只是負責客房的銷售，同時也要促銷飯店中的其他設施及服務，例如，隨時隨地提醒客人，使用飯店內的餐飲設施，並提供訂位等相關服務。櫃檯人員也應瞭解每個餐廳的特色，才能有效地促銷。

六、銷售後追蹤服務活動

　　在銷售之後聯絡顧客的方法如下：

1.寄送感謝卡。
2.寄送新的訊息。
3.寄送簡報資料或是其他有新聞價值的訊息，這些訊息或許能幫助他們對自己的消費感到安心。
4.致電確認符合他們的需求。
5.致電感謝他們推薦。
6.邀請他們參加飯店之特別慶祝行銷活動等。

二十一世紀正值旅館業轉型的時期，不僅是政治制度、經濟結構、人類思想觀念以及社會制度等，都在不斷地變化中，因此旅館業未來發展的腳步，應隨著時代進步而作適度的調整。旅館業者在面臨科技發展、商場競爭激烈及國際情勢的紛亂等種種複雜情況下，不能僅憑直覺去判斷，而必須採取妥善的經營管理策略及市場行銷技術，以訂定滿足顧客需求的政策，作為經營管理的最高目標。

第三節　溝通技巧與情緒管理

　　溝通指的是以雙方理解的言語做為意見表達之橋樑，以達成協調雙方觀念認同之目的。飯店應依顧客的水準給予不同層次的交談，內容包含解釋服務的代價、服務內容、保證消費者的問題將會得到處理等。現代人的個人特質皆不同，飯店應該盡力做到滿足每個人的每一個不同的需求。但縱使是提供高品質服務，還是偶爾會發生顧客抱怨的情況，要完全避免顧客的抱怨並不容易，但重要的是這種情況下飯店如何清楚地解釋自己的服務行為，進而得到顧客的認同與諒解。

一、溝通技巧

　　身為一個客務人員，將溝通技巧學好是很重要的，因為旅館業是一個服務人的行業，在與客人溝通中若不謹慎處理，在表達時就會發生我們常說的「說者無心，聽者有意」的窘境，顧客抱怨可能就從中衍生而出。在溝通技巧中有幾項要素是我們必須要認識的，包括語言的溝通、聲音的溝通和肢體語言的溝通，茲說

明如下：

(一)語言的溝通

語言所指的就是你實際說出的話，包含了你所使用的國、台、英語等。語言溝通時需注意的事項有：

1.用字淺顯：盡量使用客人可瞭解的用字，不要使用旅館的專業術語。盡可能用客人所講的語言與客人溝通，客人用英語，我們就用英語，客人用台語，我們就不要用國語，避免造成有溝而不通，有講沒有懂。

2.重新複誦，做確認：身為一個旅館從業人員，必須要很清楚地瞭解客人所要陳述的事件，並且簡單扼要地重複客人所提的需求，如此一來可降低客人所提之事項與服務人員之間因認知上的差距而造成隔閡，遇到不懂時可請對方重新再說一次，直到聽懂為止，特別是碰到外國客人。

3.確認對方是否瞭解：在做任何說明及解釋時，最後一定要記得詢問對方是否瞭解，讓對方有發問的機會，就不懂的問題繼續做詢問。

4.耐心地講解，可以協助人地生疏的客人，尤其是在表達有問題時。

5.和善的意見可以軟化愛挑毛病客人的脾氣。

(二)聲音的溝通

在與人溝通時會因為語氣、聲調、音量、音質及口頭禪等影響到是否能達到有效的溝通。

1.語氣的平順單調常會讓人有不被尊重、不理不睬的感覺。

2.聲調的抑揚頓挫能使客人從中體會你們的誠意與善意。

3. 當與人講話時，會因為音量太小使對方聽不見而須重複敘述，或因為太大聲使客人會以為服務人員在跟他們吵架（大小聲），而非溝通。

4. 話語中的口頭禪如「這個嘛！」「呃！」「嘿呀！」「噢噢！」等讓客人以為服務人員很不耐煩，不願意靜下心來聽客人的陳述。

5. 口語的干擾不易從我們的談話中除去，但藉由不斷的練習和自我的提醒，可以減少次數以及發生的頻率。

(三)肢體語言的溝通

基本上在非語言的溝通中，最讓人熟悉的肢體動作便是交談中兩眼的接觸、面部的表情、手勢、姿勢和姿態等。

■ 兩眼的接觸

1. 在與客人溝通時，兩眼直視著對方的眼睛，專心聆聽對方的陳述，是一項基本禮貌。從眼光的接觸中，雙方可以瞭解到是否對方有用心在聽話，以及說話時是否是很有自信地在交談。若眼神不敢看著對方，對方可能會認為你在說謊或是在敷衍了事。

2. 剛開始時可能不習慣看著對方的眼神，不妨從看著對方的鼻尖開始練習你眼神的注視。

■ 面部的表情

1. 通常我們在和客人溝通時，客人與我們都會看著對方的臉，從臉上我們可以看出今天客人的心情是喜、怒、哀或樂。

2. 當我們一進入飯店工作時，可能主管都會要求我們見到客

人便要微笑，因為從臉部的表情中，微笑透露給客人的訊息是，「我們是非常樂意替客人服務的飯店專業服務人員」。

3. 當然，並不是所有時候看到客人皆需保持微笑，特別是當客人碰到問題要來做顧客抱怨時，或者不小心出糗時，此時他們的心情一定很惡劣，若服務人員臉上仍然保持微笑的表情時，恐怕客人會認為你是在取笑他。此時表情可能必須是很真誠且慎重而仔細傾聽客人的陳述。

■ 手勢

1. 當我們看到很多人在溝通時都會加上手勢，包含了談話時手的揮動、聳肩等。

2. 在與客人溝通時，特別是碰到與外國人溝通，言語又不是很順暢時，便常會出現手勢的動作，為的是要讓解說能夠更完整。

3. 當然藉由手勢的動作做溝通時，有一些國際性的手勢忌諱，如比食指的動作便是一項忌諱。

■ 姿勢

1. 俗語說：「站有站姿，坐有坐姿」，身為一個專業的飯店服務人員，在姿勢上當然非常重視。

2. 服務時不論我們是站或坐的姿勢，抬頭挺胸，站得正、坐得正，自然給客人賞心悅目的感覺。

3. 絕對不要雙手抱在胸前與人交談，因為這種姿態代表著緊張、不同意或想保護自己的姿勢，與顧客間有距離感，顯現不出我們服務的真誠與熱情。

專欄2-4 溝通技巧

在職場工作中，「溝通」是一件很重要的事。不管是對上司、屬下、同仁、客戶，或對各接洽商談的單位，都需要更好的溝通技巧，這亦即所謂的「人際溝通」。然而，在職場中，難免會碰到許多不如意的事，也會遭遇挫折，這時，自我心情的調適，或自我不斷的激勵，就是所謂的「自我溝通」。

有時我們在溝通時，會不自覺地用一些「否定式」、「命令式」或「上對下」的說話方式，例如：「你錯了，你錯了，話不能這麼說」，或是「唉呀，跟你說過多少次了，你這樣做不行啦，你怎麼那麼笨，跟你講你都不聽……」。一般來說，人都不喜歡「被批評、被否定」，但是，有時我們在言談間卻不知不覺地流露出「自我中心主義」和「優越感」，覺得自己都是對的，別人都是錯的。

可是，有句話說：「強勢的建議，是一種攻擊。」有時，即使我們說話的出發點是良善的、是好意的，但如果講話的口氣太強勢、太不注意到對方的感受，則對方聽起來，就會像是一種攻擊一樣，很不舒服，所以，有時候我們的心中會有一種慨嘆：「你知道嗎？其實，我很贊同你的想法，但我很不喜歡你『講話的口氣』。」

有時，我們會說：「我這個人很理性啊，你看，我的門都是開的，大家隨時都可以進來和我溝通啊！」可是，如果「我們的門是開的，心卻是關的」，又有什麼用呢？

因此，在溝通時，必須注意到對方的感受，畢竟每個人都有「自我尊嚴感的需求」，每個人都希望被肯定、被讚美、被認同、被附和，而不喜歡被否定、被輕視，所以，即使雙方意見不同，但必須做到「異中求同、圓融溝通」，「有話照說，但口氣要委婉許多」。

中國人造字很有意思，想想「我」這個字，是哪兩個字的組合呢？是「手」和「戈」。「我」字，竟然就是「每個人手上都拿著刀劍、武器」，所以每個人都常做「自我防衛」，來保護自己。但是，在溝通時，人除了防衛自己之外，也要站在別人的立場來想，善用「同理心」，也學習控制自己的「舌頭」，「在適當的時候，說出一句漂亮的話；也在必要的時候，及時打住一句不該說的話」。

因此，我們必須學習「不要急著說、不要搶著說，而是要想著說」，絕對不要「逞口舌之快」而後悔，因為說話是沒有「橡皮擦」、沒有「立可白」的，不能再把話擦掉呀。

另外，職場溝通中，我們必須學習「情緒忍受力」和「挫折容忍力」，因為，「脾氣來了，福氣就沒有了」。在我們碰到棘手的問題時，必須先靜下來、勿衝動行事，也學習「先處理心情、再處理事情」，免得事情愈弄愈糟糕。

有句話說：「生命的長度是上帝所給予的，但生命的寬度卻掌握在我們自己的手中。」的確，我們雖然不能控制生命的「長度」，但我們可以控制生命的「寬度」。

我們都可以在工作中，學習做更好的溝通，使人際關係更圓融，也使生命過得更漂亮、更有意義，不是嗎？

二、情緒管理

　　亞里斯多德曾說過，「任何人都會生氣，這沒什麼難的，但要能在適當地方以適當的方式對適當的對象恰如其分地生氣，可就難上加難」。身為一個飯店的客務服務員，每天須要面對不同形態的客人，每一種客人都有他們自己不同的需求，每一位客人會因為他們的環境、情緒或其他因素等影響到自己的情緒（如客人常會因交通阻塞、天候不佳或長途搭機疲累等因素而至櫃檯對接待員抱怨）。因此，接待員必須要有同理心與耐心地聽完客人的抱怨，且盡速為客人服務，不過不管客務員如何盡心為客人服務，總有些客人會不滿意，因為有些客人會雞蛋裏挑骨頭，百般挑剔。因此影響到客務人員的情緒，使得我們整天悶悶不樂，雖然主管要求見到客人要微笑，但就是笑不出來，因為心情鬱卒而擺張臭臉，如此將連帶著影響到客人，因為你會覺得客人都是ㄠˋ客，因此嚴重傷害到飯店的聲譽。基本上所有的服務人員都是希望自己能提供給客人最滿意的服務，但是有時候我們卻會碰到一些要求與別人較不相同、不合理或是標準和一般顧客不同時，情緒上難免會受到影響，如果此時服務人員不能適時地調整情緒，服務態度也就自然會受到影響。為了避免上述事情發生，很重要的便是自己做好心理建設，隨時接受挑戰。我們期待客務人員都能以智慧來經營生活，提高EQ（情緒智商），而這需要靠我們不斷地自我訓練與修練，因為唯有靠自己的意願與努力，且持續實行並進而內化成為習慣。

　　高曼在《情緒智商》（EQ）一書中將情緒分為八種，茲說明如下：

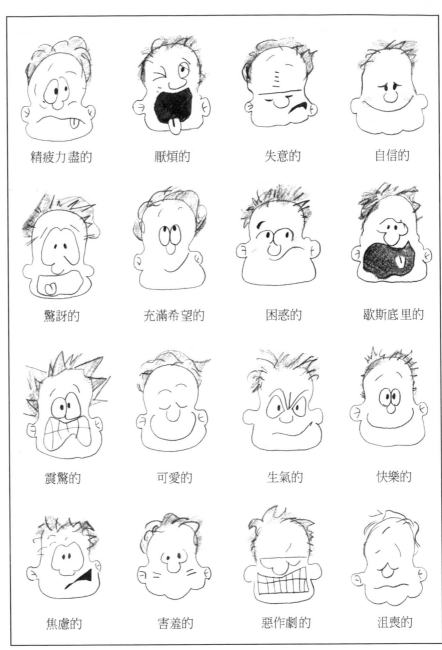

精疲力盡的　　　　厭煩的　　　　　失意的　　　　　自信的

驚訝的　　　　充滿希望的　　　　困惑的　　　　歇斯底里的

震驚的　　　　　可愛的　　　　　生氣的　　　　　快樂的

焦慮的　　　　　害羞的　　　　　惡作劇的　　　　沮喪的

圖2-1　各種情緒的表情

1.憤怒：生氣、微慍、憤恨、急怒、不平、煩躁、恨意與暴力。

2.悲傷：憂傷、抑鬱、自憐、沮喪、寂寞、絕望。

3.恐懼：焦慮、驚恐、緊張、關切、慌亂、憂心。

4.快樂：滿足、幸福、興奮、狂喜。

5.愛：認可、友善、信賴、親密、寵愛、癡戀。

6.驚訝：震驚、訝異、驚喜、歎為觀止。

7.厭惡：輕視、輕蔑。

8.羞恥：愧疚、尷尬、懊悔、恥辱。

以上所提的是一般我們提到情緒時所最常會表達出來的感覺，而感覺是因人而異。當我們心情不好時，不妨去感覺一下到底是哪些情況，當然也可以去瞭解到底我們所面對的客人目前的情緒又為何種情況。

第四節　顧客抱怨處理

顧客抱怨常會出現在以服務人為主的旅館業中，其抱怨類別可分為產品和服務兩種，而其抱怨不滿之情況有讓顧客等待時間過長、服務人員的服務態度不好，以及硬體設備或人為因素等三種，而其抱怨發生的原因是沒有明確的營業方針、沒有明確之標準作業程序、沒有審慎徵募員工、沒有蒐集客人資料的習慣、沒有瞭解客人的需求、沒有履行與客人之間的約定，和沒有瞭解市場競爭之情況等七種，清楚與快速地找出顧客真正的問題所在，並應盡力提供方便、迅速且和藹的解決方法協助顧客，有效地解

⚙ 專欄2-5 十三個改善EQ的小祕方

1.別急！慢慢來

當你面對失敗或頹勢時，千萬別慌了手腳而大發雷霆，試著將注意力放在「就算功敗垂成，至少你學到了……」諸如此類的積極想法上，它會很神奇地舒緩緊繃情緒，做出正確的判斷和反應。

2.承認自己錯了，別人對了

認真傾聽別人的觀點和意見，並且勇敢地面對錯誤，絕對是EQ指數向上跳躍一大步的指標。

3.別被輕易收買

隨時都在面對誘惑的人生，得學會明察秋毫，因為小惠的背後可能要付出極大代價，比較安全的應變是，說些「謝謝你的提議，我會仔細思考」、「這個條件很誘人，值得考慮」等等好聽話，然後改變話題，讓對方知道妳真的需要時間好好思考，此舉將使你重掌控制權，不致做下以後會讓你後悔莫及的決定。

4.慎選朋友

雖然人生中有許多事由不得你，也許你很難量身訂作一個默契十足的好老闆，但是對於該和什麼樣的朋友往來，你有絕對的主導權，睜大眼睛，選擇真正對你知無不言、可以患難與共的朋友吧！在你情緒失控時，他們會先幫你踩剎車。

5.學習更明快而果斷

試著用最精煉簡潔的詞句表達你的意見想法，千萬別拉

拉雜雜聞扯淡，那不僅可能把對方搞瘋，也會惹得自己心煩意亂。

6.就事論事

有些人常犯的毛病是常常人事不分，一面對批評就直覺以為別人和你過不去，不是想當然爾反應過度，就是暗自啜泣療傷，甚至因此而喪失自信，在這一點上，某些人比較能理性就事論事的態度，值得學習。

7.溝通，再溝通

別做個遇事就逃的縮頭烏龜，坦誠面對困境，不厭其煩地溝通，雨過天青時，你一定會有所學習和成長。

8.被拒時切忌惱羞成怒

當你的提議被否決時，先耐住性子聽聽對方的解釋，千萬別動不動就板起臉回敬一句：「那沒什麼好說的了。」要知道當你表現得像隻劍拔弩張的刺蝟時，別人也會毫不留情地以牙還牙。

9.少自作聰明妄下結論

譬如當一個你甚有好感的異性婉拒你的邀約時，別一口咬定一定是因為你太胖或臉上的雀斑讓他卻步，天知道除了他真的有事外，還有上百個非常合理而正當的理由，試著別太小題大作。

10.學著判斷輕重緩急

生活中要處理的事實在多如牛毛，有些無關緊要的小事，不妨看開些；將心力放在急迫而深具影響力的任務上，要知道通常瑣事最是折煞人，如果不學著捨輕就重，保證心情恐怕永遠像是滾滾沸沸的活火山，等著隨時爆發。

11. 萬全準備

比如執行一項大計畫前，一定要有充分準備，而在距離開始倒數的關鍵時分，將全副心神放在活動重點上，如果覺得緊張，試著想像活動就十分圓滿地結束，它會讓你稍微鎮定，且較能專注在流程細節上，成功的機率亦相對提高。

12. 直言你的需求

如果你期待人們都具備有讀心術，可以準確無誤地得知你的需求，那麼恐怕你得一直生活在失望之中了。

13. 別心浮氣躁

如果你內心有所抱怨，找個朋友吐吐苦水，然後忘了它，記得高EQ的人是不會將怨懟埋藏在心裏的。

資料來源：http://home.kimo.tw/dododo2000wj/007/036.htm

決與排除。客務人員應設身處地從顧客的角度來看事情，試著抓住顧客的觀點和想法，要想做到這點，必須專注地傾聽顧客話中的涵義，正確地問出顧客的本意，給予顧客所希望得到的服務，用顧客希望的方式去對待他，不要用自己的觀點代替他的觀點。而顧客的抱怨大部分都是根據他自己眼睛所見到的來做評斷，針對顧客的抱怨，若能妥善地解決顧客問題，將會留給他極為難忘的印象，且客人將可能再度光臨；相反地，若是漠視顧客的抱怨，則將很容易失去一個客人。

處理顧客抱怨時，是表現服務品質的最佳時機；不要畏懼在眾目睽睽之下，向客人低頭道歉，因為真誠的態度，並拿出效率

迅速解決問題，不但將贏得顧客的信賴，更讓旁觀的顧客留下好印象，以下將介紹如何處理顧客抱怨的原則與程序，茲說明如下：

一、顧客抱怨的處理原則

1.時效的重要性
   (1)必須搶在尚可補救的時效內處理：許多錯誤在發生後至造成傷害前，仍有機會補救，故愈早發現愈早處理愈好。
   (2)最好在顧客離開前：多數之抱怨以當面解決最佳，許多從業人員認為旅客離開，抱怨即隨之結束，其實不然，持續的發展可能更難掌握。
2.人選的適當性：
   (1)必須有完全的授權：除非絕對必要，不再向上發展，且處理人員已答應的事項，不可更改。
   (2)必須顧客願意信任者。
   (3)必須有充分的專業知識與行政經驗。
3.不管事情大小，必須調查清楚：有抱怨必有原因，不論事情大小，都可以成為日後教育訓練最具說服力之教材，且從調查中最容易發現管理訓練上之盲點。
4.避免不必要的媒體曝光。
5.當涉及其他單位時，處理者亦需先擔下責任。
6.只要有錯永不辯解，不必強調誰是誰非，只尋求補救。
7.必須顧及員工及旅客的隱私，為雙方預留下台階。
8.必須依法、理、情的順序處理。

9.不可同意職權外的賠償或讓步。

10.法律問題：

    (1)不具執法者的身分：故在形式上、實質上皆不可訊問或偵查，例如房內的物品遺失時要求旅客開箱等，僅可在旅客同意時瞭解狀況。

    (2)必須熟悉法令：

        A.夜間訪客之管制與旅客登記。

        B.旅客財物遺失時之旅館責任。

        C.保持現場完整。

        D.旅館的保險。

        E.報警之時機。

    (3)不可命令當事者直接道歉賠償了事：員工受僱於公司去服務旅客，故任何服務中之疏失必須由公司承擔，員工之道歉並不能免去公司法律上之責任，並且將造成員工對公司之疏離感。

11.永遠別讓顧客感到難堪：顧及顧客的面子，不管客人的抱怨多麼的激烈或是要求多麼無理，留意我們的處理態度，千萬別讓顧客感覺我們在指責他「無理取鬧」。

二、抱怨處理程序

1.關心地聆聽，通盤瞭解事情：我們必須先對整個事件發生的人、事、地、物作通盤的瞭解，切忌讓客人一再重複講述抱怨內容，盡可能一人處理到底，若自己真的無法處理，也必須將事情經過清楚地交待給下一位處理者，以免更添顧客怒氣。抱怨分析的注意事項如下：

(1)顧客在抱怨的時候，常是情緒激昂、失去理性的，這時可能會將事實誇大。

(2)顧客是站在自己的立場去講述整件事情的發生經過，顧客會挑著自認為重要的細節予以講述，所以內容會偏向主觀，同時也可能遺漏某些重要訊息。

(3)處理顧客抱怨時應多方聽取在場者（顧客、員工）的說法，從中瞭解客觀事實。

(4)針對抱怨內容，瞭解顧客最在意的問題對症下藥。

2.保持冷靜：

(1)假使需要的話，將客人帶離現場，以免影響其他的客人。

(2)避免防禦性與富攻擊性的對答，保持冷靜，千萬不可與客人爭執，記住「客人永遠是客人」。

3.移情設想：

(1)認同客人的感覺，站在客人的立場瞭解其感受。

(2)使用以下語句緩和客人感受：「我知道你的感受，以前我也有相同的經驗……」。

(3)注意：你不是去指責是公司的錯，而是讓客人瞭解你知道他的抱怨內容及發生問題的原因。

4.尊重客人的感受：

(1)盡可能維持客人的自尊，像「真是抱歉，這種事發生在您身上」等語句，可顯示你個人對客人的關心。

(2)對答中要稱呼客人的姓氏。

(3)千萬不要低估一個人的抱怨，這對客人已產生了影響，要不然客人不會說出來。

5.集中全力處理抱怨：

(1)對事情而非對個人，針對問題解決。注意：告訴客人是哪個班或部門的人所犯的錯誤並不能解決問題。

(2)謹慎言行，不能衝動而污辱客人。

6.記錄客人抱怨內容：

(1)寫下問題的重點，可節省參與處理人的時間，也可緩和客人的情緒。

(2)客人瞭解講話的速度比寫字快，他自然而然地就會緩和下來。更重要的是客人信賴我們對抱怨的關心，因為我們把客人問題用紙筆記錄下來，這一招可扭轉整個情況到可控制的場面。

7.告知客人處理方式：

(1)提供幾種解決的方式讓客人選擇。

(2)不承諾客人你做不到或權限以外的事。

8.告訴客人事情處理所需的時間：告訴客人多久可以處理好，要給確切的時間，但不可低估所需的時間。

9.注意事件處理過程：一旦客人選好了解決方式，注意整個處理過程，假如有不可預期的延遲處理，一定要通知客人。

10.追蹤抱怨處理：

(1)追蹤抱怨處理過程及客人對處理過程的反應，如果是別人幫忙解決的，也應主動聯絡客人對處理方式是否感到滿意。

(2)完整記錄整個事件經過及處理方式。

11.表示感謝：感謝客人讓我們知道飯店的缺失，感謝他的寶貴意見，使我們更進步，也希望他能不計前嫌地再度光臨（較為慎重的飯店會寄上感謝函，感謝顧客的指教）。

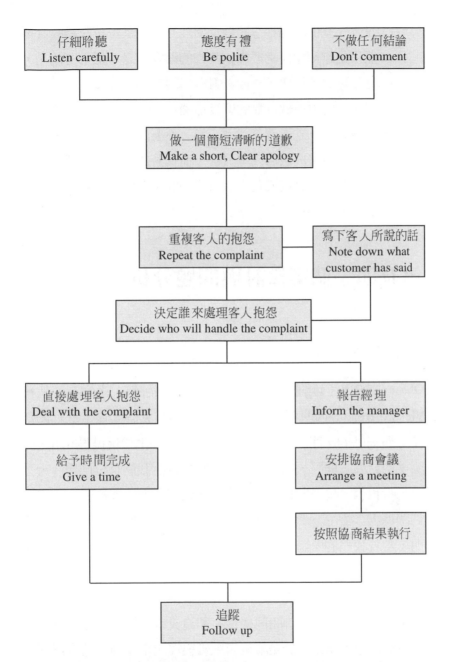

圖2-2　處理顧客抱怨程序（Handling Complaints）

12.建立完整的顧客抱怨記錄及處理方針：讓每位服務人員都能清楚瞭解如何處理突如其來的顧客抱怨，更重要的是，完整建立資料庫，一能針對飯店的缺點日後做進一步的改善、二能方便做有效的事後追蹤。

13.記取教訓，立即改善：不二過，不要讓同樣的事件重複發生，不只造成飯店成本浪費，而且若讓顧客再次遇到同樣的問題，就算我們有多大誠意想解決問題，顧客也會對我們失去信心及耐心。

第五節　個案探討與問題分析

竊酒事件

今天晚上因為是在歐洲畢業旅行的最後一天，所以就和Vicky、Irene等同學們，一起約一約拿著撲克牌，塗上紅紅的口紅，到老師的房間，給老師深深的一吻。學生們玩得很high，聽到了門鈴聲，開門，原來是領隊，她來告訴我們有位同學今天生日，叫我們一起去同歡，後來學生把她拖進來一起拍照，因為我們鬧得太大聲了，所以對面一個外國人就很不悅地敲著我們的門，當著我們的面罵英文髒話……然後就逕自回房了。我們領隊也不是省油的燈，亦以同樣的話回應。拍完照，出門要去幫同學慶生的時候，領隊發現放在門口的六瓶酒不見了，那時候以為是同學先提走了，但是詢問同學後，卻沒人拿走酒，領隊直覺感覺到酒應該是誰拿走，於是請飯店執班經理上來處理，她告訴那位經理說要開門進去把酒拿出來，經理說她們不能這麼做，因為這

樣會侵犯到客人的隱私。幾番交戰之後，領隊請經理下去叫警察過來，經理那時也答應了，等了半個多小時，仍無警察蹤影，領隊打電話至櫃檯，要求要和經理說話，經過多次轉接，最後執班經理才接電話。和經理溝通很久，但經理似乎不太理睬，於是領隊威脅她，表示如果她不處理，則會報告她的上司，她的回答是"GO AHEAD"。我們知道這位經理並未打電話給警方，領隊說：「算了，不要因為這種事搞到這麼晚，睡覺去吧！」要離開之前，還踢了那男的房間門，說他是小偷。隔不到兩分鐘，那男的就打開房門，一副兇神惡剎想要打人的樣子，那時領隊對他說"You are a thief, you will go to jail."他也嚇到了，關上了門，不到五分鐘的時間，拿著酒，一副心不甘情不願地要把酒還給我們，而領隊不收，由於爭執過程聲音太大聲了，影響了其他房客休息，有房客打電話到櫃檯抱怨，所以櫃檯人員又上來了。領隊告訴他們酒在他的房間裏，沒多久經理也上來了，敲了那男的門，並且進去了他的房間裏把酒拿出來。她想要把酒還給領隊，敷衍了事，這舉動更引起了學生的不滿。領隊告訴她，她是個共犯，如果她不報警處理，我們會有一百零二個學生一起聚集在這裏，她無可奈何只好報警，領隊其實也知道，就算報警警方也不太會理這種小Case，只是想給他一個教訓而已。最後警方留下了那個男的資料，在警局備案，今天發生的這件事也就這樣結束，隔天C/O飯店也沒人出面來解釋這件事的後續發展結果。

1.在這個個案裏，經理掌握了哪些抱怨處理的原則？
2.在這個個案裏，報警的時機是否正確？
3.在這個個案裏，經理有哪些處理缺失？
4.如果您是這家飯店的經理，遇到這樣的顧客抱怨，請問您

會如何處理？

5.請問抱怨處理的原則與程序是什麼？

第三章　訂房作業認識

如果人生面對的最大苦難只是死亡，那還有什麼可以害怕的呢？人生中沒有解決不了的事，也沒有無法面對的事。

——新不了情

　　訂房預訂是旅館與客人建立良好關係的開始，也是旅館業一項重要行銷工具，良好的行銷技巧可以確保旅館的營業收入。因此，旅館須有一套周全的訂房系統，使客人輕易地由免費電話號碼或電腦網路去預訂房間。旅館希望客人能再度光臨，以增加營業收入，故一套周全的訂房系統必須能有效的運作，具處理和確定資訊等功能。反之，若訂房系統作業不佳，將使整個訂房作業受到負面的影響。如飯店常採取的超額訂房（overbooking），其雖能讓飯店達到百分百之住房率，但若處理不當，則會引起顧客抱怨，故如何提高飯店工作效率與收入且又讓旅客滿意，是訂房部門努力達成的目標。為達上述之目標，本章首先介紹訂房工作職掌與作業流程，其次說明客房控制管理與訂房控制管理，進而分享訂房報表及狀況之處理，最後則為個案探討與問題分析。

第一節　訂房工作職掌與作業流程

　　訂房組（如圖3-1）是客人尚未抵達旅館前首先接觸的單位，因此訂房人員之優劣則攸關旅館之房間收入與旅館整體之服務形象，因此它扮演一個非常重要的角色。故如何成為一位稱職的訂房人員，首先必須瞭解其工作職掌，如瞭解飯店本身的房間形態與各項設備，進而利用熟練的銷售技巧將旅館本身的特色介紹給客人。此外亦須熟練其作業流程，訂房之取消、延期或確認

圖3-1　訂房組

資料來源：台北華泰王子飯店

等動作亦須注意，勿因個人之疏忽造成客人至旅館無房間之困擾等。故本節將說明訂房組之工作職掌以及訂房作業流程之介紹，茲說明如下：

一、訂房組之工作職掌

1. 接受客人對於飯店房間形態、價格、基本設備及設施等之詢問。
2. 接受客人對飯店客房的預訂。
3. 填寫各項訂房記錄。
4. 在客人未抵達飯店前數天，依飯店之規定與客人確認訂房。
5. 製作各項訂房表格。
6. 列印房間銷售狀況之各項相關表格。

7.建立及保持顧客歷史資料。

8.處理各項與訂房相關之信件、傳真、電話或電子郵件之訂房相關工作。

9.對於業務部或其他部門所接之訂房做後續之追蹤處理。

10.對於旅行社等相關團體所做之訂房安排。

11.飯店客房類型、房號位置所在及房間內部格局與陳設皆需熟悉。

12.業務或企劃部所推出之不同的套裝行程內容、價格等皆需熟稔。

13.對已預訂房間之客人預收保證金。

14.飯店未來房間預訂狀況、可銷售的房間狀況或未銷售完仍需加強銷售之房間數，應隨時掌控及更新。

15.瞭解飯店房價政策及訂房員被授權程度，於銷售客房時需妥善運用。

16.熟諳客房之銷售技巧。

二、訂房作業流程

當飯店訂房部門接到訂房訊息後，應立即查閱訂房資料，由訂房控制表或電腦中可決定目前是否仍有空房，以便作適當的處理。假如飯店礙於館內開會或舉辦研討會、展示會、服裝秀等活動，此時提供之會議或展示場地，必須先調查房間的適用狀況，再與餐飲、宴會及相關部門聯繫有關租用等事宜。

(一)接受訂房之作業程序

1.招呼語。 "Good morning, Reservation. Vicky speaking. May I help you？"

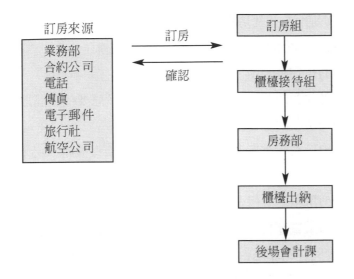

訂房來源　　　訂房　　　　訂房組
業務部　　　　　　　　　　櫃檯接待組
合約公司　　　確認
電話
傳眞　　　　　　　　　　　房務部
電子郵件
旅行社
航空公司　　　　　　　　　櫃檯出納

　　　　　　　　　　　　　後場會計課

圖3-2　訂房作業流程圖

2.詢問對方是否爲合約公司或一般散客。

3.詢問客人住宿的日期以及房間形態。如果是團體訂房，需要再多問團號。

4.查詢客人想預約的期間是否有房間。

5.調閱訂房單及查詢電腦客人欲住宿日期是否還有客房，先確認住宿天數，以利於控制房間的銷售。

　(1)若有房間時，告知對方房價。如是訂房公司的來電，則進入電腦查詢該公司的合約代號及合約價格。

　(2)若是已客滿，切記不要馬上回絕客人，應向客人說明目前房間客滿，先將其訂房排列在等候名單（waiting list）中，若有房間時，則會立即告知。

　(3)若已經沒有客人所想要的房間形態時，則應委婉建議是否要改訂其他形態的房間。

6.詳細地介紹其房間形態、設備及坪數等等。

7.確定該期間有房間後,詢問對方的資料,包含:

　(1)住宿者的中、英文姓名。

　(2)住宿期間、天數、人數、房間數及想要的房間形態。

　(3)房租內是否需要含早餐(如圖3-3)。

　(4)是否需要接機或送機服務,如需要接機時,必須問明客
　　　人所搭乘的班機班次。

　(5)房帳是由何人付款。

　(6)來電者的姓名、聯絡電話及傳眞務必要問清楚。

8.詢問住宿者是否有特殊要求,例如靠近電梯附近的房間,
　如無法答應客人的要求時,務必告知實際情況,並說明會
　儘量地幫客人安排。

9.將其內容複述一次,以確認無誤。若爲團體訂房,則必須
　要求對方郵寄或傳眞正式訂房單及團體名單。

10.謝謝對方的來電,並告知我們將會立刻爲他訂房。

11.立即依據訂房者提供的資料逐一輸入電腦。

　(1)若爲一般訂房,需輸入的資料包括:旅客姓名、人數、

圖3-3　早餐券

資料來源:台北圓山大飯店

到達及離開日期、房間形態、合約代號、公司名稱、房價、班機號碼、接送機服務、付款方式、聯絡人姓名、電話或分機號碼，以及客人的習性或特殊要求。

(2)若為團體訂房，需輸入的資料包括：團號、到達及離開日期、預定抵達時間、房間形態、房間數、早餐、合約代號、公司名稱、房價、班機號碼、付款方式、聯絡人姓名、電話或分機號碼，以及客人的習性或特殊要求。

12.輸入完成後，將訂房單（如圖3-4）列印出來。

敏蒂天堂飯店
Mindy Paradise Hotel
Reservation Card

TYPE	#RM.	RATE	RES#		HIST#	
			NAME/GROUP			
			TITLE/			
			RES.BY/			
			TEL/		FAX/	
			ARRIVAL DATE/		DEPARTURE DATE/	
			FLT No./	TIME/	FLT No./	TIME/
TOTAL/			SPECIAL REQUEST/			
PAYMENT METHOD/						
			APPROVED BY/			
MEALS INCLUDED/			RECONFIRM BY/			
BREAKFAST/			DATE FOR RECONFIRMATION/			
LUNCH/			RES. OFFICER/		DATE/	
DINNER/			C.CARD/		EXP. DATE/	
			CXL#		DATE/	
			CXL. BY/		APPROVED BY/	

圖3-4　訂房單

(二)訂房人員需注意之事項

1. 訂房單上的字不可潦草，英文字儘量用大寫，以便一目瞭然。

2. 英文字的發音及咬字要很清晰，尤其在複述外國籍住客姓名時，需特別注意。

3. 一定要問明訂房者姓名，留下電話號碼及分機號碼。

4. 無合約的公司訂房時，應向對方要公司名稱做記錄。

5. 若客人要求接機，需讓客人知道接機方式及接機者舉牌所在處。

6. 有關房帳方面，合約公司可記帳，若為無合約的旅行社或公司，則需要求付現。

7. 若訂房公司負責付房帳時，需寄記帳授權書給對方，蓋公司大小章，並要求傳回，附在訂房單上。

8. 若為客滿期間，所有沒有班機的訂房，儘量要求客人保證訂房，否則依一般正常作業，只保留到下午六點。有班機時間的訂房，則保留到班機抵達後四小時內。

9. 已付保證金的客人，務必保留其房間。

10. 訂房單是與櫃檯接待、櫃檯出納作業連繫的第一憑證，應妥為保管。

11. 團體訂房的變動比較大（如取消訂房），必須審慎處理；而多重訂房（double booking）是指又訂其他飯店，必須特別注意確認訂房的動作。

賭場旅館(一)

　　雲霄塔酒店（Stratosphere Tower Hotel）又稱同溫層高塔旅館，有拉斯維加斯地標之稱。一九九六年四月啓用的雲霄塔飯店，造價高達五億美金，擁有一千五百個套房與房間，員工人數達三千人。最吸引人的特色莫過於飯店門口有一個高度一一四九英呎的雲霄塔，若換算為一般樓房則為超過一百層樓高的尖塔，內有一〇八層的電梯，由一樓到頂層費時只需三十七秒。塔內第一〇六層設有旋轉餐廳，每半小時繞一圈，可欣賞美麗景色。一〇八及一〇九層的瞭望台，是全美最高的免費獨立觀景塔，也是密西西比河以西最高的人工建築物，比巴黎的艾非爾鐵塔及西雅圖的太空針電視塔還高。由塔頂俯瞰，可將整個拉斯維加斯景色盡收眼底。另外，還有一座全世界最高的叫做 High Roller 的雲霄飛車，您可自費參加精彩刺激的「一飛衝天」雲霄飛車，嘗試一下自一百零九層樓高空俯衝而下的感覺。

　　位於雲霄塔大飯店的尖塔頂端，有世界的屋頂（Top of the World）餐廳。用餐時，餐廳會以三百六十度旋轉，此時可以邊用餐，邊欣賞賭城的夜景，真是棒極了，當天氣晴朗時，甚至於拉斯維加斯周圍地區的燈光也可以看得到。

　　根據本地一家攝影服務工作室 Sight and Sound DJ Entertainment Video Production 宣稱，Top of the World 餐廳是人們選擇作為求婚地點比率最高的地方。

　　開館前老闆鮑伯‧司徒培克（Bob Stupak）是賭城爭議性很強的人物，挨罵、被嘲笑、被當局調查對他來講是平常

事。但他現在已慢慢地在賭城居民心中贏得好評。他沒受過什麼教育但聰明絕頂。他有了蓋高塔的構想後就不計一切地要完成，甚至讓出主導權亦在所不惜。他後來只保留25％的股份，而他原來的飯店Vegas World亦關門歇業，以免與新建的高塔格格不入。可惜飯店那時好像不是很賺錢（這幾年可是很賺），因經費不夠，飯店未能照原來設計完工。他被迫賣出75％的股份來完成同溫層飯店時，大家普遍認為他已經不行了，但大家也承認，他不是那麼容易被擊敗而認輸的人。有一看法是說他有強烈的自卑感，才會努力造勢提升自己的知名度，此乃八卦說法，不必相信。他曾出馬競選市長寶座，但未成功。近來飯店在精明能幹的接手財主Carl Icahn領導下，以實惠低價招徠顧客，生意很好，散客及團體住客很多。

　　Bob Stupak於一九九九年春提出申請在同溫層飯店北邊蓋一家新飯店。此飯店將以鐵達尼號為主題，整個飯店就是一條有四個煙囪的大船，將把鐵達尼號完全複製，大小一樣，名之為船（The Boat），大約有一千至一千兩百間房，房間陳設與鐵達尼號的艙房一樣，整個預算為三億元。飯店也準備在旁邊另製造一座大冰山，來容納一個有一千八百個座位的劇場。建地原本就是Stupak的，有兩家小飯店，一是雷鳥（Thunderbird），另一為鐵達尼（Titanic Resort）。可是市政府沒批准他的申請，理由是太靠近同溫層飯店的高塔，有安全顧慮。

資料來源：http://www.tourguy.net/vgl/stratosphere.htm

第二節　客房控制管理與訂房控制管理

　　客房控管與訂房控管是訂房組的重要工作，因為客房與訂房的控制管理若執行不當，則會造成客房超賣，進而導致客人外送至別家飯店住宿，這樣不僅會造成客人的抱怨，也會造成飯店本身的損失。而飯店對於可運用的客房，應能有所掌握或預測，用以決定是否繼續接受顧客的訂房要求。這種預測應在顧客提出訂房（詢問）之初，或者最遲在登記住店之前即能完成。本節將介紹客房控制的種類、訂房的分析、訂房控制原則、客滿期間的訂房作業控制，以及超額訂房的控制與管理。

一、客房控制管理

　　由於旅館客房與一般商品特性不同，其商品總數是固定的，而且沒有存貨問題，如果當天不銷售，即損失一天的利潤。為了尋求最大利潤，必須做好客房控制。客房的控制可分三大類，茲說明如下：

(一)各類房間數量的控制

　　各類客房都有一定的數量，因此接受訂房預約時，必須確定該筆訂房的住宿日期及房間種類是否在可接受的範圍之內，否則必須請顧客改訂別種類型房間。

(二)總房間數的控制

　　每家飯店於客滿期間，住房不會只接到剛好總客房的數量，為的是預防訂房而未出現的客人（No Show）或臨時取消訂房的客人，而造成飯店本身的損失，但超接的數量須依各家飯店的住

專欄3-1　占床與加床

一般成人均為「占床」，除非三位成人同住一房，第三人則視同「加床」。

兒童占床：一名兒童與一名成人合住一間雙人房時，需使用兒童占床售價。

兒童加床：一名兒童與二名成人同住一間雙人房，外加兒童一張床，使用兒童加床售價。

兒童不占床：一名兒童與二名成人同住一間雙人房不需加床時，使用兒童不占床售價。

房情況來衡量。

(三)客房季節性的控制

1. 每年第三季時，即須設定下年度的訂房政策，例如團體旅客（GIT）、個別旅客（FIT）及簽約公司各占多少百分比。

2. 每年的第四季時（規模大的旅館，有些更提前至第三季），即陸續與各訂房公司進行簽約工作。

3. 接受訂房後，確實作好訂房核對工作，以隨時掌握已異動的房數。

4. 訂房如有變更應即時更改，並迅速地統計出剩下哪些房間，例如單人房或套房各有多少間。

5. 保留若干百分比（可比照歷年統計的百分比）給常客（regular guest）、臨時遷入的客人（walk in）或延長住宿的

88　旅館前檯作業管理

旅客（over stay），但視各飯店的規定狀況而定。

6.其他：客滿時，優先提供給交往紀錄較好的訂房公司。

二、訂房的分析

為了有利於客房充分銷售，並擬定完善的銷售策略，作正確的分析，訂房組應定期製作各種分析報告，提供各相關單位參考，以爭取更多客源。

(一)旅客國籍分析報告

由旅客之國籍分類，可以確定旅館在各地區被接受的程度，瞭解各國籍旅客平均住宿日數長短及消費習性等。

(二)市場分析報告

藉此分析報告，可以瞭解不同訂房來源之間所被接受或支持的程度。

(三)客房接受度分析報告

為瞭解何種客房最受旅客歡迎，可藉顧客意見調查表或口頭方式詢問，以掌握旅客需求或作適度之設備以及客房之調整，以迎合市場需求。

(四)業務分析統計

為求確實控制客房銷售，每日大夜班值班人員應負責進行當日作業複查、帳目核對及分析統計。

1.核對郵電、通訊收發及入帳記錄。

2.核對及更正每日旅客訂房及抵達狀況。

3.製作每日客房銷售分析報告。

4.預估次日客房銷售狀況等。

三、訂房控制的原則

(一)控制應開始於接受訂房之先

客房銷售不能有「存貨」或「期貨」買賣,故每一個房間都必須賣給最有消費潛力之旅客或最有利潤之顧客。

(二)何謂最佳銷售

指可以達到最高收入之銷售。尤其是高平均住房率及高平均房價,比個別天數之客滿更重要。

(三)調節性預留／保留

為方便控制,預先在可銷售房間中保留(或容許超收)一部分房間,用以在接近客滿時平衡訂房之自然消長,或滿足特殊或突然之需要,但必須在電腦中及訂房控制表上標示,提醒作業人員注意。

(四)預留／預排

在接受特殊訂房後或在預期某些狀況會發生時,在各記錄中預作記載或預先排定屆時住宿的房間,以免重複出售或錯誤發生。

(五)旅館尋求客滿之策略

是否每間客房一定要售出,先尋求客滿再解決旅客抱怨,或是在不招致抱怨之前提下,尋求最高之銷售。

四、客滿期間的訂房作業控制

1.預測可能客滿日期,提醒所有工作同仁注意。

2.掌握海外代表公司關房日期。

3.注意大房間之推銷。

4.組長應掌握所有訂房，若有額外增加之訂房，須呈經理核示。

5.訂房改期或取消所空出來的房間，組長應妥爲運用。

6.未能確認之訂房，建議全部放在候補名單（waiting list）。

7.對於政府機構及大顧客之臨時性擠房間，應轉呈經理處理，處理方式大致是請負責之業務人員出面瞭解、協調。

五、超額訂房

飯店爲了達到更高的住房率，常常會超額訂房（overbooking）。因爲每天的住房狀況會有許多的變化，如取消（cancel）、已訂房但未出現的客人（no show）、延期（postpone）或提早退房的客人（early C/O）。若旅客平均住宿天爲三天，如果當天有一間房間取消，即等於明天、後天住房將各減少一間。飯店爲了減少損失，爲了達到百分之百的訂房率，大部分會超收大約5～10％。如果只是一天客滿，就要選擇住宿較多天數的客人，因爲對飯店有利；如果是連續幾天客滿，其中只有一天住房率下降，那就盡量只接那一天住宿的客人，來提高那天的住房率。

(一)房間不夠時處理訂房要求之原則

1.若某種客房不夠，則建議對方是否改訂其他類型之房間。

2.建議對方候補。

　　(1)本候補名單必須不斷地過濾。

　　(2)應隨時與訂房者保持聯繫，並告知最新狀況，以便作其他選擇。

　　(3)在必須拒絕訂房時，可告知其他飯店尚可接受訂房，也

可代對方訂房。

(4)不能決定之特殊狀況應向主管報告，以決定對策。

(5)建議對方是否可以改期。

(二)超收訂房時的作業程序

1.先將當天要抵達的客人再清查一次，可從訂房單或通訊資料中查詢聯絡方式，設法與訂房者聯繫，以確定每位客人都會到，此外要告訴客人其房間只能保留到晚上六點。

2.清查所有預定退房的客人，以確定每位客人都會退房。

3.如遇全市都客滿，則必須先找一家同等級或更高等級、關係良好的飯店，以先預定幾個房間作急需之準備。

4.核對房務部的住房報表是否與電腦相符合。若仍無法解決該走而不走的客人，則要先替未C/I客人安排好。

5.從旅客到達名單中，挑選要外送的客人。若有以下情況最好不要外送：

(1)較晚遷入（late C/I）的客人。

(2)合約公司的客人。

(三)超收訂房時外送客人的應對方式

要事先和訂房公司聯絡以取得諒解，並向其他飯店訂妥房間；如能聯絡上客人，就直接由機場轉送，並將其住宿升等（由單人房升等為套房等等），第二天再由櫃檯人員隨車接送，並免費招待水果、鮮花、酒或巧克力及道歉信，在客人C/I前送至房內。且需注意外送客人接回的時間，與服務中心交待清楚只許早到而不准遲到，以避免造成客人的二次傷害。而當超收訂房時，可用以下理由向客人解釋，並且說服客人轉住別家飯店，茲說明

如下：

1.因飛機故障，以致無法退房。
2.因有年紀較大的客人生病，以致無法退房。
3.因客人遺失護照，因而無法退房。
4.因在台會議臨時延期，因而無法退房。

第三節　訂房報表及狀況之處理

訂房組須將明日即將抵達旅館的客人之名單，於每日下班前（大約下午五點）列印出來，且分送至櫃檯、總機、服務中心、總經理等各單位，以利其他單位對客人之服務。旅館其他單位十分重視該報表，故訂房人員對於訂房作業必須相當小心，如果訂房記錄有任何修改，必須馬上作業，如更改抵達日期、取消訂位等問題等。勿因個人之疏忽而影響客人的權益，進而影響公司之收入與名譽等。本節將針對訂房報表及狀況之處理作進一步之說明。

一、更改訂房之處理

一般訂房原則上只有原訂房人或預定住宿旅客本人才有權變更（revise），某些特殊訂房必須飯店同意方得更改。若是不由旅客直接付款之訂房或旅客已預付訂金之訂房，則必須經訂房者通知才可更改。更改訂房之作業程序，茲說明如下：

1.詢問住宿者的姓名、住宿日期及訂房公司名稱。
2.進入電腦畫面，輸入訂房代號、客人姓名或公司英文名

☀ 專欄3-2　取消訂房扣除的費用

　　部分特定情況，如展覽或會議期間，酒店預期滿房而會要求「保證住房」，或者因訂房時間太遲，已過了取消訂房截止期限，此時訂房一經作業則無法取消。

　　而在取消訂房訂單時，將會依各飯店的訂房相關規定中所公告之取消訂房訂單之規定，扣取退房手續費。除了當日入住日臨時取消者恕不退款之外，入住日前提前取消訂房，如尚未開立住宿券，於取消訂房截止日前，可取消作業而不須付費，否則須負擔手續費而取消紀錄。但若過了取消截止日或「保證住房」後才取消訂房，則須負擔至少一晚房費的取消費用，在某些特定情況下（事先告知）甚至須全程付費。

1. 旅客入住日期當日取消訂房，扣房價總金額100％。
2. 旅客入住前1日到2日前取消，扣房價總金額25％。
3. 旅客入住前3日到6日前取消，扣房價總金額15％。
4. 旅客入住前7日前取消，不扣除費用。

字，調出客人的資料。

3. 詢問欲更改的資料，並記錄下來，通知變更訂房之所有資料必須保留完整記錄。

4. 複述一次其所更改的資料，以作確認。

5. 從檔案夾抽出原訂房單做「更改」，並在左下方註明來電者的姓名及日期，方便日後如有任何問題時可以核對。

6.把客人資料從電腦裏作更改。

7.將訂房單歸回所屬的檔案夾中。

二、取消訂房之處理

訂房的取消（cancellation）是難以預防的，飯店通常都訂有取消訂房的處理辦法。早期的訂房，如能在早期通知飯店取消，當可接受，越接近住宿日期，飯店越難接受取消。訂房組人員接到訂房取消時，立即在訂房單上更改資料，並通知候補客人遞補，以避免造成空房損失。取消訂房之作業程序，茲說明如下：

1.詢問住宿者的姓名、住宿日期及訂房公司名稱。

2.把客人資料從電腦裏調出來。

3.詢問取消的原因，若不是訂房者親自取消，最好把來電者的姓名及聯絡電話問清楚，並在電腦上註明。

4.將訂房單做「取消」之動作，並在上面註明來電者的姓名及日期，以便日後如有任何問題時，方便核對。

5.將電腦的訂房資料做「取消」，並將其取消原因註明於上。

6.將原訂房單放至取消檔案夾中。

三、確認訂房之處理

為了確保訂房作業無誤，把已訂房但未出現的客人（No Show）機率降到最低點，飯店訂定了一套確認訂房的標準作業流程。原則上每日確認隔天要遷入的旅客之訂房，但如遇到假日或客滿時，則要提早做確認。一般而言，星期一至星期三作隔天的訂房確認，星期四做星期五、星期六的訂房確認，星期五則做星

期日、下星期一的訂房確認。星期六、日原則上不做確認，因為現在大多數公司都週休二日。訂房確認應盡量在中午前完成。在打電話之前，應先用公司名稱查詢是否有同公司的客人隔一、兩天後要遷入（C/I），若有則一併作確認，以避免每天都打電話給同一位該公司的訂房人員。若在客滿期間，確認方式則是先把客滿日期前二、三天的訂房中有卡到客滿日期的單子，以及訂房時間較早的單子，挑出來先作確認。確認訂房之作業程序，茲說明如下：

1. 先將隔天要入宿的旅客訂房單分類：
   (1)需要打電話的訂房單。
   (2)不需要打電話的訂房單，包含國外的傳真、國際長途電話。
   (3)取消的訂房單。
2. 將要打電話的訂房單，按照公司名字的英文字母順序排列整理好。
3. 依序撥電話找訂房者確認訂房資料。需確認的項目包括：
   (1)客人姓名。
   (2)到達及離開日期。
   (3)房間類型。
   (4)班機號碼。
   (5)接送機服務及付款方式。
4. 確認旅行社的訂房時要特別注意，付款項目及訂房單是否蓋有旅行社印章及經辦人簽字、房價是否無誤，以及客人是否持住宿憑證（voucher）入宿。若在客滿期間，訂房員是否有向旅行社告知會收取違約金或是否可作保證訂房

（guarantee）。

5.電話確認完畢後，將已確認的正確資料輸入電腦。

6.核對訂房單與電腦上的資料是否相符，核對更改完之後再印一次旅客到達名單（arrival report），核對訂房單與報表上的資料是否相符，此項工作約在下午四點完成。

四、臨時訂房之處理

臨時訂房（additional）是指當天以電話、傳真或電子郵件訂房，客人當天就要住宿。此類訂房要優先處理並輸入電腦，以防客人到達時櫃檯接待員找不到資料。其作業程序與接受訂房之作業程序相同（可參考本章第一節）。另外，若需安排接機服務，則需將客人的姓名、班機號碼及到達時間，以電話告知服務中心、機場代表及調度室。

五、訂房延期之處理

1.確認客人的房號及姓名。

2.查閱電腦內客人之訂房資料，以及取出帳夾查看旅客登記卡。

3.確認客人欲延期住宿期間的住房狀況是否客滿，以決定是否接受續住。

(1)如遇客滿時，委婉地回答客人無法接受續住，並告知先將其排於候補（waiting list）名單中，若有空房時，會立即告知。

(2)如可接受續住時，依訂房來源查看客人是否由常訂公司或簽約公司代訂。若是，則依客人要求接受續住；若

1. 選擇城市或輸入您想要去的城市，之後按確定。
2. 選擇日期、住宿天數、成人數、小孩數、需要床數等。按下指定按鈕以找尋合適的旅館或找適合的出租房間。
3. 瀏覽旅館資料，並訂旅館。
4. 填入個人資料，如居住地址（英文）、電郵地址、姓名（要跟護照上的一樣）等。檢查過後按繼續訂房（continue reservation）後，記得要將收據列印下來，因為您已經用信用卡付過錢了，所以在退房時就不需要再付房錢了。

非，則依原預付款方式決定增加預刷卡金額額度或保證金金額。

4. 更改資料：

(1)進入電腦的訂房資料中和取出旅客登記卡，更改退房日期。

(2)查詢客人訂房資料是否須更改房價，並告知客人。

5. 將旅客登記卡及訂房資料置入帳夾，放回原處。

六、全球訂房系統（GDS）、網路訂房（CRS）

隨著電腦科技的精進，現今旅館業多已使用全國電腦訂房中

心來處理預約訂房作業，最常見的即是免費電話系統（toll-free telephone number）的使用。經由多種行銷的宣導得知，顧客可直接撥打免費電話，接洽各旅館的訂房中心進行訂房事宜。訂房中心銷售員隨即可查閱電腦資料，尋找符合客人需求相關旅館之可銷售房間情況，再回覆客人，進一步完成訂房程序。使用電腦控制作業，可輕易掌握客房經常發生不同狀況之記錄及客房之類型、類別、價格、折扣、貴賓優待及房間經常變化狀況，例如使用房間、空房、準備好房間、故障等資料。當旅客住進時，櫃檯人員將每一位客人的房號、價格、住宿人數、抵達及預定遷出日期、國籍及付款方式等詳細資料輸入電腦，且輸入資料必須正確，才能有效控制訂房。而電腦控制的目的在於提高旅客服務品質，掌握房間變化，以提高銷售率。因此在電腦系統作業的聯繫上，櫃檯與訂房組之間須密切地合作及配合。訂房員決定是否接受訂房，係根據電腦所提供之資料以及工作經驗，而非憑個人感覺決定的。

第四節　個案探討與問題分析

訂房失誤與機場接待黑白接

　　一陣微風輕輕拂過炙熱的機場，天空中的飛機繁忙地起起落落著。

　　新加坡航空的旅客慢慢地離開，有人在出口高舉牌子（——祈情飯店李桃咪小姐）且四處地張望，不久祈情飯店的機待將幾位客人都帶回飯店了，事情就此告了一段落。

「鈴鈴……」櫃檯開始著手辦理機待所接回來的旅客之遷入手續，大廳的電話響起。

　　「祈情飯店嗎？我今天已經有訂房，我是李陶咪。我是搭聯合航空，到機場的時間是中午十二點三十分，可是現在都已經一點半了，我都沒看到貴飯店來接機的工作人員。」接起電話的女櫃檯員（Bonny）婉轉地跟客人確認身分，身旁一位較為資深的櫃檯員Susan正在辦理另一位李桃咪小姐的遷入手續，親耳目睹有兩位李桃咪的時候，Bonny真是一臉錯愕。她一面查閱著李小姐的資料，心底一面冒著冷汗，Bonny的頭一個想法是——「糟糕，會不會接錯人了」，於是馬上向機場的李小姐道歉，請她務必在機場再等待半小時，飯店馬上派人過去接，當然客人在電話那一定是抱怨不停。

　　掛完電話後Bonny馬上請另一位已在櫃檯的李小姐先稍等一下，輕聲地告訴另一位櫃檯員Susan發生機待接錯人的事情！Susan與原先預備住在雙雙飯店的李小姐討論過後，想不到這位李小姐對本飯店的感覺非常的好，就決定住宿於本飯店內，因此就少了一場糾紛。之後已訂房的李小姐也在稍後抵達，飯店說明了事情原委，對於此烏龍事件上級親自到R1301號房拜訪李小姐，並贈予一份水果表示道歉。

　　不久，在祈情飯店門外，計程車帶來一位今天的即將C/I的客人——古小明，他是某企業的總裁，自他進飯店後臉色就非常不悅。

　　「古先生，您好！」櫃檯愉悅地歡迎他，想繼續說下去卻被古先生怨懟的眼神給嚇了一跳。

　　「我好什麼？小姐，我真不知道要說什麼耶？您們接機的人不知道我每個月都會來開幾天會嗎？為什麼這一次把我一個丟在

機場！」古先生一臉不高興地責怪著，讓當場的櫃檯員也莫名其妙，只好一直地道歉、賠不是，雖然古先生之後就沒再多說什麼，但是櫃檯員們深知這件事情一定會傳到董事長的耳裏，馬上就轉告剛從R1301號房出來的大廳經理。

大廳副理無可奈何地對於兩件事進一步瞭解，在古總裁的事件上，訂房組工作上的疏失，也是無可奈何～

另一邊的訂房組

訂房組的同事接獲出事的消息後，組長獨自詢問出錯的新任同事，請她作個詳細的解釋，事情的緣由是新人工作不夠上手所出的紕漏——

據新人所說，資深同事和主管交代一些較需要記住的重點後，在下午五點半左右她接到一通由古先生秘書通知明天需要接機的電話，她立即將接機的正確時刻與班機輸入電腦，殊不知隔天接機的報表均得在前一天下午五點時，由訂房組負責輸出接機報表，因此才造成未接到古總裁的事情。在機待組部分，雖然知道古總裁來店的日期，但這一天的接機人員卻粗心地未注意到他的蹤影。

1.請問如果您是飯店的櫃檯人員，針對上述情形，您會如何處理？

2.請問機場接待之工作職掌與其應注意事項為何？

第四章　服務中心作業認識

每天以熱情和想像力來改造自己。

——湯姆彼得

　　服務中心，法文爲Concierge，其意爲資訊（information），或稱Service Center。服務中心不僅對來飯店住宿旅客提供服務，只要是旅客，如用餐顧客等，都是其服務對象。所以它服務的對象非僅與住客有直接關係，與來旅館使用公共設施的消費客人也關係密切。服務中心的職務可分爲門衛（door attendant man）、機場代表（airline represent）、行李員（bell man）及停車員（parking attendant）。而現代旅館的行李組及門衛服務，已不作嚴格的區分；他們是旅客來館住宿期間第一位和最後一位接觸的服務人員，可說是站在業務的第一線，其言行舉止都代表著旅館，關係著客人對旅館的評價。服務中心人員的制服顏色明亮鮮豔、華麗而筆挺，在大廳中穿梭往來，十分引人注目，是旅館行象的代表，所以在執行服務工作時要符合旅館的要求，任勞任怨、發揮同舟共濟的精神。本章首先介紹服務中心人員之工作守則與各階層之職掌，其次爲服務項目之處理，此外亦介紹大廳副理與夜間經理，最後爲個案探討與問題分析。

第一節　服務中心人員之工作守則與各階層之職掌

　　服務中心（如圖4-1）是飯店的重要部門，因爲它提供客人任何疑問之解答。客人一達到旅館，首先爲他們服務的是服務中心的門衛，客人離開時亦需要服務中心人員服務，當客人住店時

圖4-1　服務中心

需要之任何旅遊資訊與休閒場所之提供等。服務中心這部門是由機場接待、司機、門衛、行李員等職員組織而成的，且有不同階層服務人員各司其職，為來到旅館的客人提供完善的服務。以下將針對服務中心人員之工作守則與各階層之職掌進一步說明如下：

一、服務中心人員工作守則

1. 上班時務必保持服裝儀容整潔，並遵從公司規定衣著準則，頭髮梳理整齊。
2. 上班時需堅守崗位，若有事離開時，須向當班同仁交待，並儘快回到工作崗位當班，嚴禁私自離開崗位。
3. 微笑地專注目視客人。
4. 儘可能稱呼客人的姓名，並以標準語向客人問候。

5. 行李車用於搬運多件行李，若僅有一件時，應以手提方式送至客房。

6. 以右手來開門。

7. 指示客人時，須用手掌而非用手指。

8. 嚴禁上班時和路邊排班司機在泊車台聊天。

9. 嚴禁與計程車司機有私下交易行為。

10. 嚴禁向客人索取小費。

11. 嚴禁發生介紹顧客前往不當場所消費，以及仲介公司客戶之不法情事。

12. 嚴禁圖謀私利與飯店附近停車場業者勾結，藉宴會之便，向公司申請不實金額。

13. 司機、門衛上班時，請穿戴白手套，若遇下雨時，則無需穿戴。

14. 當車輛還在行駛中，請勿開啟車門。

15. 若行李有破損的地方，請先告知客人。

16. 適切地詢問客人是否需要協助其搬運行李。

二、服務中心各階層職員工作職掌

(一)服務中心經理

1. 瞭解服務中心工作職掌及服務流程。

2. 瞭解員工的需求，而設立訓練計畫，教育部屬。

3. 負責管理服務中心。

4. 維持顧客與員工及部屬良好友善關係。

5. 瞭解緊急事件的處理流程。

6. 隨時訓練部屬，使其瞭解工作流程。

7.確保部屬親切有禮，且提供最佳服務。

8.填寫交接本（log book），使交辦事項完成。

9.督導部屬傳遞留言、信件、包裹之責。

10.確保大廳及工作區域整齊清潔。

11.維護旅客寄存行李的安全。

12.維護門廳外交通順暢。

13.督導接送旅客的交通工具每日正常發車。

14.確實控制行李員上下班的打卡、調假及加班之處理。

15.督導部屬隨時保持服裝儀容整潔。

(二)服務中心主任

1.接受經理的監督。

2.協調管理行李員、門衛與機場代表的工作。

3.制定部門同仁的勤務表、班次與檢查每日出勤情況。

4.在交接班時，檢查部屬的服裝儀容，並指示當日須知事項。

5.督導機場接待、門衛、行李員，與該部門其他同仁每日的工作流程正常運作。

6.查看交班日誌與其各項登記簿。

7.處理客人的抱怨投訴和其他緊急情形。

8.隨時巡視大廳、門口。

9.定期作員工的績效評估，進行獎懲。

10.常與其他部門進行溝通、協調，保持良好關係。

11.參與館內每週的會議，並將訊息告知同仁。

12.培訓部門新進人員。

(三)服務中心領班

1. 協助服務中心主任的工作。
2. 保管旅客寄存在行李間的行李。
3. 分配行李員的工作，安排班次。
4. 記載每日的工作日誌。
5. 檢查行李房與維持內部的清潔。
6. 確保服務中心使用的工具齊備完好。
7. 掌握客房狀況與其他資訊。
8. 確認客人行李的接送記錄。
9. 維護服務中心各項生財器具。

(四)門衛

如果問來到飯店的客人，誰是給他們「第一印象」最深的人，有絕大多數的人會告訴你「門衛」。親切地問候剛下車的旅客，忙進忙出地卸下大小行李，帶領每位旅客進入館內，或許是些稀鬆平常的動作，但卻使旅客對於飯店建立良好的印象。對當地人生地不熟的旅客而言，在住宿的期間也會有很多需要門衛來協助的地方，舉凡提供有關當地用餐、休閒、觀光、娛樂的資訊，客人外出之際，幫忙招呼計程車，並清楚記下車號。

■ 維護大門四周的安全

維護旅館內客人的安全，門衛是第一道防線。隨時注意是否有可疑的人在附近徘徊，而必要時通知飯店安全室或警衛處理。

■ 疏導指揮交通

隨時掌握停車的狀況和周遭道路交通，避免大廳前車道的擁塞，保持暢通。

■大廳前的整理

　　由於門衛的工作地點多在大門前，人群的來來往往，多少造成髒亂，所以大門前四周清潔的維持，也在工作責任之一。

(五)行李員

　　有時推著載滿行李的推車，有時雙手提著大小包的行李，來往穿梭在飯店大廳與客房之間，他就是行李員（**圖4-2**），然而在最近，也有不少的女性加入這個部門，擔任這個工作。

　　1.瞭解公司各項產品設施、所在位置、營業時間及飯店附近
　　　的周邊環境，像風景名勝、小吃美食。

　　2.主動向客人打招呼。

　　3.搬運旅客的大小行李。

　　4.引導客人至櫃檯和客房。

　　5.向住宿旅客介紹房內設備。

圖4-2　行李員

6.客人行李的保管、寄存。

7.維護大廳及環境的清潔，需注意每個角落，如有紙屑或煙灰等，應拾起或擦拭清潔。

8.為客人遞送信件、報紙、傳真、留言。

9.完成客人交代辦理的事項。

10.協助其他部門同仁。

11.留意客人的動態，隨時注意大廳安全，如有可疑的人應立刻報告主管。

(六)機場接待

很多旅客會利用搭乘飛機的方式，來到飯店所在的城市。此時，提供快速便捷的服務，就是機場接待的工作了。將旅客接回飯店內，並且儘可能地在機場候客時，為飯店招攬更多的生意。

1.在每天工作時，查閱訂房報告。

2.一切就序後，準時前往機場接待來館旅客。

3.為客人處理隨身行李的問題。

4.在機場積極宣傳，為飯店爭取更多旅客。

5.與接泊車的司機互相協調配合。

6.遇有貴賓（VIP），特別注意接機時間與其他需求。

7.即使要多為飯店爭取更多旅客，但仍應與其他飯店的接機代表維持良好的關係。

8.掌握飯店訊息，包括住房率、房價與各項新的資訊。

專欄4-1　服務小費

　　小費，含有一定的禮節性，它在一定程度上表示著顧客對服務人員的愛護與尊重。相傳「付小費」之風源於十八世紀的倫敦。當時有些酒店的餐桌上擺著寫有「保證服務迅速」的碗，當顧客將零錢投入碗中後，必得到服務員迅速而周到的服務，久而久之，遂形成「小費」之風。但有些國家禁止給小費，許多官方服務人員遂在私下進行收費或收禮，以免有損於「文明」。這種私下收費或收禮，其價值往往高於公開的小費。由於各國各地的飯店業小費的數額沒有統一規定，所以顧客宜入境隨俗，酌情而付。在此介紹各國家（洲）的小費標準，以供參考。

職員名稱	服務緣由	小費標準
門僮	代叫計程車時，在上車前	[美國]1美元 [歐洲]1美元 [亞洲]1美元
搬運行李員	搬完時	[美國]每件行李1美元 [歐洲]每件行李1美元 [亞洲]每件行李1美元
房務員	早上放置於枕頭下	[美國]1美元 [歐洲]1美元 [亞洲]1美元
服務生	值班托辦特別的事情在完成後時	[美國]1美元 [歐洲]1美元 [亞洲]1美元
餐飲部服務生	如叫客房餐飲服務，東西放好時，臨走前	[美國]1美元 [歐洲]1美元 [亞洲]1美元

寄物處	取回寄放品時	[美國]1美元 [歐洲]1美元 [亞洲]1美元
餐廳	把帳單外多給的錢放在桌上	[美國]帳單的10～15％ [歐洲]帳單的10～15％ [亞洲]帳單的10～15％

亞洲	
日本	當進入飯店大門時，顧客可給女接待員一些小費，而對於其他人員可不必付。
泰國	顧客所付的小費，無論多少，都是需要的。
新加坡	付小費是被禁止的，如若付小費，則會被認為服務質量差。
歐洲	
法國	付小費是公開的，服務性的行業可收不低於價款10％的小費，財政稅收也將小費計入。
瑞士	在飯店餐館，不公開收取小費，而司機則可按明文規定收取車費10％小費。
義大利	收小費屬於「猶抱琵琶半遮面」的半公開現象。當遇到「拒收」的「示意」時，你最好是乘送帳單之機會遞上小費。
美洲	
美國	小費現象是極普通而自然的禮節性行為。
墨西哥	將付小費與收小費視為一種感謝與感激的行為。
非洲	
北非及中東地區	收取小費是「理所當然」的事。因為許多從事服務性活動的老人與孩子，小費是其全部收入。如遇顧客忘記付小費，他們會追上去索取的。

賭場旅館（二）

　　米高梅廣場（MGM Grand）為拉斯維加斯的最大飯店，它的賭場十七萬一千平方呎（賭場有四個足球場大小）與舞臺一萬五千座位位皆為拉斯維加斯最大。MGM也是世界上房間數最多的飯店，有七百五十一間套房，客房總數達到五千零五間。除此之外，他還有兩個劇場，並且是拉斯維加斯第一家闢有大遊樂園的賭場，是個名副其實的娛樂天堂。

　　飯店位於拉斯維加斯大道及熱帶路的交會十字路口上，以翠綠色的玻璃外罩造型，獨樹一格，在翠綠色玻璃籠罩之下的飯店是由四棟主要建築物所組成，其內部裝潢分別以好萊塢、南美洲風格、卡薩布蘭加及沙漠綠洲等為主題。飯店內部有八家餐廳，其他如健身俱樂部、沙龍、網球場、游泳池等設備也一應俱全，飯店本身其實就像一個城市。MGM Grand和隔壁的Bally's是兄弟飯店，同屬米高梅集團，二飯店之間有單軌電車連接。

　　米高梅公司成立於一九二四年五月，由米特羅影片公司、高爾溫影片公司和梅耶製片公司三家合併而成，成為好萊塢當時規模最大的製片公司。米高梅從此迅速發展，利用好萊塢電影的影響名揚四海。在三〇年代好萊塢鼎盛時期，米高梅就像一個生產電影的工廠，每年要推出四十至五十部影片，其中家喻戶曉的早期著名影片包括《叛艦喋血記》、《茶花女》、《雙城記》等，米高梅電影也捧紅了一些大紅大紫的影星，如葛麗泰嘉寶、克拉克蓋博等，享有「造夢工廠」美譽。

在五〇年代美國電影業發生危機後，米高梅公司受到極大打擊，財務出現問題，影片產量逐年下降，至八〇年代每年只拍三至四部影片。從六〇年代起，米高梅公司為擺脫財政危機，數易其主，現任老闆克科里安就是在一九六九年首次入股公司的。

自八〇、九〇年代以來，電腦技術的應用推動了美國電影業復甦，米高梅繼續資產重組，在一九八一年與聯美電影公司合併，從而成為當前好萊塢的七大製片公司之一。在七〇年代後，來自賭城拉斯維加斯的大富翁克科里安多次收購米高梅公司，最後在一九九六年以十三億美元收購了公司81%的股份。與此同時，在繼續其主體的影片製作業務同時，克科里安開始大力擴展公司業務，向娛樂和博奕業進軍，它在賭博業、房地產業、旅館業和電視業進行一系列收購，促使公司業務再度繁榮。

米高梅公司在美國賭城拉斯維加斯等地經營和收購許多世界聞名的大賭場，擁有米高梅大飯店、海市蜃樓大飯店、紐約一紐約大飯店、金銀島大飯店等十多座海內外大飯店和賭場。米高梅公司近年來還收購了奧里安電影公司、寶麗金電影公司及其圖片庫。米高梅公司還出資8.25億美元收購了四個有線電視頻道的20%的股份和十五個外國有線電視頻道的股份。現在米高梅公司堪稱是一個集中電影製作、有線電視、博奕業、旅館業和房地產業為一體的娛樂帝國。

控制米高梅公司81%股份的億萬富翁克科里安是個神秘人物，從來不接受媒體訪問，但他被公認為是個資本運作高手。自一九六九年以來，他透過多次資本運作和重組，將米

高梅組建為一個龐大的娛樂帝國。他在一九六九年首次收購了米高梅公司，然後在一九八六年轉手以十五億美元高價賣給了CNN電視網創始人泰德‧特納，當年又從急需現金的特納手裏以7.8億美元低價收購回來；一九九二年他又以十三億美元的價格將米高梅賣給一家通訊公司，後者被義大利金融家吉亞卡多‧帕雷蒂收購；一九九六年老克科里安再度以十三億美元價格從法國里昂信貸銀行手中購回米高梅公司81％的股份。專家估計，老克科里安收購的1.95億股米高梅股票的成本是每股16.5美元，按現在股價獲利高達十億美元。

資料來源：http://www.mgmgrand.com/

第二節　服務項目之處理

　　前一節已經提到，服務中心乃旅館的門面，是顧客接觸旅館的第一線，客人對旅館印象的優劣，它占有舉足輕重的地位，其重要性可想而知。不單單只有來旅館住宿的客人，來用餐或者參加會議的客人，皆有機會享受到服務中心人員提供的服務。因此端莊的儀態、得體的應對及親切迅速的服務，是每位服務中心人員應具備的。服務中心所提供的服務很重要，而且需要慎重處理，本節將針對這些服務項目介紹如下：

一、服務中心工作職掌

1. 前往機場、車站接送旅客。
2. 協助旅客行李的運送與保管。
3. 熱忱地招呼每位前來的旅客。
4. 請客人至櫃檯辦理住宿登記及引領客人進入客房，介紹房內設施與使用方式。
5. 遞送每日的日報及晚報。
6. 旅客要離開時，協助搬運行李，並引導客人至櫃檯辦理退房手續。
7. 招呼計程車供旅客搭乘。
8. 為館內住客提供留言、信件寄送等服務，並送交給客人。
9. 旅遊行程的安排。
10. 代訂、安排各種交通工具。
11. 提供館內外資訊詢問的服務。
12. 完成旅客交代的事項，例如：代訂鮮花、門票。
13. 維護大廳四周的安全及整潔。

二、服務項目之處理

服務項目的處理包括有接機服務、行李保管與寄存、館內外資訊服務、代客攔車、傳真和旅遊服務等各項服務，茲說明如下：

(一)接機服務

1. 領取接機名單：在每天上班後，至訂房組拿當日需接機服

務的旅客名單、班機號碼與舉牌名單，團體、個人的名
單，確認抵達日期、班機、人數，需看清楚，以避免有遺
漏。

2. 戴上員工名牌，整理服裝儀容，安排前往接泊的車輛。

3. 依照接機時間，填寫機場接載預約旅客名單。

4. 在機場接載預約旅客名單上註明旅客姓名、當天日期、抵
達時間、班機號碼、人數、車號、車型與司機姓名，一輛
接泊專車需填寫一張。

5. 另外填寫車單，註明旅客姓名、當天日期、班機號碼、人
數、車號、司機姓名和經手人姓名，以作為廠商請款與入
帳時使用。

6. 班機抵達時間來臨時，在入境旅客大廳出口等候，手持旅
客姓名的接待牌，務必耐心等候，以免遺漏客人。

7. 發現要迎接的客人時，主動上前招呼。

8. 向客人表明自己的身分，並告知車資，請客人在車單上簽
名。

9. 請客人至接載旅客上車處搭車，送客人回飯店。

10. 將機場接載預約旅客名單及車單交給司機，以備警察臨檢
與旅館入帳使用。

11. 若飯店無專車時，則送客人至計程車招呼站，告知司機客
人的目的地，記下車號，目送客人離開。

12. 在旅客乘車離開後，馬上回報飯店旅客姓名、特徵、車
號、人數、行李件數及大約抵達時間，讓飯店能預先做接
待的準備工作。

敏蒂天堂飯店
Mindy Paradise Hotel
Limousine Transfer

Guest Name		#Pax	#Bags	Room No.

Arrival

Date	Time	Car No.	Arranged By

Departure

Date	Flight No.	E.T.D.	Departure Time
Confirmed By	Time	Car No.	Bellman

Destination			Charge
Hotel	Airport	Others	$
Remarks			

Guest Signature

圖4-3　接機服務訂單

(二)歡迎來館旅客

1. 迎接團體旅客：團體的客人，多為搭乘大型的巴士前來住宿，此時應示意巴士停靠在距離大門不遠之處。一方面不會造成車道的堵塞，另一方面下車的旅客也不必走上一大段路進到旅館。

2. 迎接住宿旅客：當旅客的座車抵達時，主動上前，帶著親切的微笑為客人開門，並用手擋住車沿，避免客人起身站立時，不小心去碰撞到頭部。請行李員為客人卸下行李，清點行李件數是否正確，而自己再重新檢查一遍是否有任

何遺露下來的物品。但百密總有一疏，所以如果來車為計程車，應登記車牌號碼與時間。

3. 歡迎用餐、會議的客人：外來的客人多開自用轎車，在川流不息的車道上，動作應迅速和熟練，指揮著所有來車開往停車場；若客人是搭乘計程車前來的，也需記下車牌號碼與時間。把握住招呼客人、車道的暢通、秩序的維持這三大原則。

(三)接待客人之標準作業程序

■接待個別住宿旅客

很多旅客不會參加團體旅遊，而自己到飯店住宿，像是很多以商務或自助旅行為目的的客人，都會自行搭乘交通工具前往飯店，相對地，到達旅館的時間就比較不一定。

1. 旅客抵達飯店：
   (1)旅客乘車抵達時，協助將行李卸下，仔細檢查車廂、座位底下，有無遺漏行李。
   (2)詢問客人行李件數，確認無誤後，一邊為客人提行李，一邊引導客人至櫃檯辦理登記手續。行李應放在其右後方一公尺處，以方便客人拿取物品。
   (3)引導客人至櫃檯時，腳步不可太快，以免客人跟不上，兩人距離約二至三步。
   (4)客人辦理登記手續的同時，應小心看管行李，隨時注意客人的動態及櫃檯服務人員的指示，當客人完成手續後，領取鑰匙核對房號後，再帶客人至客房。
   (5)對於旅客的行李要特別注意，易碎物品需要小心搬運、輕放，如果行李太多，則用行李推車來搬運。

(6)搭乘電梯時，把握一原則，客人後進後出，行李員先進先出。行李員先進電梯後，再請客人入內；到達該樓層時，行李員離開電梯的同時，扶住電梯門，再請客人出來。

(7)與客人在電梯內避免沉默，應與客人交談，可乘機介紹館內用餐設施等。

(8)到客房時，應先敲門或按門鈴，如無任何反應時，方可開門入內。

(9)打開房門後，開啓電源開關，行李員先退至一旁，讓客人進入房內。

(10)將客人的行李放在行李架上或客人指定的地方。

(11)若一時遷入（C/I）的客人過多，忙不過來時，可請客人先進房間，並告知客人在多久後行李會送達，以避免客人著急。行李送達的同時，必須向客人道聲「對不起，讓您久等了」。

(12)爲客人介紹飯店設施與客房設備的使用方法，並告知安全門的正確位置，萬一有什麼狀況應如何逃生，以利緊急狀況時能迅速逃生。

(13)在貴重物品這方面，可放在房內的保險箱內才是最安全的。如客人無其他吩咐，向客人道聲「午（晚）安，祝您有個愉快的假期」，輕輕的關上房門，離開房間。

(14)返回工作崗位，並填妥旅客遷入登記表及遷入行李登記表（如表4-1、表4-2）。

2.旅客離開旅館

(1)客人要離開時會以電話通知櫃檯，要求行李搬運服務。

表4-1　遷入／遷出行李登記表

敏蒂天堂飯店
Mindy Paradise Hotel

Luggage Receipt In/out

Guest Name	Room No.	No. of Luggage	Date

(2)行李員詳細記錄下旅客大名、房號、行李件數及何時客人需要行李的搬運，再告知客人多久後會到達客房。

(3)行李員與客人同行時才可搭乘客用電梯，其他時候只可乘員工電梯。

(4)到達客房時，先按門鈴，再敲門，報上bell service（行李員服務），等待客人開門才可入內。

(5)與客人清點行李件數，仔細檢查有無破損的情形，並提醒客人是否有遺忘任何東西，如一切皆已檢查完成，將房門關上，引導客人至櫃檯辦理退房手續。

(6)若客人不在房內時，可請該樓層的房務員開門，以收取

表4-2　旅客遷入登記表

<table>
<tr><td colspan="4" align="center">敏蒂天堂飯店
Mindy Paradise Hotel</td></tr>
<tr><td colspan="2">姓名
Name</td><td colspan="2">訂房代號
RV No.</td></tr>
<tr><td colspan="2">中文姓名
Chinese Name</td><td colspan="2">出生年月日
Date of Birth</td></tr>
<tr><td colspan="2">護照號碼
Passport No.</td><td colspan="2">國籍
Nationality</td></tr>
<tr><td colspan="4">地址
Address
電話　　　　　　　傳眞　　　　　　　　電子郵件地址
Telephone No.　　　Fax：　　　　　　　E-mail：</td></tr>
<tr><td colspan="4">公司名稱
Company
電話　　　　　　　傳眞
Telephone No.　　　Fax：</td></tr>
<tr><td colspan="2">房號
Room No.</td><td colspan="2">房價
Room Rate</td></tr>
<tr><td>到達日期
Arrival Date</td><td>班機號碼
Flight</td><td colspan="2">接機服務
Limousine</td></tr>
<tr><td>退房日期
Depart Date</td><td>班機號碼
Flight</td><td colspan="2">接機服務
Limousine</td></tr>
<tr><td>付款房式
Payment Method</td><td>現金
Cash</td><td>公司付帳
BTC</td><td>住宿券
VCHR</td><td>信用卡
Credit Card</td></tr>
<tr><td colspan="4">付款明細
Billing Instruction：</td></tr>
<tr><td colspan="4">備註
Remark</td></tr>
<tr><td colspan="4">Please Note
※ 本飯店退房時間爲中午12時正
　 Check Out Time is 12：00 noon.
※ 客房內或櫃檯提供有免費保險箱服務，唯飯店不負保管責任
　 The Hotel will not be responsible for valuables. Safety boxes are provided free
　 either in your room or at the front desk.
※ 無論在任何情況下，我同意支持所有帳目
　 Regardless of charge instructions, I acknowledge that I am personality liable for
　 the payment of my all the accounts.
※ 以上費用需加原價的10%服務費
　 10% service charge of publish price will be added to your bill.

※ 請每週結帳一次
　 Please settle your account with the cashier every one week.</td></tr>
<tr><td colspan="4">顧客簽名
Guest Signature</td></tr>
<tr><td colspan="2">C/I By</td><td colspan="2">DBL Check By</td></tr>
</table>

客人的行李。

(7)若客人要將行李先送下去時，件數全部確認後，記錄在旅客遷出記錄卡（如圖4-4）上（房號、件數、房客姓名），請房客憑此領取行李。

(8)客人完成退房手續後，送客人至大門搭車，並請客人清點數量，再次提醒客人，確認保險箱內的物品已經取出。

(9)為客人招呼車輛，請客人上車，並為其開上車門，向客人道別，目送客人離開。

(10)在遷出行李登記表上記載客人離開時間及車號。

■接待團體旅客

對於團體的旅遊而言，常會安排緊湊的行程，所以抵達飯店的時間，多在晚餐或過了晚餐的時候。由於行李的數量多（圖4-5），此時就會需要行李推車（如圖4-6、圖4-7）的協助，快速將行李卸下，一一掛上行李牌（圖4-8），依照上面的房號，將每一件行李送至房內。

1.在團體旅客抵達飯店前：
　(1)接到電話時詢問清楚旅行社或團體名稱與訂房數。
　(2)電話通知櫃檯的團體接待人員。
2.團體旅客抵達飯店：
　(1)在入門處迎接旅客的光臨。
　(2)工作人員引導客人至團體遷入區辦理手續，全部行李集中在大廳一處，不可影響大廳其他客人的出入。
　(3)旅客下車的同時，迅速將車上的行李卸下。
　(4)清點行李的總數，逐一掛上寫有房號的行李名牌。

敏蒂天堂飯店 Mindy Paradise Hotel		
旅客遷出記錄卡		
日期		房號
旅客姓名		
帳目		
鑰匙		
行李件數		
行李員		

圖4-4　行李遷出記錄卡

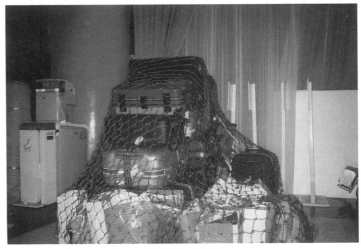

圖4-5　行李

圖4-6　行李推車

圖4-7　行李推車

敏蒂天堂飯店 Mindy Paradise Hotel 姓名　NAME 房號　ROOM NO.	敏蒂天堂飯店 Mindy Paradise Hotel 姓名　NAME 房號　ROOM NO.

圖4-8　行李牌

(5)填寫團體旅客行李搬運記錄表，記錄表上登記日期、團體名稱、房號、行李件數（每間客房與所有行李的總數）。

(6)利用行李推車，將不同樓層的旅客行李送至客房裏。

(7)每間客房送交的行李數無誤時，則要在記錄表上的確認欄上打勾。

(8)所有行李運送完成後，親自在表上簽名，再交給部門主管。

3.團體旅客離開旅館：

(1)請該團的導遊或領隊告知旅行團的成員，在退房前先將整理好的行李放置在客房前面，以利於行李員的作業。

(2)搬送每間客房行李時，先登記該房行李數。

(3)重新檢查是否有房號或行李遺漏的情形。

(4)所有運送下來的行李，全部集中在大廳一處，並告知該團導遊或領隊行李總數。

(5)在檢查無誤後，將行李運送至大巴士上。

(6)向旅客揮手道別，並說「謝謝光臨」、「旅途愉快」。

(四)行李保管與寄存

除了平常為旅客搬運行李之外，也需負責行李部分的看管。很多旅客會將住宿期間內一些用不到的行李，寄存在服務中心，避免占用客房的其他空間，或是已經辦理退房的客人，為了方便前往他處，也會先將行李寄存於此。

■行李的寄存

1.先告知旅客行李寄存的情形，詢問是否為貴重物、易碎物、冷藏品或易腐爛的物品。

2.貴重物品請客人寄存於櫃檯的保險櫃，比較不會遺失。

3.易碎物則應在行李明顯的地方貼上易碎的標籤，藉以提醒注意。

4.冷藏品或易腐爛的物品，寄存在冰庫之中以免腐爛。

5.行李寄存時，應檢查行李，如發現有任何破損的情形，要向客人告知。

6.詢問客人姓名、房號以及提領時間，以便於填寫物品寄存卡，應詳細地加以記錄，以減少事後發生爭執的情形。

7.物品寄存卡（圖4-9）的上下聯註明當天日期、客人姓名、房號、提領時間，經辦人並加以簽名。上聯繫在行李上，以便於行李員辨識行李；下聯交由客人留存，以便提領行李。

8.如客人的行李件數為兩件以上，須用繩子繫好，避免將不同旅客的行李弄錯。

9.若寄存的行李屆時要由他人來代領時，務必請客人將代領人的姓名、地址等資料填寫清楚，而前來提領行李時，需帶著身分證與物品寄存卡下聯。

敏蒂天堂飯店
Mindy Paradise Hotel

CONCIERGE DEPOSIT

DATE:_____
NAME: _____
ROOM NO.: _____
NO. OF ITEMS: _____
RECEIVED BY: _____
NO._____

圖4-9 物品寄存卡

■ 行李的提領

1. 請客人出示身分證及物品寄存卡下聯。
2. 為客人找尋行李的同時，聯絡櫃檯，查詢客人的帳目是否結清。
3. 客人清點行李件數無誤後，為客人將行李搬運上車，並在存放行李的登記簿上，附上物品寄存卡上下聯，並予以註銷。
4. 如客人將物品寄存卡下聯遺失，則請客人告知姓名、房號、行李件數、特徵，並出示身分證，將身分證與上聯影印，請客人在上面簽名後，再將行李交由客人。
5. 代領行李的客人需出示身分證及物品寄存卡下聯，而行李員需將身分證影印存檔，再請代領的客人簽寫收據。

(五) 館內外資訊服務

　　無論是住宿或來飯店的客人，在對於飯店設施不熟悉的情形下，通常會向相關的服務人員詢問，此時服務中心人員就必須清楚地知道所有館內外資訊，而對於飯店周邊的用餐地點、藝文場所、觀光景點的資訊，也要常常補充，以便提供客人完善且全方位的服務。

1. 介紹飯店內的設施、地點：尤其在會議與宴會舉辦之際，很多客人都會向門衛詢問，所以要清楚地知道館內的活動訊息、地點和附屬設施使用情形，才能詳盡地告知客人。
2. 介紹飯店四周的設施、地點：飯店四周的交通路線、方式、主要觀光景點位置等，都是旅客常會詢問的問題。

(六) 傳真、留言送至客房

　　一般而言，傳真是由商務中心接收，再以電話通知服務中

心，服務中心再調派人員到商務中心拿取。留言則是由櫃檯或總機做留言記錄，再轉交櫃檯，由櫃檯通知服務中心拿取，再將留言送至客房。通常飯店要求不論多麼忙碌，一定要在十五分鐘內送至客房。

1. 先以電話通知客人，再將傳眞或留言送至房間。
2. 送至房間時，先按門鈴，會有兩種情況：
   (1) 若客人在房內時，直接交給客人。
   (2) 若客人不在房內時，傳眞或留言可從門縫塞入房內，但務必全部塞入，以避免被人取走。

(七)物品轉交
■外客轉交房客

1. 確認電腦：確認客人是否住在飯店內或近日將住進飯店，再接受物品，日後才不會造成困擾。
   (1) 若客人住於飯店內，則註明房號。
   (2) 若客人近日將住進飯店，則註明訂房代號。
   (3) 若客人已退房，則不可收下物品，除非客人有交待，會特地回來拿取。
2. 請問外客姓名、電話，以便有任何問題時可以聯絡。
3. 填寫寄交房客物品卡（如圖4-10），且必須將所有事項都註明清楚，方便日後查詢。其內容有：時間、外客姓名和電話、客人姓名和房號、物品名稱以及經手人。
4. 直接送至客房或由櫃檯轉交，且必須立即送至房內，以避免遺漏。
   (1) 直接送至客房之前，可先電話聯絡客人，如果客人不在

敏蒂天堂飯店
Mindy Paradise Hotel
寄交房客物品卡

房號		旅客姓名	
來訪者姓名		電話	
項目			
留話			
簽名		值勤者	

圖4-10　寄交房客物品卡

　　時，可請房務員開門或請櫃檯做新的鑰匙卡。

　(2)若客人尚未遷入時，可在櫃檯留言或請櫃檯人員等候客
　　　人遷入時，將寄交房客物品卡聯轉交客人。

■房客轉交外客

　1.詢問房客：詢問房客的姓名和房號、外客的姓名和電話，
　　　以及是否已經與外客聯絡何時來拿取。

　2.填寫轉交物品記錄本，且必須將所有事項都註明清楚，方
　　　便日後查詢。其內容有：時間、客人姓名和房號、外客姓
　　　名和電話、物品名稱以及經手人。

　3.填寫物品寄存卡，且必須註明清楚，以便提領。其內容
　　　有：日期、房號、姓名、物品名稱以及經手人。

　4.將物品寄存卡下聯訂在登記本上，上聯繫在物品上，以便

查詢及提領。

5.將繫好寄存卡的物品送入庫房，且必須按飯店規定位置放置，以免混亂。

(八)住宿旅客的換房

有些旅客因為房間設備故障、噪音太大或其他原因，會向櫃檯要求更換房間，此時行李員需要將房客的行李移至另一間客房，但有時候客人會在房內，而有時客人會剛好外出，所以會有兩種換房情形。

■*房客不在房內*

有些客人會事先告知何時會外出，再要求服務人員在這段時間內作客房的更換。所以當櫃檯人員得知時，會先請客人將行李整理完成，屆時行李員再將客人所有物品搬至新的房間。如遇到客人物品尚未整理者，不得換房，除非由當班主管陪同。並且注意換房前客人物品擺放的位置，換至新客房時，仍依原房間之擺設排列。換房時需告知房務領班及櫃檯人員才可換房。行李員前往客房時，先領取新鑰匙（卡），推著行李車，會同該樓層的房務領班或房務員，進行換房工作。同時仔細檢查客人有無遺留下任何物品在抽屜、浴室、床上等地方，如有拾獲則記錄下來再收拾整齊。整個換房作業完成後，行李員要做換房記錄，在上面詳細記載著時間、房號、行李件數與是否有其他遺留物品。

■*房客在房內*

接到房客換房要求時，請行李員持換房單與領取新房號的鑰匙（卡），再推著行李車前往，載著所有行李，引領客人前往新的客房。到達時，禮讓客人先進入房內，行李置於行李架上，收回客人原住房的鑰匙（若為鑰匙卡就不用收回），再將新的客房

鑰匙（卡）交給客人。離開時，將房門輕輕關上，而收回的鑰匙交給櫃檯人員。

(九)旅遊安排

客人想參加市區、郊區、名勝觀光景點旅遊時，必須拿出簡介詳細介紹，並為其安排適當的景點。

1. 詢問客人房號、姓名、旅遊行程，而旅遊行程必須確認清楚。
2. 告知客人單價。
3. 電話聯絡旅行社，告知客人房號、姓名、人數、旅遊行程以及所使用之語言，並詢問來接客人的時間。
4. 填寫四聯單，且必須註明清楚。其內容有：日期、姓名、房號、使用項目、旅行社名稱、旅遊行程、來接客人時間，以及旅遊費用。
5. 請客人簽名，並告知旅行社來接的時間。
6. 拿旅行社標籤貼紙（sticker）給客人，並請客人於當日貼在胸前，以利辨認。
7. 填寫旅遊券。一聯存底，另一聯與四聯單之廠商聯訂一起，是當日要交給導遊的。
8. 請櫃檯出納入帳，且必須馬上入帳，以免漏帳。
9. 旅遊當日櫃檯會將所需資料一起給服務中心。

(十)代客攔車

1. 先詢問客人是否搭乘計程車與目的地為何處，以便於告知司機及登記在乘車的記錄表（車號、目的地、時間、人數、國籍）上。

2.為旅客招攬車輛，如有行李時，主動幫客人提行李。

3.為保護每位旅客的權益，需清楚記下客人搭乘的車號。

4.打開車門請客人上車，告知司機客人的目的地，再將車號的登記卡交給客人。

5.為客人關上車門，注意不要夾住客人的衣服，站在原地目送客人離開。

(十一)引導大門口的車輛

1.車輛進入大門時，為旅客開車門，並且幫忙卸下行李。

2.詢問司機停留時間，可藉此決定是否請司機停於停車場。

3.如果司機將停留飯店用餐、住宿時，則引導車輛停於停車場，反之，則請司機停於車道兩旁或騎樓邊，以不車動線為原則。

4.車輛離開時，如需倒車，則幫忙引導，避免車輛撞上後方的來車、行人與其他建築物。

(十二)歡送旅客

■送別住宿、團體客

協助行李員將客人的行李搬運上車，清點數量是否正確。為客人招呼計程車，在上車時，用手擋住車沿，待客人入坐車內後，輕輕地將車門關上，注意不要夾住旅客外套、裙子的下擺。當車輛離開時，記下車牌號碼與時間，向旅客行禮，揮手致謝。

■歡送用餐、會議的客人

通常此時大門會頓時湧出相當多的人潮和車潮，造成較為混亂的場面，這時一位專業的門衛更應以冷靜和有禮的態度來面對，指導車道交通，疏導一部部的行車。

圖4-11　代客停車櫃檯

敏蒂天堂飯店
Mindy Paradise Hotel

代客停車服務卡
Valet Parking Claim Card

車　號
Plate No. _____
停 車 位 置
Car Location：_____
停 車 時 間　　　停 車 人
Time Parked：_____ Attendant：_____
貴 賓 姓 名
Name of Guest：_____

All vehicles parked at owner's risk. The
Mindy Paradise Hotel will not accept any
responsibility for loss or damage Incurred
whilst vehicles are Parked at the Hotel.
所有代泊之車輛，若發生任何損傷或
遺失，概由車主自行負責。

圖4-12　代客停車服務卡

表4-3　停車記錄表

DAILY PARKING RECORD

GUEST			GUEST			GUEST		
NAME	ROOM#	HR (S)	NAME	ROOM#	HR (S)	NAME	ROOM#	HR (S)

	O／N	HR (S)		O／N	HR (S)		O／N	HR (S)
TOTAL			TOTAL			TOTAL		

	O／N	HR (S)
GRAND TOTAL		

專欄4-2　台北市觀光交通地點對照表

觀光地點中文名稱	觀光地點英文名稱
國立故宮博物院	National Palace Museum
國立歷史博物館	National Museum of History
省立博物館	Provincial Museum
中華工藝館	Chinese Handicraft Mart
中正紀念堂	Chiang Kai-Shek Memorial Hall
台北世界貿易中心	Taipei World Trade Center
台北市立美術館	Taipei Fine Arts Museum
台北海洋生活館	The Sealife Taipei
國家音樂廳	National Concert Hall
國家戲劇院	National Theater
植物園	Botanical Garden
兒童樂園	Children's Playground
天文科學教育館	Taipei Astronomical Museum
忠烈祠	Martyrs Shrine
士林官邸	Chiang Kai-Shek Residence
孔子廟	Confucius Temple
行天宮	Hsingtien Temple
龍山寺	Lungshan Temple
林安泰古厝	Lin An-Tai Homestead (Mansion)
建國假日花市	Weekend Flower Market
建國假日玉市	Weekend Jade Market
士林夜市	Shilin Night Market
華西街夜市	Huashi St. Night Market
松山機場	Taipei Sungshan Airport (Domestic Airport)
台北火車站	Taipei Train Station
大眾捷運系統	Mass Rapid Transit (M.R.T)
新光三越百貨	Shin Kong Mitsukoshi Department Store
新光摩天展望台	Topview Taipei Observatory
太平洋崇光百貨	Pacific Sogo Department Store
大葉高島屋	Dayeh Takashimaya

第三節　大廳副理與夜間經理

　　大廳副理與夜間經理主要職責為處理至旅館消費的全部客人之疑難雜症和各種抱怨，故通常皆由資深之客務工作者擔任。此外，夜間經理於夜間代表總經理處理一切接待作業，因此他是飯店裏夜間最高主管，擔任此職的，除了要有相當的應變處理能力外，還要有過人的體力，以應付這種日夜顛倒的工作性質。以下將針對大廳副理與夜間經理的工作職掌作進一步說明。

一、大廳副理工作職掌

　　大廳副理（如圖4-13）多是由櫃檯的資深人員擔任此職，負責處理一切顧客的疑難，所以需要有靈敏的反應、果斷的判斷

圖4-13　大廳副理

力，並且清楚地瞭解整個飯店。其工作要點在處理到旅館消費的全部客人之疑難雜症和各種抱怨，故又稱為抱怨經理（Complain Manager）、大廳經理（Lobby Manager）以及值班經理（Duty Manager）。他的管理方式跟客務專員一樣，也採走動管理的方式，但其範圍更為廣泛，全館裏外的一切皆由他來負責。大廳副理之工作職掌，茲說明如下：

1. 直接監督、管理飯店與員工。
2. 針對不同客源的需求，來推廣飯店設施，藉以吸引客人來飯店舉辦宴會與大小型會議。
3. 培訓新進的工作同仁。
4. 處理與協調顧客抱怨。
5. 採購儲備物資與設備。
6. 處理顧客特別的需求。
7. 給予客人訊息的服務。
8. 為客人展示及銷售住宿設備。
9. 巡視客房的狀態。
10. 為會議、宴會協調安排所需的人力與設備。
11. 在本身的業務範圍內，掌握最新的趨勢與動態。

二、夜間經理工作職掌

飯店可說是二十四小時營業的，即使連夜晚，都有各部門的服務人員，堅守著工作崗位，為每一位住宿的客人服務。「夜晚是寧靜的」這句話聽在夜間經理的耳裏，想必他會給你一個否定的答案。因為在夜晚發生突發狀況的機率比白天來得高，所以不能因此鬆懈了旅客的安全。整個夜間事務的運作仍照常進行，並

且由夜間經理坐陣指揮，他是飯店裏夜間最高主管。所以擔任此職的，除了要有相當的應變處理能力外，還要有過人的體力，以應付這種日夜顛倒的工作性質。夜間經理於夜間代表總經理處理一切接待作業，及其他客務作業事宜，與夜班（Night Shift）大廳副理共同協調處理旅館夜間的一切事務，其工作職掌說明如下：

(一)處理突發安全的狀況

1.發生天災、火災時，應保持冷靜，指揮各部門做應變措施。
2.遇有住宿旅客或員工身體病痛難受時，要盡速送醫治療。
3.為維護飯店內外安靜的環境，對大聲的喧嘩應予以勸止。
4.如發生館內設備有損壞或故障情形，應請負責的部門同仁前往修復。
5.協助喝醉酒的旅客回房休息，以維護其安全。
6.防止有不法情事的發生，隨時注意是否有可疑的人逗留在館內。

(二)巡視館內環境

1.對夜晚進出飯店的旅客予以管制和過濾。
2.指揮安全人員及警衛，加強館內設施環境的巡邏。
3.特別留意晚間未訂房直接至櫃檯辦理遷入的客人。

(三)協助各部門工作的完成

1.處理客帳上的各種問題。
2.對於館內的貴賓（VIP），隨時留意其所需的服務。
3.接到客人抱怨時，要盡速處理。

專欄4-3　服務中心笑話

1. 某天一群團體客來飯店，當大車開到門口時，身為 Bell 的我們早就蓄勢待發，車門一開（樓下的行李門也開了），客人陸陸續續下車，你等我我等你的，我們則開始猛搬行李，放上推車，還沒一下子，行李就全搬出來了，等待客人進飯店。誰知導遊下車，看了臉都綠了，搞了半天，他們是來吃飯的，不是來住房的……

2. 有一次來了一部計程車，客人下車，我同事就幫忙搬行李，打開後車廂，我同事就猛搬，客人直接進飯店 check-in，後來我們送行李到客房時，發現一件袋子不是房客的，我們也嚇了一跳，結果沒想到是我同事搬得太高興，連計程車司機的東西也搬了下來……呵呵！真的被打敗……只有看司機會不會回來找囉！

3. 某天飯店大廳很忙，當時只剩一個Bell在大廳忙得不可開支，外面有行李，裏面又有電話，當我同事跑來跑去的時候，有一位女客問他：「請問廁所在哪裏？」我同事忙到也神智不清，急忙地邊走邊比邊回答她：「妳要尿尿是吧？廁所在那裏！」……呃……

第四節　個案探討與問題分析

遺失行李

是仲夏了，一朵朵的白雲似是鑲嵌在藍天的懷抱裏，那樣清新而楚楚動人，此時飯店的大門外來了三位旅客……

「歡迎光臨本飯店，請問有什麼可以為您效勞的嗎？」兩位門衛趨前一面說著，一面為她們接過手上行李，親切而洋溢著熱情的陽光。由計程車上搬運其他行李，仔細地檢查車上是否還有遺留物品後，跟隨在三位女客的後方。

「歡迎光臨本飯店。」門衛們微笑地為她們打開飯店炫麗的玻璃門。

來到了櫃檯後，櫃檯人員為她們辦理住宿登記。

「您好，請問您住房嗎？」

「對，我們有預約了。」

「是的，請問您的名字如何稱呼？」

其中一位較為高大的女客（歐葩）與櫃檯服務人員接洽著。

「哎呀！我的手提袋不見了！」另一位客人包紫香摸了摸身邊的行李，突然地神情有異地小聲地跟歐葩說著。

包紫香的手提袋居然無端地失蹤了，三人抓著頭想著……到底會是遺失到哪裏去了呢？

「歐小姐，您是訂明晚的1203號房。」櫃檯Debby看著電腦資料說著，隨即望向這三位提前來的新客人。

「不好意思，請問有什麼事情發生了嗎？我可以幫忙嗎？」
櫃檯的Debby輕聲地問著。

「小姐，我的行李袋好像遺失在計程車上，怎麼辦？這怎麼
辦啊？裏面還有我的Notebook！我才剛買而已！」包紫香眼中含
著淚水著急地說著。

「小姐，您先別急，您的手提袋裏面還有什麼樣的物品呢？
……」

於是飯店櫃檯人員馬上詢問客人遺失的物品內容以及是否為
貴重物品，登記完畢後，飯店向客人解釋會盡力協助找回，

「小姐，我們會盡力協助您找回，對了，小姐，不好意思，
由於您所訂房的日期為明日，目前飯店客滿了，您提前來到，可
否先為您代訂另一間飯店休息，若有任何消息，飯店會立即通知
您的。」櫃檯主管瞭解情形後，隨即說著。

在客人離去後，櫃檯立刻與門衛聯絡，除了詢問當時下行李
的情形外，看看門衛是否有注意到車號或是車行名稱，並請安全
室調出監控錄影帶，但卻毫無進展，於是便聯絡警察廣播電台，
希望他們能代為協尋客人的遺失物。第二天當這三位客人回來
後，飯店依舊沒有任何的消息，就在這三位客人外出後不一會兒
光景，飯店接到一位計程車司機所撥來的電話……

「喂！請問ㄕㄟˋ祈情幻店嗎？昨天喔！偶送三位女客倫到
你們幻店後，在車上撿到手提袋，裏面有手提電腦的拉！」這位
計程車司機用台灣國語描述著昨天的情況。

飯店立即表示希望這位計程車司機能將手提袋送回飯店，並
代客人向他致謝，而櫃檯的主管也在手提袋送到後，馬上將其送
到客人的房間，讓她們能夠安心。在客人檢查過手提袋後卻發
現，什麼都還在，就是最重要的現金全部不見了。

1.請問處理FIT客人的下行李服務時，應注意哪些事項？

2.請問若櫃檯發現C/I客人的行李有遺失狀況時，應如何處理？

3.請問服務中心的職責內容為何？

第五章　櫃檯接待作業認識

權力愈大，責任也愈大。

——蜘蛛人

　　櫃檯（Front Desk）或稱接待（Reception），櫃檯是旅館對外之代表單位，除住宿客人外，其他與旅館有關之詢問與交涉事宜，亦皆以櫃檯為對象。櫃檯又是旅館對內聯絡之重要管道，因此它是旅館的神經中樞。本章首先介紹櫃檯職員工作守則與工作職掌，其次說明遷入事宜，進而分享其他服務項目之處理，且說明櫃檯與其他部門之關係，最後是個案探討與問題分析。

第一節　櫃檯職員工作守則與工作職掌

　　櫃檯職員站在旅館的最前線，擔任代表性的服務工作，故本身必須隨時提高警覺，保持最佳之狀態替客人服務，因此要恪守櫃檯人員之工作守則且熟悉工作職掌，茲說明如下：

一、櫃檯職員工作守則

　　認識大環境，瞭解館內設施位置、餐廳及房間種類與各項服務之收費標準。

1. 應對時，雙眼直視對方，面帶微笑，語氣溫和，是服務的基本動作。
2. 櫃檯是飯店與客人接觸的第一線，櫃檯人員需具有專業的素質涵養與親切的服務態度，去迎接每一位貴賓。
3. 服裝儀容需保持制服整潔並配戴名牌。男士須著深色襪

子，頭髮最長耳上，不可蓄鬍，並常保整潔。女士須著膚色絲襪，化妝以淡粧適宜，不可濃妝，禁止配戴色彩鮮豔之飾品及垂吊式耳環，不可塗抹指甲油，不染誇張色彩之頭髮，髮型保持整潔大方，髮長過肩須盤髮，戒指、手環均以素雅爲原則。

4. 櫃檯人員應隨時注意應對禮儀，凡客人站於櫃檯前應立即服務，切勿讓客人久候。

5. 同事間交談音量不可過高，切忌有嘻笑怒罵或不雅之舉，以維持個人及公司形象。

6. 銜接班次同仁未到時，不得先行下班，除非當班主管同意，否則要等交接無誤後才可下班。

7. 交接後如發現帳目短少，應由接班人負責，短少之帳目同班者需負共同責任。

8. 本班未完成事項應詳填櫃檯交接本上，以利他人接續，接班後必須詳閱之，如有不詳之處立即詢問，以利作業順暢及確實，閱畢簽認以示負責。

9. 私人電話應長話短說，以免影響工作品質而怠慢客人。

10. 櫃檯內嚴禁飲食，凡私人物品，如水杯、化妝包等應置於辦公室內，保持櫃檯檯面及櫃內整潔爲每日必要之工作。

11. 櫃檯內爲公司重要地區，除主管、當班櫃檯員、接班櫃檯員外，其他人員一律禁止進入。

12. 櫃檯人員應注重培養工作默契，互相支援、照應；如與客人發生爭執，同班者應協助化解，以減少與客人間磨擦，必要時可請求主管支援。

13. 如有客人抱怨情事無法現場解決時，必須立即通知值班主管即時處理，勿怠慢之。

14. 凡客人經由電話內線要求客房服務時，應立即通知相關單位處理。

15. 應熟記每一位客人姓名，如再度消費時，依當時狀況親切地冠姓招呼，客人將會覺得倍受尊榮。

16. 櫃檯人員應妥善保管所有客房鑰匙，除房客本人或同行者外，其他人士均不能取得（包括內部人員）。

17. 櫃檯人員應隨時注意所有客人進出動態，以防意外發生或未結帳即離開飯店。

18. 有關房客之特殊事件，例如帳款屢催不繳、堅持攜帶寵物住宿、有自殺跡象者等，一律報備值班主管處理，以減少意外發生。

19. 凡遇突發（緊急）事件，必須立即通知值班主管處理。

20. 櫃檯人員必須過濾住客是否有異樣，如吸毒、精神病患、單身女子神情異常、飲酒過量、攜帶寵物等，若有這些情形時可婉拒之。

21. 免費贈送水果的房號、名單、數量應於下午兩點前送交餐廳統一處理，贈送對象為新客人、常客、續住多日、特別交代、身分特殊者。

22. 如電腦操作錯誤已存檔而不可更改，可請主管代為立即處理，切不可拖延，以避免因遺忘抓帳，或存有不正確資料，導致作業失誤。

23. 接聽電話時須保持悅耳熱忱之聲調，注意姿勢，對方未掛斷前切記不可先掛斷電話，所有來電均不可超過三響未接。櫃檯內不可撥打私人電話。

二、櫃檯職員工作職掌

(一)經理

負責管理櫃檯、總機、服務中心等單位。協調部門內單位工作流程，確保部門工作業務完善、有紀律、有組織地運轉。茲將其工作職掌說明如下：

1. 瞭解部門內各單位工作職掌及作業標準程序，同時確定各單位均配合公司政策及準備流程。
2. 組成一和諧及有效率之團隊。
3. 有效地控制成本及人力支出費。
4. 監督控制所有營收及費用都能依公司標準執行之。
5. 確認訓練之需求，執行訓練計畫。
6. 傳達上級之命令，向部屬闡明飯店的目標政策和營業方向。
7. 根據公司人力發展計畫培訓幹部。
8. 利用各種資源計畫，建立維持顧客關係，同時確保各員工及幹部都能提供最好的服務。
9. 對顧客之抱怨能適當解決，學習分析抱怨、生意起伏、員工表現，而預測困難、問題之發生。
10. 招募面試新進員工，同時監督幹部給予新進員工部門職前訓練及新進人員訓練。
11. 制訂部門薪津標準，安排部門各式活動。
12. 維持良好公正的員工關係。
13. 對各部門保持良好之關係，減少溝通之障礙。
14. 主持固定幹部會議，工作提示，檢討缺失。

15.瞭解公司員工安全規章，即時處理員工意外事件。

16.掌握各部門間與櫃檯工作間之重點及聯繫方法。

17.維護部門內各種生財器具，免其受損。

18.控制服務水準，降低工作瑕疵。

19.執行公司徵信制度，以減少壞帳損失。

(二)主任

負責主管櫃檯接待，教育與輔導接待人員，達成每日工作之項目。主任為櫃檯副理之職務代理人，其工作職掌說明如下：

1.訂定櫃檯接待及出納標準作業程序，以利營運之進行。

2.指揮教導責管單位內部所屬作業方法及事務。

3.讓主管充分瞭解接待組工作狀況及工作士氣。

4.與其他部門單位保持良好關係。

5.監督鑰匙管制。

6.確保顧客抱怨能有效、迅速、有禮地解決，並向主管報告，及提出改進方案。

7.隨時督導部屬保持禮儀服務客人。

8.督導、檢視當日到達客人及團體資料，隨時保持最新資料並通知各相關單位。

9.詳細轉達上級命令並督導執行。

10.每日主持Case Study的檢討。

11.瞭解每日應處理事項。

12.參與每月櫃檯會議。

13.處理相關之行政作業，控制員工請假、調班等事宜。

14.督導員工服裝儀容。

15.櫃檯人員工作之考核與測驗等。

16.教育新進員工。

(三)組長

輔導櫃檯接待之工作內容，同時為櫃檯主任之職務代理人，其工作職掌說明如下：

1.協助主任處理各項事務。

2.督導及協調部門內之工作。

3.分配部屬工作及領導部屬活動。

4.接待貴賓，安排特別之服務。

5.處理客人之要求及抱怨事宜。

6.督導維持櫃檯工作環境之整齊。

7.教導每班接待之工作內容並審核。

8.隨時向主管報告當班情形，並督導各班同仁填寫工作日誌。

9.傳達上級指示及注意事項。

10.參與每月櫃檯會議。

11.督導員工服裝儀容。

12.隨時督導接待員保持應有之服務態度。

13.隨時注意審核櫃檯內零用金之數量。

14.瞭解公司財務徵信政策，同時嚴格執行審核。

15.完成主管指派之其他有關事宜。

(四)櫃檯接待與出納

迅速有禮且專業化地協助客人辦理遷入以及退房等各項手續，並隨時提供最佳的服務品質。其上班為輪班制，故以下將介紹早、晚班之工作職掌，茲說明如下：

■早班

1.接班時須與上一班組員交接，並閱讀交接簿後簽名。

2.處理旅客遷入前的準備工作。

3.處理旅客登記工作，以及配合住客要求給予適當的房間。

4.配合執行公司財務徵信政策。

5.瞭解公司各項產品設施、所在位置以及各營業時間。

6.瞭解訂房程序，處理當天訂房。

7.入帳、團帳、外掛、兌換外幣以及信用卡等作業處理。

8.隨時注意電話禮儀。

9.保管將到達之物品、郵件、包裹、留言等，等候客人抵達時負責轉交給客人。

10.隨時注意不尋常之事件或客人之特殊要求，告知主管。

11.瞭解緊急狀況處理方法與意外防止處理方法。

12.瞭解當日館內活動、對象和地點，隨時提供給客人。

13.利用空檔整理顧客檔案，以保持櫃檯整潔。

14.執行上級交待事項，並完成臨時交辦事項。

■晚班

1.協助客人辦理住宿登記，並安排適當之房間。

2.客房鑰匙的控管。

3.掌握當日所有客房之銷售狀況及報表的製作。

4.與各部門保持密切聯繫，使客人於住宿期間得到最佳服務。

5.與各部門溝通協調，使客房得到最佳使用率。

6.對於飯店本身各種房間形態、位置、視野、內部陳設、坪

旅館世界觀　　　**維也納百水旅館**

　　當你踏入造型彷彿彩色城堡的房子，你會有宛如踏入兒時夢境般的喜悅，不敢相信世界上竟然有如此奇特的旅館。有「奧地利高弟」之稱的百水（Friedensreich Hundertwasser, 1928-1991），本身是位畫家，他以多彩、幻想、奇特、孩子氣且帶有童話式的美學觀點著稱，創造出不少膾炙人口的觀光景點。他是自然派的環境主義者，厭惡對稱，因此他總是穿著兩隻不同顏色的襪子，不喜歡直線及規規矩矩的方塊，因此他的百水彩色屋，從門到窗，從牆壁乃至裝飾，都是繽紛多彩。其最重要的作品就是維也納的百水公寓，百水以扭曲的造型，加上五彩繽紛的色調，在一九八五年建造了這座奇幻世界，維也納人暱稱它為「保齡球木瓶房子」，其又稱之為布魯茂百水溫泉大飯店。

　　布魯茂百水溫泉大飯店（Hotel Rogner-Bad Blumau）位於奧地利東南方，一九九七年五月九日開幕，是百水先生精心的設計傑作。廣達四十公頃的土地上，有著各式各樣不同規格的彩色樓房，如藝術之家、石頭屋等趣味房子，窗戶大小不同，旅館起伏不平的屋頂上種滿草皮，他認為人類的居住空間應融入大自然中，亦可以在屋頂散步。另外還有造型像地下防空洞的公寓，宛如土撥鼠的地穴，因為居住空間舒適且融入大自然，意外地受到人們青睞。

　　布魯茂百水溫泉大飯店，源泉共三座，使用的是47.2℃的鹼性碳酸氫鈉泉，為優質的美人湯，有著十分柔細滑嫩的肌膚觸感。除了已經獲得無數建築獎外，在專業團隊的經營管理下，儼然成為歐洲頂級的SPA HOTEL及奧地利最受歡迎的溫泉飯店。更因為布魯茂溫泉的挖掘成功，以及百水飯店帶

來的無數遊客，帶動當地的經濟繁榮，就業市場活絡，每個員工也彷彿在童話王國工作般，開心地露出燦爛的笑容。

　　布魯茂百水溫泉大飯店裏的自助餐廳，菜色超過百樣；有機餐廳則符合健康意識的遊客的需求，可以讓人吃到美味而無負擔。在這裏，旅客可以換上旅館爲每位客人所準備的浴袍，優閒地穿梭於旅館，或是換上泳裝，徜徉於按摩泳池中，從室內游至室外。你也可以呼朋引伴，租輛腳踏車漫遊於田野間，欣賞美麗的鄉間風光。

　　布魯茂百水溫泉大飯店也是小朋友們的童話樂園，有兒童專屬的彩色遊戲室。市外溫泉泳池的人工波浪和彩色滑水道是兒童們的最愛，父母可以穿著泳裝，徜徉於按摩泳池中，親子們各取所須，其樂融融！

數及房價等皆需熟記。

7.對於飯店內各項設施皆需熟悉，以便即時回答客人的詢問，例如餐廳、健身房等之服務內容、營業時間等。

8.熟知當日館內各單位之活動項目，例如各項會議、宴會舉辦之地點等。

9.換房作業之處理與通知。

10.接受當日住房之預約或取消。

11.處理顧客抱怨。

第二節　遷入事宜

　　旅館與顧客第一次面對面的接觸，通常發生在客人抵達飯店辦理登記遷入的時刻。因此，前檯服務人員肩負著巨大的使命，務必將旅館最佳服務與產品特色在此時傳遞給顧客，使其感受到良好的第一印象，以確保顧客住宿期間享受期望的待遇，而一般飯店在遷入程序可分為二，一為散客之遷入，另為團體之遷入，茲說明如下：

一、散客之遷入

(一)微笑地向客人問候

　　Good afternoon(evening), Mr. XXX, Welcome to our hotel.

(二)詢問客人並取出訂房資料

　　若是有接機的客人，立即將準備好的訂房資料取出；若是無安排接機的客人，先行詢問客人大名以利查詢，並取出訂房資料。而在客人的資料夾中，裝有住房登記表或外客給住客的資料，例如信件、留言或傳真等。此時應先將外客給住客的資料轉交給住客，這樣的話住客就不覺得住宿登記的時間太長，尤其是在忙碌的時候。

(三)住客登記卡

　　若無訂房者則以W/I方式處理；若有訂房但找不到登記卡（圖5-1）者，則以電腦尋找客人之訂房代號，找到後則以一般方式處理。假如電腦中仍無法發現該客人資料，則以W/I方式處理，切勿讓客人久候，待C/I完畢後再報告主管此一狀況。

AGORA GARDEN

Guest Registration ◆ 住客登記卡	

RES. No. /訂房號碼 _____   HIS. No. /客戶檔案: _____

ROOM TYPE /房型		ARR. DATE /到達日期	
ROOM RATE /房價		DEPT. DATE /離開日期	
ROOM No. /房號		COMPANY NAME /公司名稱	

FULL NAME /姓名: _____

NATIONALITY /國籍: _____   PASSPORT No. /護照號碼: _____

DATE OF BIRTH /出生日期: _____   SEX /性別: ☐ MALE /男   ☐ FEMALE /女

ADDRESS /住址: _____

_____

_____

METHOD OF PAYMENT /付款方式: ☐ CREDIT CARD /信用卡   ☐ CASH /現金

_____

PAY FOR/ _____   PAY BY/ _____

REMARK /備註 _____

_____

_____

◆ The management takes no responsibility for valuables left in guest rooms.
在房間內若有遺失任何物品，本館概不負責。

◆ I agree that I am personally liable for the payment of my account and if the person, company or
association indicated by me as being responsible for payment of the same does not do so. That my
liability for such payment shall be joint and several with such person, company or association.
本人同意負責有關本人之帳目，如有任何個人、公司或團體使用本人名義而產生任何帳目，本人願意全權負責。

Guest Signature/旅客簽名: _____   Clerk: _____

051107

二聯：（一）白：櫃台組 （二）藍：財務部

圖5-1　住客登記卡

資料來源：台北亞太會館

(四)確認住客登記卡資料

1. 預先準備的登記卡上若已列印有客人的歷史資料，則請客人核對其資料是否有誤，若無誤則請客人簽名。
2. 登記卡上若是空白無資料，表示客人是第一次光臨飯店，此時請客人出示身分證或護照，登記時須填寫的內容有姓名（中英文全名）、身分證或護照號碼、出生年月日、國籍和地址，登記後請客人簽字。如客人同意，可向其索取一張名片，以便做更詳細之資料登錄。

(五)確認住宿時間

詢問住客正確退房日期，有時候客人住宿的天數比預訂的短或更長，假如客人要求延後退房日期，須注意房間狀況是否允許。

若在狀況允許之情況下，只要更改住客登記表及鑰匙卡上的日期，並將電腦資料更正即可；若遇客滿狀態，應委婉向其解釋並記錄於候補名單（waiting list）上。

(六)以禮貌誠懇的態度詢問客人希望以何種方式付款

1. 現金付款：若客人有訂房時，請向客人預收保證金，並在電腦作業上輸入預付金額，且開立收據給予客人。若客人無訂房時，則必須先預收超過客人房租的金額，告知客人退房結帳會以多退少補的方式與客人結算。
2. 信用卡付款：若是常訂公司的顧客，可暫以填寫卡號作以保證。若無經由公司行號訂房，先幫客人將信用卡以徵信的方式預刷，之後請客人簽名，而額度以超過其消費為主，但不要超過太多。

3.簽帳付款：如果在住客登記表或訂房單上早已說明，而又經由徵信社的認可，櫃檯接待人員大可不必擔心客人的花費，飯店將可在客人退房後直接將帳單寄給客人或客人的公司。

4.旅行社住宿券付款：須與樣本核對，以確認真偽。

(七)電腦作業

首先確認客房狀況（room status），進入電腦尋找客人的訂房記錄，並依預先安排的房號執行"check-in"手續。若電腦螢幕上出現房間打掃未完成，需立即和房務部聯絡，確認房間是否已呈可賣（available）的狀態。若非，則另排其他可賣房間。

(八)製作鑰匙卡

利用製作鑰匙的機器依客人住宿日數製作鑰匙卡，取出旅館護照（hotel passport）（圖5-2），填寫上客人的姓名、房號和退房日期，將製好的鑰匙卡裝入旅館護照中轉交客人，並告知客人有關鑰匙卡的使用說明。而顧客若房價內附含早餐，此時亦一併將餐券轉交，並告知用餐地點及時間。

(九)引導至客房

在客人辦完所有住宿手續時，預祝客人住宿愉快，並請行李員引導客人至客房。

二、團體之遷入

(一)尋找負責人或導遊

團體一抵達時，先尋找負責人或導遊，並請其他團員至大廳沙發稍坐，勿大聲喧嘩。

歡迎您光臨
WELCOME TO

敏蒂天堂飯店
Mindy Paradise Hotel

先生/女士
Mr./Ms _____
房號
Room No. _____
抵達日
Arrival _____
離開日
Departure _____
房價 新台幣
Rate NT$ _____
另加百分之十服務費
(Plus 10% service charge)

服務人員
Clerk

圖5-2　旅館護照

(二)向負責人索取名單

　　拿出該團之資料夾，並向負責人索取名單。名單上需有團員之身分證號碼、地址及姓名英文拼法。

(三)核對訂房資料

　　與負責人核對退房日期、房間形態、房間數、人數或加床數是否正確無誤，並於名單上註明房號（請特別註明領隊房）。

(四)影印團體名單

　　影印三份。一份櫃檯留存，一份交服務中心，以便送發行李，另一份交總機，以便外客來電容易查詢。

(五)注意是否含早晚餐

注意該團之帳款是否含早餐或晚餐。若有,請與負責人詳細核對份數並告知餐券為有價證券,遺失不補發。如欲補發時,則須請負責人於登記卡上簽認,並追加此筆費用。

(六)確認各項服務之時間

必須向負責人確認晨間喚醒、下行李及退房時間,並請負責人於登記卡上簽名,最後向負責人簡單介紹館內設施。

(七)通知相關部門

將晨間喚醒時間記錄於晨間喚醒登記表後,通知總機晨喚時間,下行李時間則通知服務中心。

(八)電腦作業

將該團所有房間做電腦 "check-in" 手續,並輸入客人資料,如櫃檯相當忙碌,輸入可留於稍後再做,但切記一定要先確實做好電腦check-in之動作,以免客人房間之電話無法使用或有外客來電時,總機無法從電腦記錄中找到該客人,或該房客人至各營業單位消費時,出納同仁無法入帳。

(九)名單列印

從電腦中列印一份房間名單,影印一份,將原稿置於晨間喚醒登記表下,另一份送交房務部,方便整理房間。

(十)加床

若有加床,則填寫加床單,並通知房務部加床。

到目前為止,我們解釋新進客人遷入過程中的各項活動,其總結如圖5-3。

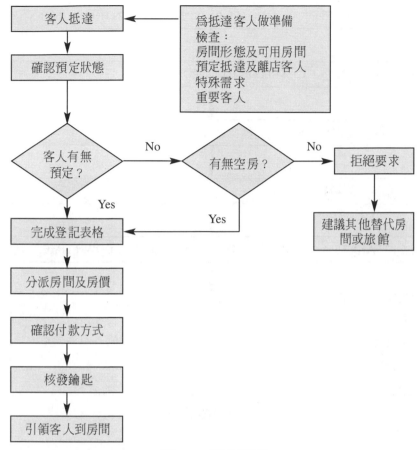

圖5-3　遷入程序

資料來源：郭春敏（2002）譯，《旅館前檯管理》，五南出版社，p.144.

三、遷入時應注意事項

　　上述爲FIT、GIT的check in的流程介紹，以下將針對C/I時排房、給鑰匙及vouchers應特別注意的事項加以進一步說明。

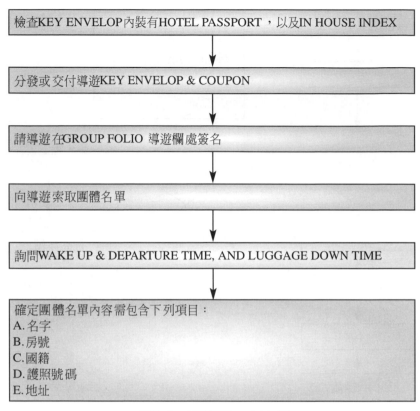

檢查KEY ENVELOP內裝有HOTEL PASSPORT，以及IN HOUSE INDEX

分發或交付導遊KEY ENVELOP & COUPON

請導遊在GROUP FOLIO 導遊欄處簽名

向導遊索取團體名單

詢問WAKE UP & DEPARTURE TIME, AND LUGGAGE DOWN TIME

確定團體名單內容需包含下列項目：
A.名字
B.房號
C.國籍
D.護照號碼
E.地址

圖5-4　團體遷入之流程

(一)排房的原則

　　為求縮短旅客抵達時登記作業之時間，減少錯誤並方便作業，通常於旅客到達前已經為預先訂房之旅客排定了房間：

■排房之時機

　　原則上客房愈早排定愈佳，但在實際作業時多半於到達當日的上午進行；特殊狀況時可能提前至前一天或更早。

■排房之原則

　　各旅館因其內部格局不同而各有考慮之重點，以下為一般性

之原則：

1. 散客在高樓，團體客在低樓，因集合時較方便。
2. 同樓層中散客與團體客分處電梯之兩側或走廊之兩側。
3. 散客遠離電梯，團體客靠近電梯。
4. 同行或同團旅客除另有要求，否則排房應盡量靠近同一區域。
5. 大型團體應適當分布於數個樓層之相同位置房間中（以免同團旅客因房間大小不同而造成抱怨）。
6. 除特殊狀況外盡量不將一層樓房間完全排給一個團體（避免因工作量完全集中而造成操作上之不便）。
7. 先排貴賓，後排一般旅客。
8. 非第一次住宿之旅客盡量排與上次同一間房或不同樓層中相同位置之房間。
9. 先排長期住客，後排短期住客。
10. 先排團體，後排散客。
11. 團體房一經排定即不應改變，除非有特殊狀況。

(二)如何拿鑰匙給客人

鑰匙對客人與飯店皆很重要，櫃檯人員在拿鑰匙給客人時應注意事項如下：

1. 櫃檯員勿將客人的房號大聲喊出，避免有心之宵小之徒有機可趁。
2. 拿鑰匙給客人時要確定給客人的鑰匙是否正確（因有時鑰匙放錯box或手誤，以致拿錯鑰匙給客人）。
3. 如客人沒有鑰匙卡時，應禮貌地向客人詢問姓名並查詢電

腦資料：

(1)確認無誤後再將鑰匙交給客人。

(2)不確定時，為安全起見，要求客人出示護照或身分證、告知生日等，確認無誤後，再將鑰匙給客人。

4.當鑰匙不在櫃檯時：

(1)確認後則請客人直接回房，並請客人出示證件給room maid看。

(2)即時致電房務辦公室（H/K）告知幾號房客需要開門。

(3)如需告知特徵時則一同將房客特徵告訴H/K或要求H/K再確定，看客人的鑰匙卡。

5.特別要注意補發鑰匙卡的客人，凡補發的鑰匙卡均會在鑰匙盒上標示以便櫃檯人員注意。

6.鑰匙歸回鑰匙盒時，一律將有號碼的面向左擺放。

(三)給予voucher

1.持voucher C/I時務必要看清楚voucher上的說明及提供的服務。最重要是懂得區分voucher或是confirmation：

(1)voucher是有價證件，憑voucher可向旅行社請款。

(2)confirmation是無價證件，功能僅為訂房之證明，須向客人收現且留存。

2.接受及審核voucher應注意事項：

(1)訂房公司名稱要與voucher上的公司名稱一樣，再recheck公司印章。

(2)如果voucher上沒有公司名稱時會提示付款公司名稱。

(3)客人姓名及人數。

(4)到達日期與離開日期。

專欄5-1　你是那一號出生的呢？

日期	個性
1	富有獨立精神的野心家。因為包容心強又喜歡照顧別人，身邊會圍繞許多仰慕者。
2	性格溫柔，喜愛和平，是個感情豐富的浪漫主義者。缺點是容易為一點小事而受傷害。
3	洋溢藝術天分，雖然性情令人捉摸不定，但是基本上還是屬於受歡迎的一型。
4	嚴謹認真，凡事都會腳踏實地努力耕耘。不過自我意識頗強烈，不善於和他人協調。
5	腦筋動得很快，擁有適應變化的能力。喜歡追求刺激，較難安於現狀。
6	個性溫和而且穩重。最大的特色就是不論對任何人，都可以表現得很親切。
7	感受力敏銳，非常懂得察言觀色。不過缺乏和周圍協調的能力，注意不要變得太自我中心。
8	一旦下定決心，便充滿幹勁全力以赴。這種個性的人朋友多，敵人也多。
9	善解人意，又富有博愛精神。容易感情用事，也容易受到環境左右。
10	意志力堅強，不服輸，獨立心也十分旺盛。需注意不要流於莽撞行事。
11	性格浪漫又多愁善感，是個肯努力的理想主義者，能夠盡情享受豐富的人生。
12	具有華麗高貴的氣質，對各種事物都抱有興趣，常識豐富，教養良好。
13	個性冷靜謹慎，即使再細微的細節也能注意到。再加上本性誠實，能得到許多人的信賴。
14	頭腦清楚，好奇心旺盛，樂於追求快感，又行事衝動；不可思議的是運氣總是很好，很少失敗。
15	意志力很強，立定目標後無論遇上任何挫折，都會排除萬難達成。通常都很喜歡照顧別人。
16	聰明、做事情有條理，不輕易受別人影響，做什麼都有自己的一套。
17	平常看起來溫和體貼，其實主觀很強，有時候會出現大膽行動，讓身邊的人大吃一驚。
18	性格非常極端，不是意志堅定勇往直前，就是感情用事隨波逐流。
19	想像力豐富，有個性又有才華。不過自尊心很強，而且有好強不服輸的傾向。

20	是個性喜好和平的浪漫主義者。運氣雖然不錯，但如太過任性，將會遇上意想不到的挫折。
21	開朗快活，充滿活力，到哪裏都很有人氣，是凡事都往好處想的樂天主義者。
22	認眞而且責任感很強，只要不剛愎自用，做生意成功的機率很大。
23	挑戰心旺盛，學什麼都能很快上手。問題是喜新厭舊，而且欠缺耐性。
24	擁有敦厚慈愛的人品，所以即使個性神經質，遇到低潮時，身邊的人都願意伸出援手。
25	看事情不求深入，隨著好奇心行動，到處累積經驗。個性獨立，熱愛自由。
26	耐壓力特強，即使肩頭責任重大，也能夠處理得穩穩當當，是個實行主義者。
27	有個性，感情也豐富。擁有應付各種狀況的機智，若能掌握時機，成爲成功人士的機會很大。
28	韌性很強，擁有戰勝困難的力量。這天出生的女性，常給人一種妖豔的印象。
29	人生的道路似乎波折不斷，容易感情用事，不過運氣和生命力都很強，必定能夠成功，獲得幸福。
30	擁有語言、文筆、藝術等天分。缺點是容易沈浸於逸樂，而缺乏責任感。
31	誠實認眞，很清楚自己的人生目標，能依照自己的信念和原則過一輩子。但個性有些頑固。

(5)房號、房間形態、餐飲形態等。

(6)收取VOUCHER PAYMENT聯。

(7)注意是否需要更換voucher。

(8)注意該voucher是否有效。

(9)有簽訂收受voucher合約的旅行社才可收其voucher。

第三節　其他服務項目之處理

　　櫃檯接待（圖5-5）除了幫顧客辦理登記手續外，另外還有其他的服務項目需處理。櫃檯接待服務的工作項目眾多，如換房之處理、加床作業處理、留言處理、預付帳款單、房間升等、取消或改變預訂房等服務，皆需由櫃檯接待人員來為客人服務，以下將針對櫃檯接待服務工作項目作進一步說明。

一、換房之處理

　　客人住進飯店後會因某種原因而要求換房，常見原因有很多，諸如：客人不喜歡飯店給的房間（太吵或高／低樓層等）、房間設備故障（電視、漏水等）、客房升等，以及關樓保養等其

圖5-5　櫃檯接待

他因素，而造成住宿期間內房間有所變更。

1. 請問客人換房原因，並確認是否有空房可換：如果目前沒有房間而無法換房時，須向客人委婉告知，隔日將為其更換，並記錄在交接本上。

2. 確認房型與房價：依客人要求，找出適合之客房，並與客人確認欲換的房型及房價。如果客人換房至更高級的房間，需加收房租時，請客人在換房換價欄上簽名。

3. 填寫換房單（圖5-6）並註明時間於上，以及拿新的客房鑰匙（若為卡片式鑰匙，則製作新的鑰匙卡）。

4. 請問客人何時方便換房，並確認換房時是否留在房內：在換房時，客人不一定會在房內，最好先向客人詢問清楚，以利作業。

5. 通知相關部門：通知服務中心客人的行李將由原來房間代

敏蒂天堂飯店
Mindy Paradise Hotel
Room/Room Rate Change Form

Date：

Room Number		Guest Name	Rate	
From	To		From	To

Remark：_____   Prepared by：_____
Guest Signature：_____   Approved by：_____

圖5-6　換房單

搬到新換的房間；通知房務部於換房後整理房間，並確認新換的房間是否為**OK房**（即可賣房）；通知總機，提醒晨喚與外客的來電。

6. 搬運行李：

(1)客人不在房內：若客人欲外出而要求代搬時，則請客人於外出前，將行李整理好集中放置，並取出保險箱之貴重物品，並告知客人可存放在櫃檯保險箱。而行李員須由當班主管陪同將客人行李搬至新換的房內。

(2)客人在房內：若客人在房內時，則請行李員持換房單、新的鑰匙（卡）與客人一起搬運行李到新的房間。

7. 回報櫃檯：行李員搬運完後，必須將舊鑰匙以及換房通知單（行李員必須簽名）交還給櫃檯人員。

8. 電腦作業：進入電腦執行房間更換（room change）的動作，在上面註明原因，並確認客人換房後的所有資料均已更換完成，例如，房價與rate code是否正確。

9. 檢查客人資料是否已作更改：檢查櫃檯內是否有客人之留言、信件或傳真尚未更改新房號，如有，請立即送房或將房號更新。

10. 更改登記卡資料：取出原來的帳夾，將登記卡填入客人新的房號，並檢查房價是否需更改，最後再將客人登記卡依新房號放入新的帳夾內。

二、加床作業之處理

客人在訂房或遷入後可能因床位不足或臨時增加住宿人數而要加床，此時，在報表上排房如有加床房間時，應儘可能排在備

品室附近，以方便房務員工作。而若客人住宿兩日以上的時候，必須注意加床是否有中途撤床，如有更動，應在電腦上做更改。一般而言，加床可分為一般床（roll away）與嬰兒床（baby crib）兩種，其標準作業程序如下：

(一)訂房時即要求加床

1.開立加床通知單（圖5-7）：排房時，開立加床通知單，其註明的內容有：房號、遷入和退房日期、加床種類、張數以及費用，夾在登記卡上。而加床通知單共有三聯，白聯由櫃檯存查；黃聯交至房務部；紅聯交至出納作入帳依據。

2.通知加床：通知房務部某號房要加床，並在到達旅客名單（arrival report）上註明。

3.確認加床等事宜：當客人遷入時，確認張數、收費等事

敏蒂天堂飯店
Mindy Paradise Hotel
Extra Bed/Baby Crib Request Form

Date：

Room Number	Guest Name	Rate NT$

Requesting Period：_____
Guest Signature：_____ Prepared by：_____

圖5-7　加床通知單

宜，並請客人於加床通知單上簽名。

4.電腦作業：進入電腦，在客人的帳單上輸入加床費用。

(二)於遷入（check in）後要求加床

1.確認加床等事宜：與客人確認加床種類、張數、房號，並告知收費標準。

2.通知加床：客人認可後，通知房務部加床，再開立加床通知單，並請客人於加床通知單上簽名。

3.電腦作業：進入電腦，在客人的帳單上輸入加床費用。

三、留言服務

(一)留言方式與處理原則

1.電話留言：

(1)以親切的口吻回答 "Good morning, reception, may I help you?"

(2)請求留言者拼出客人姓名，並與電腦核對。

(3)當留言者拼完後，重複一次以確認無誤。

(4)一旦從電腦中查出客人的姓名，立刻將房號抄下。

(5)詢問留言者姓名，並記錄下來。

(6)將留言正確的抄下，並重複之。

(7)向留言者致謝，並在他掛下電話後再掛電話。

2.口頭留言：

(1)向訪客禮貌地問候。

(2)請求訪客將客人的姓名拼出，並寫在留言紙上。

(3)務必重複以確認拼寫無誤。

(4)在訪客寫完留言後，在留言紙上寫下房號、客人的姓名，簽上自己的姓名，再打上時間。

3.原則：

(1)所有留言接收訊息者（接電話者）必須在上面簽名並蓋上時間。

(2)住客的房間號碼，不論在任何情況下，不可告訴其他人。

(3)留言單力求清晰整齊。

(4)保密的留言用信封封好，蓋上CONFIDENTIAL印。

(二)留言對象

1.留言給已住進館內的客人：

(1)如果客人的鑰匙不在格內，按留言燈，將第一聯放入格內，再將第二聯存檔。

(2)如果客人的鑰匙在格內，做法同上述，待客人取鑰匙時再將留言條交給客人。

2.留言給當日到達之客人：當接到的留言為給當日尚未到達的客人時，將留言單放在旅客資料夾中，於客人到達時送達客人手中。

3.留言給非當日到達之客人：

(1)若非當日到達之客人的留言，則留言放進信封裏，信封上註明抵達日期、訂房號碼及客人姓名，歸於HOLD FOR ARRIVAL抽屜中。

(2)每一班的人員必須負責查詢HOLD FOR ARRIVAL抽屜，以確保留言能及時送達客人手中。

四、預付款項單（cash credit/advanced payment）

1.單據分三聯：白聯交稽核部門；紅聯訂在C/I單上；黃聯交給旅客保管，若REFUND時，務必收回。
2.W/I客人，行李不多而自己訂房之客，由F.O.要求收「預付款」，並開預付款項單（如圖5-9），由出納簽收。
3.出納確實核對預收款是否合乎規定，注意房號、姓名，核對金額後簽收，通常預收之金額為實際住宿天數再加一日。
4.若是外客必須在預付單上簽字（出納退款時應核對簽字）。
5.台幣可先入帳，並將帳單印一份訂上白聯交稽核。
6.注意提醒客人黃聯勿丟，否則無法退房與退款。
7.若為外幣，用信封封起，填寫記錄，存放外兌處等結帳時再以台幣結算。

五、房間升等

1.當日客人所訂之房間形態客滿時，可由主管安排比原先訂房形態升一級之房間給客人。因視當天情況而安排房間升等，須在旅客登記表中註明F/H UPG（Full House Up Grade）。
2.平日若要升等時，一級升等須由經理同意，並須簽字准許，如要升等多級時，則須總經理簽字核准。
3.考慮如何處理ADDITIONAL、取消之訂房與No Show之房間。

敏蒂天堂飯店
Mindy Paradise Hotel
MESSAGE

☐ PHONE   ☐ VISITOR   ☐ ROOM GUEST

DATE：_____ TIME：_____

ROOM NO：_____

TO：_____

FROM：_____

RE：_____

PLEASE CALL：_____

DESK CLERK：_____

圖5-8　留言單

敏蒂天堂飯店
Mindy Paradise Hotel
Miscellaneous Delivery Receipt

To：

Guest Name：_____

Rm No / RV#：_____ Duration：_____

Date：_____

From：

Ms./Mrs./ Mr.：_____

Telephone No：_____

☐ Flower   ☐ Fruit Basket   ☐ Shopping   ☐Handbag

☐ Parcel. / Box   ☐ Envelope   ☐ Others

No. of Pieces　_____

Handled By：

☐ Front Desk   ☐ Concierge   ☐ Room#：_____

圖5-9　預付款項單

六、如何處理白天使用（day use）及尚未事先訂房（walk-in）之客人

(一)day use

1. 非特殊情況，一般不開day use之房間，尤以day use方式W/I之投宿。
2. day use之房間須由主管同意，並收取全租；若有特殊折扣，須附主管之同意簽字。
3. 須通知櫃檯出納及於客人C/O後通知房務部清理房間。

(二)尚未事先訂房

1. 有選擇性地決定是否接受訂房，並盡量以全租銷售。
2. 下列均為可拒絕接受之W/I客人：
   (1)單身女性，神情異常者。
   (2)言語不清，嚴重酒醉者。
   (3)精神恍惚，疑似吸毒者。
   (4)無任何證件並拒絕登記者。
   (5)同業之黑名單者。
3. 介紹客人當日可住之客房形態，並試著推銷較高價位之客房。
4. 詢問客人是否曾經來過，並請客人出示證件登記，並於登記卡上簽名。
5. 詢問付款方式，若為現金則須收取所住天數多加一日之房租，並開立訂金單給客人；若為刷卡則須確認為本人之信用卡。

七、取消或改變預訂房

(一)取消訂房

1.辦公時間均交由訂房組同仁處理。

2.取出顧客資料夾,並於登記卡上加蓋取消(CANCELLATION, CXNL)章,並註明原因。

3.進入電腦做CXNL動作。

4.檢查是否有安排交通、旅遊行程等事項,並通知相關部門。

5.如為保證訂房(Guaranteed Booking, GTD),須向客人解釋,並按公司政策收費。

(二)訂房延期

1.辦公時間均交由訂房同仁處理。

2.先查閱電腦,找出客人之訂房資料,如為當日之住房延期,則找出登記卡。

3.檢查客人所延期之期限的住房狀況,如無問題則直接做延期,並於登記卡上蓋POSTPONE章,若為客滿或已無該房間形態,則須告知客人此一情況。

八、ADDITIONAL

ADDITIONAL為ARRIVAL REPORT列印出來後所再增加出之訂房,包括:加開、W/I及當日RESERVATION所通知之訂房。

(一)加開

1.已有訂房，而於C/I時欲加開房間。

2.手寫C/I單，填寫時須注意資料是否齊全及房價是否正確。

3.用同一個訂位代碼輸入電腦資料。

(二)W/I

按W/I程序辦理。

(三)當日RESERVATION所通知之訂房

1.由訂房組pass登記卡至櫃檯。

2.櫃檯同仁做好preparation（C/I單、餐券等事項）。

3.將其reservation登記於arrival report上。

九、鑰匙授權書（Key Authorization）

房客可能會指定在自己外出時某位友人可以使用該房，此時要請客人填寫鑰匙授權書通知單（Key Authorization Form）（如圖5-10）做為依據，否則房間鑰匙不得交給他人使用。處理步驟如下：

1.先確認客人姓名與房號。

2.請客人填寫鑰匙授權書通知單，註明房號、房客姓名，並簽名以示負責。鑰匙授權書通知單放入鑰匙盒內。

3.訪客抵達時先核對所提出之客房資料與訪客身分，核對無誤後請訪客簽名，鑰匙交給訪客使用。

4.鑰匙授權書通知單放入鑰匙盒內，至客人退房或指示取消時再取出。

```
REBAR CROWNE PLAZA HOTEL
KEY AUTHORIZATION NOTICE

                                        DATE:_____

This is to authorize the Assistant Manager to give the key of my room to the following person.   This
authorization remains valid until my further notice.

NAME          :_____          VISITOR'S NAME :_____
ROOM NO.      :_____

SIGNATURE     :_____          SIGNATURE      :_____

ASSISTANT MANAGER:_____ _____
```

圖5-10　鑰匙授權書

資料來源：台北力霸皇冠酒店

第四節　櫃檯與其他部門之關係

　　旅館業是一個與「人」相處的行業，因此需要提供各項資訊給停留在旅館的旅客，因此各部門間都需要瞭解住宿旅客的狀態，這也顯示前檯需要與其他部門聯繫的重要性。我們現在要詳細說明接待部門與旅館內其他單位與部門間的互動關係。

一、訂房部

　　我們在第三章已經提及訂房部的職責，也瞭解訂房部是客人資訊的提供者。當接到預訂時，訂房部將由客人的歷史中蒐集相關的客人資料。同樣地，訂房部也會與經由銷售或會計部門提供經過檢驗的信用卡公司合作，同時也提供客房使用情況表、訂房明細表等各種訂房報告給其他部門使用，此外還有預定到達旅客名單、特殊要求名單、貴賓名單、需要特殊關照的客人和客房預

測報告等。

二、接待部門

到目前為止，對於新旅客遷入的整個程序應該很熟悉了。當旅客遷入時，接待部門需要知道某些訊息，如預定到達旅客、預定離開旅客，以便他們可以處理郵件、確保房間鑰匙控管、對特殊要求及重要貴賓的安排等。而訂房部也一樣需要從房務部知道目前客房的狀態。在前幾章，接待部門在修改住宿旅客資料上扮演一個重要的角色。它提供旅客狀態表如住宿名單、旅客歷史資料表單等給其他單位與部門。

前檯單位大部分都是資料使用者，如表5-1所示。

三、房務部

房務部需要旅客預定離開名單及旅客住宿名單的原因，是這

表5-1　前檯單位所需使用之旅客資料

前檯單位之要求	資料之形態	使用該資料之目的
客服中心／行李員	預定到達旅客名單 預定離開旅客名單 團體／旅遊客人名單 重要貴賓名單 住客名單 臨時抵達旅客名單	處理行李 團體旅遊安排 重要貴賓來臨之迎接安排 提供訊息
前檯出納	預定到達旅客名單 重要貴賓名單 團體／旅遊客人名單 信用卡授權公司的旅客 　歷史資料清單	帳單明細 付款明細 檢查公司帳戶
總機	住客名單 預定到達旅客名單 已遷出旅客名單	正確轉接電話 正確收取通話費用

些資訊有助於客房清潔時間表的安排。同時,房務部也需要列出有特殊需求的明細,如此才能對特殊的客房和特殊重要人物,提供舒適環境和特別服務。

客務部提供客房變化狀態(例如:客房的狀態由退房未整理到空房已整理,此時客房代表可以提供服務),並有責任提供客房旅客人數、目前客房的狀態等,如旅館已經電腦化時,房務部可以將資料輸入,經由電腦連線,可以將客房狀態提供給前檯。萬一前檯與房務部在住宿旅客記錄上有差異顯示時,房務部人員與前檯人員要盡快處理。

四、業務部門

業務部門需要的資料是可銷售客房數(由訂房部提供),以便可以接受團體、旅遊、公司行號的訂房,且通常也需要有關常客和公司行號的歷史資料,才能藉此開發客源(目前在一些旅館內發現一個有趣的現象,那就是在銷售部門訂房高於在前檯訂房)。

五、會計部門

訂房部收到的押金及前檯出納收到付款,都需要記錄後轉交給會計部門。會計部門需要負責監督旅客帳戶、信用額度,快速地清算總帳。

六、管理部門

旅館高階管理部門需要住房率和收益統計的資料,大多數的電腦系統都可利用程式計算旅館管理內部的日報表及月報表。當管理部門有這些精確且隨時更新的資料時,會有利於決策的訂

定。若沒有使用電腦系統時，所有資料及數據則需要利用人力的方式提供。

第五節　個案探討與問題分析

都是妳們的錯

人物介紹	簡介
大尾	千山旅行社司機，四十八歲，地中海髮型
大鬍子	千山旅行社司機，四十歲
導遊	千山旅行社導遊，三十八歲
Rose	房務部，二十四歲
Connie	房務部，二十三歲
Bonny	櫃檯員，二十六歲
William Tell	英國籍律師，原1205號房的房客

橘紅的太陽漸漸西沈，海鳥優雅地振翅翱翔於天際邊，祈情飯店幾部透明電梯各自不停上上下下，其中一部只搭了三位客人。

站在電梯中間、頭上帶有光環的那位司機及一旁的導遊生氣地開口斥道：

「今天櫃檯的小姐到底會不會排房啊！搞什麼東西……」

「我看過那個小姐的名牌，還只是個實習生而已呢！飯店怎麼會讓一個乳臭未乾的菜鳥到櫃檯，那就算了，還讓她排房……」

「……對啊，她到底識不識相啊她……」

三位客人七嘴八舌地大聲宣洩著不滿，由於他們三位是飯店的老客人，因此氣焰總是緊緊地讓服務員們備感壓力，Rose與Connie正動身到備品室時，碰巧遇上剛剛吩咐櫃檯加毛毯的三位司機與導遊，兩位服務生早就明瞭他們馳名的個性了。這個巧合下Rose與Connie兩人隨後跟著司機與導遊來到1205號房。

「不會吧！……」大鬍子司機開門後瞪大了雙眼，不可置信地轉身想讓其他兩位證實他所見的……，正要開口時，後面脾氣暴躁的大尾又發作了……

「搞什麼！大鬍子走快點，別站在門口發癡！……做什麼，眼睛張那麼大，沒用啦！」頭戴著光環的大尾，暴躁的脾氣依然以他獨特的方式宣洩著，瞬間他見到擺放幾本散亂的文件及掛在衣櫥的衣褲……大尾的脾氣終於受不了地大聲謾罵起來了，導遊隨即撥了電話到櫃檯——

「喂！小姐，我是千山旅行社的導遊。到底有沒有搞錯啊！請你們經理接聽電話，搞什麼飛機啊！給我們三人同一間房就算了，還安排已經有人住的房間給我們……」接到電話的Bonny二話不說馬上將電話轉由經理處理。而正當導遊與經理抱怨此事的離譜時——

「叩叩叩……」房內一陣陣即將引爆的氣氛充斥下，Rose與Connie鼓起勇氣非常懊惱地正要開口道歉並詢問能否幫忙時，剎那間，原本1205號房的英國律師William Tell先生居然出現在房門口，此時的服務員真有一種說不出的……哀怨啊！

剛向經理抱怨完的導遊，才一轉身，赫然發現一個身長195公分、滿腮灰白色鬍子與微凸的啤酒肚的巨人。當William Tell從十六樓的透明電梯中見到房間外的走廊上有兩三個人聚集時，原

以為可能是其他房間的人，沒想到自己也捲入了這場莫名其妙的糾紛中，更想不到的是別人居然還進了自己的客房……他一肚子火，極忍耐地走進房內，「What's happen？這到底是怎麼回事？你們為什麼在我房裏？……」他硬是擠出中文來表達他被侵犯隱私的不悅。

導遊見到這位人高馬大的阿多仔，便娓娓地告訴他飯店出了這樣的烏龍事件。這位「阿多仔」慢慢地靜下心，靜待飯店出面處理這次那麼嚴重的失誤，而一旁的服務員竟趁他們不注意時離開這個相當尷尬的場面……

館內的客務部經理接到客人反應後，立即偕同房務部經理進行討論調查，結果是樓長回報OK Room時看錯了房號，而櫃檯員並未再仔細對照及確認，所以當時至櫃檯C/I的司機與導遊就陰錯陽差地被分配到這間客房了。

1. 請問應如何避免上述個案之缺失？
2. 請列舉三種飯店時常造成重複訂房的原因，並說明其解決方法。
3. 請問Bonny的反應及做法恰當嗎？您認為如何處理較為妥當？

第六章　總機作業認識

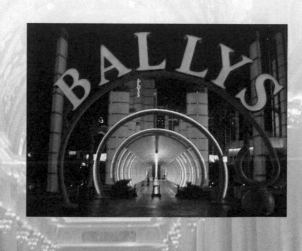

人生就好像在玩拼字遊戲……我們努力地尋找一個字……有時拼對……有時拼錯……

——鋼琴師

　　總機人員在客務部中是沒有直接與客人面對面接觸的單位，然而在整體旅館的運作中卻扮演著重要的角色。因為客人無法直接面對總機人員，故總機人員與客人在電話談話時更應重視電話禮儀，且說話力求清晰和明確，盡量讓來電者留下良好印象。總機人員在與來電者對談時應專心一致，千萬不可用冰冷的語氣回話，亦不可一邊接電話一邊翻閱書報雜誌，這些舉動多少都會影響你與顧客的對談，而使顧客認為你不重視他。總機主要工作為轉接電話、為住客做來電留言、回答電話詢問有關旅館活動之訊息、館內外緊急和意外事件的通知，以及提供叫醒服務（wake-up call）。有些旅館採用全自動設定叫醒服務，不過當自動叫醒機器故障時，仍然必須由總機人員負起叫醒的責任。此外，總機亦負責音響器材的保管與操作。總機的工作常被反覆而機械化的流程包裹著，不僅操作的程序單調，甚至講的話也離不開「您好」、「請稍候」、「謝謝」、「對不起，讓您久等了」或「目前沒有人接聽，我能為您留話嗎？」等等之類的話，但是這些看似冰冷而乏味的表相底層裏，對擔任總機的工作者潛藏著不易被人察覺的嚴格考驗，那就是情緒不可被每一通電話牽引著像顆打轉的陀螺一樣。而因總機室為密閉空間，總機人員在長期反射動作的操作電話程序中，都有可能成為一部接電話的機器。而若要避免此種情形，那你就必須喜歡你的工作，使它成為你工作的樂趣。若要具備這樣的認知能力，必須對總機作業有深層的認識與體驗。另外，總機人員亦不可聽聲音辨貴賤，必須對每通的來電

電話都做到一視同仁，對每一通電話都保持著充沛的活力，這是總機人員必須不斷學習的目標。本章首先介紹電話接聽之技巧與應注意事項，其次為中繼台功能介紹，進而分享總機服務工作項目，且說明總機緊急狀況處理，最後為個案探討與問題分析。

第一節　電話接聽之技巧與應注意事項

　　旅館總機人員又稱話務人員，雖然只是扮演旅館中的一顆小小螺絲釘，但若缺了它，整體旅館之營運將會造成很大的困擾。總機人員辦公室一般都是在地下室或是旅館的某角落，大多不會直接與客人面對面接觸，但他可是旅館與客人接觸的先鋒者，因此優良總機人員的服務會讓客人留下深刻印象，進而對旅館有良好的印象；反之則有可能產生顧客抱怨且對旅館留下不好之評價，因此旅館從業者不得不重視總機人員之重要性。扮演一個稱職之總機人員，其應注意的電話接聽之步驟、禮儀，與應注意之相關事項，接下來將作進一步說明。

一、接聽電話步驟

　　基本接聽電話之四項步驟，茲說明如下：

1. 電話鈴聲響起不超過三聲，迅速應答。接起時先報問候語、自己飯店名稱及自己的姓或名。一般而言，來電電話的來源有多種方式，而每種來源方式所使用的問候語又不同，大致可分為以下三種：

   (1)外線（LDN）：此燈亮起（詳情請參考第二節中繼台功

能介紹），表示從外面來電的客人——

Good morning, The Mindy Paradise Hotel, 敏蒂天堂飯店，您好。

(2)A.內線（ADM）：此燈亮起，表示其他部門單位員工的來電——

B.內線（HP）：此燈亮起，表示從館內電話來電的客人——

Good morning, Operator, Vicky Speaking. How may I help you?

(3)內線（GST）：此燈亮起，表示從客房內來電的客人——

Good morning, Operator, Vicky Speaking. May I help you, Mr. (Mrs.) Gadberry?

2.來電查詢房客之房號，先用Last name（姓）縮小查詢範圍，再以First name（名）做最後確認，確定該房號之房客姓名無誤後，方可轉接至房內。

3.如以Last name查詢不到，則可用First name查詢，確定該房號之房客姓名無誤後，方可轉接至房內。

4.通話結束時，應說聲「謝謝您的來電」或「再見」。

二、接聽電話禮儀

在通電話時顧客看不到你的容貌，印象的好壞全憑聲音語調及說話的方式來判定，所以在接聽電話時，必須注意以下幾點，茲說明如下：

(一)使用問候語、敬語、禮貌語

1.接聽電話時，問候語速度應適中，勿太快而讓來電者聽不

清楚。

2.適時地回應，讓顧客知道你有在聆聽。例如：「是的，我瞭解！」或「是的，先生，我知道了。」

3.請求或詢問時要誠懇，並常用「請」、「對不起」、「謝謝您」等字。

4.有困難而無法做到時，須道歉或委婉解釋，切勿頂撞或辯解。

(二)使用和悅語調、親切的態度

1.通話時，語調應謙和，音量宜適中，言辭要簡明。

2.說話時請保持微笑，使用和悅親切語調。

3.對於撥錯的電話，口氣應和緩，不可無禮。

4.無論在任何情況下，須保持極大的耐心及正確性，且要具備熱忱及溫和的態度。

5.外線問題過於冗長時，應以高度的耐性與機智回答問題，切勿顯露出不耐煩之語調。

(三)避免使用術語

1.接聽電話時，應對要簡潔清楚，應避免「啊」、「嗯」等口頭禪。

2.要養成「Yes, Sir / Madam」之應對，不可以「OK」、「嗯哼」回答。

3.客人在通話中所提出的要求或問題，避免回答「不」或「不知道」。

(四)中途離線，須交代清楚

找人電話，如果必須請對方等候時，不可將其線路擱下就不予理會，應告訴對方「我為您查詢，請您稍等」或「我幫您轉至某部門查詢，請您稍等」。

(五)電話專業知識

1.嘴巴距離話筒須保持一英吋。

2.技巧性地引導來電者長話短說。

3.避免中途打斷對方談話。

4.禁止竊聽雙方的談話內容。

5.切勿一面吃東西或聊天，一面處理電話。

(六)道別語

通話結束時必須說「謝謝您的來電」，且必須等對方（客人或上級幹部等）電話掛斷後才可掛上，切忌不可在顧客尚未掛斷電話前，值機人員就先掛斷電話。

三、總機人員應注意之事項

1.隨時保持工作愉快的心情。

2.處理客人要求之事務宜具專業性。

3.為維護房客隱私，勿將房客之房號告訴來電者，但可由客人決定是否告知來電者房號。

4.轉接電話時，應將來電者的姓名告訴接聽者。

5.若來電電話是客人或部門分機時，則以客人為優先服務對象。

6.水杯不能與話機等電器用品放在一起。

7. 酒精切勿接觸任何塑膠透明面用品，以免造成表面的模糊。

8. 總機人員應避免在接聽電話的同時與他人聊天或吃東西等舉動。

9. 若同時有兩線電話鈴響，不可只顧著一線，要以簡明扼要、清晰的方式交代清楚，同時技巧性地兼顧兩線。

10. 一律不可外報私人電話給外線，包括高級主管、所有員工。

11. 外線找高級主管，轉接分機後尚未應答時，必須請問對方是否緊急。若為緊急事件時，總機人員則必須馬上聯絡高級幹部；若沒那麼緊急時，則應請對方稍候再撥或以留言方式代為轉達。

12. 總機人員如有公事須與某部門人員洽談時，則應透過電話或另尋他處，切忌不可在總機室洽談公事，以避免影響其他電話。

圖6-1　總機人員

專欄6-1 電話禮儀與各國問候語

　　電話是各企業、公司（尤其是服務業）的生命線，因為有太多的顧客都是以接電話者的態度來判斷這家公司值得信賴的程度。所以飯店總機人員更應須注意電話禮儀與懂得電話的基本禮貌，因電話的交談，可以判斷一個人的水準以及程度，更可以代表飯店的形象。而在接電話時，不同國家與地區的人有不同的禮節性問候習慣，茲說明如下：

一、電話禮儀

電話狀況	處理方法
注意基本禮貌	例如，多用請、謝謝、麻煩等字眼，語句也要少用命令句，語氣也最好婉轉，請託，一方面顯示你的水準，一方面讓聽的人樂意為你服務。
插播電話	若正在通話時又有另一通插播電話時，應先請第一通電話暫時等待，然後告之第二通來電者現在正與人通話中，可否待會再回電給他，然後再繼續與有優先權的第一通電話繼續交談，當然若是後來的電話非常重要，或是你不太想和前一通的人繼續交談，則可以相反的順序為之，並不失禮。
留下訊息	若對方找的人目前不在場，則可以代為留下訊息，以便返回時可以回電，訊息務必留得清楚，對方姓名，電話號碼，目的以及來電時間等。
回電	一般來說必須在對方來電二十四小時內回電方才妥當。

性騷擾電話/擾亂電話	不要驚慌，不要生氣，如果你如此，對方會更加興奮，若對方一直打電話進來，你可以先按保留鍵，且立即報告單位主管處理。
有人來訪	電話交談中，若有人來訪，則當然以造訪者優先，你可以告訴對方目前正有客人，不方便與對方久談，可以留下對方姓名與電話，稍後再行覆電，但可別忘記回電。
注意他人作息	打電話時請注意個人作息之習慣，避免干擾他人生活，國際電話也必須注意時差問題，最好選擇一個雙方都適合的時間較佳，否則可以傳真或E-mill代替之。

二、各國問候語

國家	電話問候語
台灣	喂，您找誰？
香港	我是XXXX（單位名）的XXX（姓名）。
日本	moshimoshi（羅馬音）（喂喂）。
美國	哈羅！
法國	您是哪一位？
德國	我是XX（自報姓名)。
英國	我是XXXXX（自報電話號碼）。
義大利	準備好了，請您說吧！
俄羅斯	我在聽著呢。

夏日旅店（一）

　　夏日旅店在峇里島屬方格樓（Bungalow）層級，相似於西洋之Bed & Breakfast，在日本則稱為民宿，所不同的是各個廂房均獨立存在，不像西洋之民宿多在同一棟房舍內。另夏日旅店屬綠色方格樓，除休閒起居廳外並不裝置冷氣，而改以風扇設備消暑，熱水系統更採用澳洲進口之太陽能熱水機以節約能源。夏日旅店目前共有六間廂房，有森林屋、印度大公、巴龍居、爪哇公主、日本禪房和後廂；又分屬五種不同主題。在此，將介紹夏日旅店的前三個主題，有以森林為設計主題的森林屋；有以印度風為設計基調的印度大公；有浴室以石雕、屋內以峇里傳統風格為主要設計的巴龍居。

森林屋

　　森林屋位於夏日旅店中最僻靜的角落。當您打開窗戶時即可面臨熱帶森林及小溪的景緻。房中主要壁面由峇里島著名畫家Dewa以其最擅長之森林畫裝飾而成，置身其中宛如置身森林當中。方格樓主人不惜以重資由Timor島引進具有原始氣息的Timor Pandok作為床具，頗有台灣原住民之風俗樂趣。再加上自帛琉而來之裝飾，房間中充滿了原始而又外星文明的神秘氣息。浴室除以黑白兩色碎石裝飾，並將Timor原始部落所用之面具經防水處理後做為浴池之出水龍頭。

印度大公

　　顧名思義，印度大公乃以印度風為設計基調。房內床具採絲絨包覆雙層平台式設計。被面為紅褐豆沙底鑲純銀絲線紋手工製古董印度sari，被裏為象牙白金絲蠶葉紋紗緞，大公之氣派呼之欲出。床上擺放大型絲絨軟墊數只，或呈長圓，

或呈菱方於四角懸垂，拖曳出慵懶華麗之印度民俗情調。牆上古畫則述說著印度蒙兀兒帝國於十八世紀時之繁盛景象。該畫作距今已有二百多年之歷史，爲荷蘭旅行家Vanden Grooten所繪。Vanden Grooten之於印度有如馬可波羅之於中國。出版商在其返歐後將其畫作製成銅版畫裝訂成書。屋外門廊處另置有大型眠床乙具，印度古典花紋繡枕錯落其上。於此間小歇，清風徐徐吹來，森林款語催人入眠。一闋入夢，早已忘卻甲子歲庚。

巴龍居

羽翼飛獅淋浴間及巴龍浴池爲巴龍居最匠心獨具之設計。羽翼飛獅爲石雕村四十戶石雕人家中之精選。飛獅前蹄單腳著地，另一腳向上提起呈做勢飛撲之狀。浴水則自獅口噴出。巴龍由石雕師傅現場雕製，冷熱水龍頭則巧置於巴龍雙手手掌中心。整個浴區採露天式花園浴室設計，讓浴者享有更多與天地共浴之自然感受。屋內亦循峇里傳統風格裝飾。窗廉及被面均爲峇里島著名布街Sulawesi之精選。牆上遍佈澳洲業餘攝影師Tim之傑作。Tim爲方格樓之常客，在夏日旅店整修前即已久居於此，前後進出峇里島至今長達十五年之久，走遍全島各處，全憑興趣及熱忱補捉稍縱即逝的畫面。雖稱業餘，其畫面構圖與光線安排與專業相較則有過之而無不及。

資料來源：http://www.matahariubud.com/

第二節　中繼台功能介紹

在前一節我們已介紹過總機人員之接聽電話之禮儀、技巧與應注意事項，而本節主要分享的是總機之另一靈魂工具──中繼台（圖6-2、圖6-3）。它擔任非常吃重的工作，且一天二十四小時工作，其工作包括旅館內外電話之接收與館內住房客人電話費之計算；此外亦可幫總機人員作wake-up call（喚醒呼叫）之工作及DND（請勿打擾）之設定等，讓總機人員能更有效率且順暢地為客人服務。本節將針對中繼台之使用與功能作進一步介紹。

一、中繼台（機台）常用鍵之說明

01.LDN（Listed Directory Number）：外線

外線來電時，此燈就會亮起。

02.ADM（Administration）：內線

各部門分機來電時，此燈就會亮起。

03.Recall：回叫

(1)來電如轉至房間，若尚未回應，此線路回叫時會再次地回到總機，則須按此燈，再把被叫方（DEST）線路按取消鍵（cancel）取消，此時就可與外線通話。

(2)房客從房內撥分機至館內部門，若此部門再將此線電話轉至總機，則此燈就會亮起。例如，房客有時會從房內撥分機至櫃檯說他要打國際電話，因要透過總機才能替房客轉接外線，此時櫃檯將會把房客的來電轉至總機，此時Recall燈就會亮起。

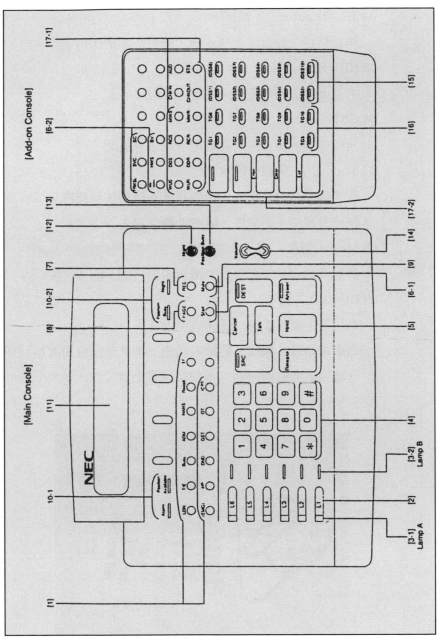

圖6-2　中繼台說明圖

04.TF（Transfer）：轉接

　將電話從中繼台轉至另一個中繼台時，則此燈就會亮起。

05.HP（House Phone）：館內電話

　若從大廳的館內電話來電時，此燈會亮起。

06.GST（Guest）：內線

　若是從客人房內的電話來電，此燈會亮起。

07.Start：內、外線分隔鍵

　從中繼台撥出外線後，若要將此外線轉接給館內房客或各
　部門分機時，則需按此鍵方能轉接過去。

08.Mute：靜音

　監聽電話時，若要阻斷中繼台的講話聲，則按此鍵即可。

09.L1~L6：線路

　(1)每個中繼台都有六個線路可供使用。

　(2)來電如轉各部門，若尚未回應，則此線路會再次地回到
　　此中繼台原線路上，而在原線路上會閃爍，按一下即可
　　接回。

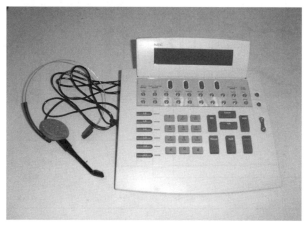

圖6-3　飯店中繼台

10.0~9、*、#：數字鍵

　撥電話或設定各項操作時所用的數字鍵。

11.SRC（Source）：外線，又稱主叫方

　來電電話（無論內線或外線），當總機人員接起電話時，則此燈會亮起。

12.Cancel：取消鍵

　掛斷任何電話時，則必須按此鍵。

13.Talk：三方通話鍵（Three-way Conference）

　若按此鍵，即可三方通話（外線、內線及總機人員）。

14.DEST（Destination）：內線，又稱被叫方

　來電電話，轉至內線（房間或各部門），當接聽者接起電話時，此燈會亮起，再按三方通話鍵（即Talk鍵），讓來電者與接聽者談話，此時即可退出。

15.Release：退出鍵

　若將來電轉至房客或各部門後，必須按此鍵方能退出。

16.Hold：保留鍵

　(1)按此鍵後，則可將來電之電話做保留。

　(2)若電話在同一時間太多或查詢資料過久時，為了使來電者避免聽到任何的雜音，則可按此鍵先把此線路做保留。

　(3)若在同一時間有太多來電時，此時必須依經驗來判斷將較難處理、必須花費時間較久或是部門分機的線路做保留，而保留時，必須將每條線路記清楚，必要時可依自己的習慣做大概的記錄，以避免把線路混淆。例如：L1為外線，此客人想詢問飯店地址以及有什麼交通工具能到飯店，此事可能須花費較久的時間，所以可以先

做保留。

L2為外線，此客人為外國客，他想找房客，但可能是名字拼錯或他想找的人沒住在飯店內，所以查不到，此事可以先做保留或請櫃檯幫忙，但須先告知櫃檯此客人的來電情況。

L3為內線，此為西餐廳主任想找打工人員，請總機撥外線，此時可告訴對方因目前有很多外線電話，請稍等，而將此線路拉回時，必須說「對不起，讓您久等了」。

L4為外線，此客人想轉採購部門分機，此事可馬上做服務。

L5為館內電話，此客人想找房客，經電腦查詢後，姓名完全符合時，此事可馬上做服務。

L6為內線（客房的來電），此房客為日本人，他想打對方付費電話回日本，此事可能會花點時間，可依電話量來做決定是否要保留或是馬上做服務。

17.Answer：回答

　　如有線路進來，總機人員按此鍵後就能接聽。

18.Night：夜間值機鍵

　(1)總機室有多個中繼台，在夜班時，若只要由其中的一台中繼台接受來電時，其餘中繼台則可按此鍵停機，那麼所有的來電將會全部轉入沒按此鍵的中繼台，代為做轉接的工作。

　(2)在主要的中繼台不可按此鍵，因為會導致所有的外線電話將完全無法撥入飯店，嚴重性甚大，必須特別注意。

　(3)按此鍵時，只能撥打電話，但不能接聽電話。

19.Position Busy：關閉中繼台

　總機室有多個中繼台，假設其中一台中繼台按此鍵時，則此中繼台為關閉狀態，不能運作。

20.⌒：聲音鍵

　(1)與來電者談話時，若聲音過小或過大，則可按此鍵來調整音量的大小，但談話結束後，應仍維持原來中繼台的音量。

　(2)若要調整中繼台每次來電的音量時，則須在此中繼台鈴聲響的情況下，將此中繼台的音量作適當的調整，調整後，下次的來電將會變成調整後的音量。

21.TRKSL（Trunk Selection）：選擇外線

　測試電話線路時，按此鍵即可。

22.DND Override（Do Not Disturb Override）：強制執行鍵

　在設定請勿打擾的情況下，中繼台的螢幕會顯示出DD而無撥入房內，但按此鍵後，再按房號，最後按退出鍵（Release），即可將電話轉入房內。

　假如，某位房客交代從現在（今天下午四點）起至明天中午以前都不要接聽電話，有什麼事的話就留言，但不碰巧今天晚上十點五十分左右有此客人的緊急電話，此時就可使用此功能鍵將電話轉入房內，但須事先徵求客人的同意，若客人同意接聽時，則按Release鍵退出，若客人不同意接聽時，則按Cancel鍵取消，並告知來電者此客人目前可能不在房內，請問是否需要留言，我們會盡快請客人與其聯絡。

23.BV（Busy Verification）：插話

　把電話轉進客人房間後，退出時，如想再次地監聽，則需

先按房間號碼之後再按此鍵即可。

24.WUS（Wake-up Set）：設定喚醒鍵

  (1)按此鍵後，先輸入需要的時間，再輸入房號，然後按進入鍵需即可。

  (2)若房客只需更改時間，則可按此鍵後輸入房號，即可把之前的晨喚時間覆蓋過去，亦不用再次取消之後又再次設定一次。

25.WUR（Wake-up Reset）：取消喚醒鍵

  按此鍵後，輸入房號，再按進入鍵即可。

26.DDS（Do Not Disturb Set）：設定請勿打擾鍵

  按此鍵後，輸入房號，再按進入鍵即可。

27.DDR（Do Not Disturb Reset）：取消請勿打擾設定鍵

  按此鍵後，輸入房號，再按進入鍵即可。

28.RCS（Room Cut-off Set）：開機鍵

  按此鍵後，輸入房號，再按進入鍵即可。

29.RCR（Room Cut-off Reset）：取消開機鍵

  按此鍵後，輸入房號，再按進入鍵即可。

30.STS（Status）：檢查鍵

  (1)設定晨喚後，必須檢查是否輸入正確，此時可按此鍵，之後輸入房號，再按進入鍵即可。

  (2)追蹤客人晨喚是否有準時叫醒，此時即可按此鍵，之後輸入房號，再按進入鍵即可。

31.Enter：進入鍵

  24.~29.功能鍵之設定與取消輸入，最後一定要按此鍵，才算完整存檔。

32.Clear：清除鍵

若輸入晨喚時間或房號有誤時，則一律按此鍵作消除。

33.Exit：關閉鍵

24.~ 29.功能鍵之設定與取消後，必須按此鍵才能把中繼台的螢幕關閉。

二、中繼台之標準操作程序

(一)喚醒時間（wake-up call）之設定、取消設定以及狀況顯示

1.功用：於房客所需的時間內，提供喚醒服務。

2.目的：使房客能夠無後顧之憂地放心入眠，而不錯過任何重要的行程。

3.標準操作程序說明如下：

(1)喚醒設定（WUS）

A.接到喚醒時間時，要跟發話者再複述一次時間及房號。

B.若接到的是晨間喚醒時，則記錄在晨間喚醒登記表（Morning Call Sheet）（如表6-1）上。

C.若接到的是一般時段之喚醒時，則須在白板記錄或用便條寫上喚醒時間及房號，貼在機台易見之處，此外還必須再用另一個鬧鐘，以提醒總機人員注意。

D.按WUS鍵，先輸入需要的時間，再輸入房號，然後按進入鍵。

E.按STS鍵，檢查是否已正確輸入。

(2)取消設定（WUR）

A.接到取消喚醒時，跟發話者複述一次房號及更改的時間。

表6-1　晨間喚醒登記表

敏帝天堂飯店
Mindy Paradise Hotel
晨間喚醒登記表
Morning Call Sheet

日期：

04:00	04:30	05:00	05:30	06:00	06:30	07:00	07:30	08:00	08:30	09:00	09:30	10:00	10:30	11:00	11:30	12:00

備註：

B.按WUR鍵，輸入房號，再按進入鍵。

C.按STS鍵，檢查是否已正確取消。

4.狀況顯示：房客的喚醒時間到了之後，必須檢查中繼台是否成功地喚醒，此時中繼台螢幕上顯示的狀況有下列幾種：

(1)ANS：表示房客已回應M/C。

(2)CLD、NANS：表示房客沒有回應M/C；若在房內無人接聽電話時，中繼台的螢幕狀況會先顯示出CLD，等確定無人接聽時（大約過十分鐘後），則會出現NANS。

(3)BUSY：表示房客沒有回應M/C，可能是房客在用電話，所以才使得狀況顯示BUSY；在M/C占線十分鐘後會出現BUSY，在此之前都還有M/C設的時間。

在檢查M/C後，若得知狀況為CLD、NANS、BUSY時，則要立即通知負責人去察看（依各家飯店規定的不同，所通知的對象也就不同，叫通知服務中心或房務部辦公室，請派人員前去察看情況）。

(二)請勿打擾（Do Not Disturb, DND）之設定與取消設定方式

1.功用：房客交待事情時（例如客人在商務中心，有電話請轉至商務中心或客人交代不接聽任何電話時），為了怕遺漏掉，此時作請勿打擾的設定，有提醒作用。

2.目的：提醒總機人員注意此房間之狀態，防止所有電話轉入房內，以免打擾到客人。

3.標準操作程序，茲說明如下：

(1)設定請勿打擾（DDS）

A.接到客人所交待之事項，要與發話者複述一次房號及

交待事項。

B.按DDS鍵，輸入房號，再按進入鍵。

C.按STS鍵，檢查設定是否正確輸入。

D.將房號與交待事項記錄在白板上，並註明當時時間、日期。

E.告知櫃檯。

(2)取消請勿打擾設定（DDR）

A.接到取消請勿打擾時，要與發話者複述一次房號。

B.按DDR鍵，輸入房號，再按進入鍵。

C.按STS鍵，檢查是否已取消。

D.擦掉白板上的記錄。

E.告知櫃檯此客已取消請勿打擾。

(三)開關話機之設定方式

1.功用：當新房客遷入（check in, C/I）的資料尚未輸入電腦時，房內設施尚未運作，房客無法撥接外線，而中繼台的螢幕會顯示此房是關機（room cutoff, RCO）的狀態，此時就要替客人開機。

2.目的：服務房內暫時無法撥接外線的客人。

3.開機前必須先告知櫃檯，確認此房間是已遷入（check in, C/I）或是已退房（check out, C/O）的狀態。標準操作程序說明如下：

(1)若新房客已遷入，但資料尚未輸入電腦時：

A.按RCS鍵，輸入房號，再按進入鍵。

B.按STS鍵，檢查是否已正確輸入。

C.告知房客線路已可使用。

(2)若房客已退房,則房內設施會自動關閉,此時:

A.按RCS鍵,輸入房號,再按進入鍵。

B.按STS鍵,檢查是否已正確輸入。

C.告知房客線路已可使用,並請客人結束通話後至櫃檯結電話帳。

D.開立電話帳單。

E.送至櫃檯,並告知此帳單為退房客人的電話帳。

(四)測試電話線路

1.目的:維持飯店的全部電話線路處於良好之狀態。

2.標準操作程序說明如下:

(1)按TRKSL鍵,然後再按電話號碼後四碼。

(2)若出現撥號聲,表示正常。

(3)若出現嘟嘟嘟聲,表示目前線路可能是忙線中,過幾分鐘後可再試一次。

(4)若很久都打不通時,則可撥障礙台(112)報修。

(5)告知障礙台狀況,並請問障礙台何時派人員來檢修。

(6)將線路測試狀況記錄於外線檢查表與白板上,並隨時追蹤檢查。

第三節 總機服務工作項目

總機服務的工作項目眾多,如為館內外客人或員工轉接電話給各部門單位;替住客或特定部門(如櫃檯、房務部等部門單位)撥打國內或國際長途電話;外線來電轉接至客房,而房客尚未接

聽，或外線在部門單位下班時間來電時，來電者若需要留言給對方之留言服務；或房客感覺疲勞要求按摩服務時之聯絡，皆需由總機人員全權負責，以下將針對總機服務工作項目作進一步說明。

一、轉接電話

總機人員在提供電話轉接服務時，必須具備以下的知識：

1. 熟練轉接電話的技巧。
2. 熟悉各部門分機號碼。
3. 熟悉飯店的組織、每日的活動、促銷方案。
4. 熟悉董事長、總經理及各部門主管的姓名、聲音。
5. 熟悉有關詢問的基本知識（例如飯店附近的飲食、交通、遊玩等）。
6. 最重要的是保護客人隱私，不隨便洩漏客人姓名與房號，提供安全的服務。
7. 正確地瞭解對方的需求，掌握對方的話意。
8. 僅可能地為對方提供所需的服務。
9. 使對方感覺到自己受到重視，所以要堅持使用熱情、禮貌、溫和的服務語言。
10. 機台的操作必須十分熟練，否則將會發生錯接線路或將客人的電話掛斷等不當的轉接行為，而造成顧客的抱怨。

二、國內長途電話（DDD）與國際長途電話（IDD）

客人撥打國內長途電話（distance direct dialing）或國際長途

電話（international direct dialing）時，分為由房內撥出以及由其他分機撥出的兩種情況，茲說明如下：

(一)客人由房內撥出

客人在房內撥長途電話時，可以不經過總機，通過撥號自動接通線路，通話結束時，電腦能自動計算出費用並列出電話帳單（表6-2）。

IDD設立的目的有二，一是加快了通訊聯絡的速度，大大地方便了客人，二是減輕了總機人員的工作量。

表6-2　長途電話計費單

敏蒂天堂飯店 **Mindy Paradise Hotel** 長途電話計費單 **LONG DISTANCE CALL**				
發話人姓名 Person From		日期 Date		
電話號碼 Tel No.		房號 Room No.		
受話人姓名 Person To		國家 Country		
登記時間 Time Registered		小計 Sub Total		
通話時間 Time of Conversation		總計 Total		
備註 Remark				

Signature ＿＿＿＿＿＿＿　　Operator ＿＿＿＿＿＿＿

(二)客人由其他分機撥出

外客、房客在館內若臨時需要打電話時，可至櫃檯或服務中心等地方撥打，此時櫃檯或服務中心接待員則會請總機人員撥接外線。

撥接外線之標準作業程序如下：

1.詢問客人姓名、房號。

2.複述一次電話號碼看是否正確。

3.查詢電腦帳單系統，然後開立長途電話計費單。

4.送至櫃檯出納入帳。

(三)撥打國際電話之標準作業程序

1.國內直撥國外之程序：

(1)我國國際冠碼（International Prefix＝IDD Code）。

(2)受話國國碼（Country Code）。

(3)對方區域號碼（Area Code），無須加撥字頭的"0"。

(4)用戶電話號碼（Called Local No.＝Individual No.）。

例如	國際冠碼	國碼	區域號碼	用戶電話號碼
直撥東京	002	81	3	＊＊＊＊＊＊＊
直撥倫敦	002	44	20	＊＊＊＊＊＊＊

2.國外直撥國內之程序：

(1)所在國之國際冠碼（International Prefix＝IDD Code）。

(2)我國之國碼（Country Code）。

(3)我國之區域號碼（Area Code），無須加撥字頭的"0"。

(4)用戶電話號碼（Called Local No.＝Individual No.）。

例如	國際冠碼	國碼	區域號碼	用戶電話號碼
香港直撥台北	001	886	2	＊＊＊＊＊＊＊
法國直撥高雄	00	886	7	＊＊＊＊＊＊＊

3.國內直撥國內之程序

(1)對方之區域號碼（Area Code）。

(2)用戶電話號碼（Called Local No. ＝Individual No.），台中縣市、南投縣地區須在原電話號碼前加撥 "2"。

例如	區域號碼	用戶電話號碼
直撥高雄	07	＊＊＊＊＊＊＊
直撥台中	04	2+＊＊＊＊＊＊＊

三、國際受話對方付費電話（IODC）

亦稱國際直通電話，是一種可以直通受話國的值機人員或語音系統。房客可由房內直撥，不需透過總機，可以自己的語言請其轉接，不需當場付費，是一種由對方付費的電話，而飯店只收取服務費。

通達地區 DESTINATION	去話號碼 （直通國外） OUTGOING DIRECT NO.	來話號碼 （直通台灣） TAIWAN DIRECT NO.	專用話機 DESIGNATED TEL.
美國（AT&T）	008-010-2880	1-800626-0979	
日本（Via KDD）	008-81-0051	00539-886	
新加坡	008-065-6565	800-8860	有

四、喚醒服務（wake-up call service）

飯店客房內可讓住客自行設定喚醒時間的裝置，但仍有不少

旅客習慣由總機做喚醒服務。

喚醒服務包括晨間喚醒與一般時段之喚醒兩種。

(一)喚醒服務的種類

1.晨間喚醒（morning call）。
2.一般時段喚醒（wake-up call）。

(二)喚醒服務的方式

1.自動喚醒（automated wake-up call）：由總機人員在機台設定其叫醒時間，等時喚醒時間一到，就會自動喚醒。
2.人工喚醒（manual wake-up call）：必須注意之重點如問候語、住客姓名、時間以及氣象簡報等。例："Good morning, Mr. Gadberry, This is your morning call for 7 clock." "Today is sunny day. Temperature about 23 degrees. "

五、留言服務（message service）

(一)針對房客

來電找房客如有忙線中等情況，而電話尚未回應時，處理步驟如下：

1.詢問對方是要留言還是繼續等候，或是待會再來電。
2.如需留言，應將房客姓名、留言內容及電話號碼等事情正確地記下，並且複述一遍，以免錯誤。
3.通話結束後，將留言寫於留言單。
4.將留言單送至櫃檯。
5.櫃檯通知服務中心，請行李員送至客人房內。

(二)針對館內各部門

來電告知以公務之事轉接至各部門單位，如忙線中等情況，而電話尚未回應時，處理步驟如下：

1. 詢問對方是要留言還是稍加等候，或是待會再來電。
2. 如需留言，應將對方姓名、留言內容及電話號等事情正確地記下，並且複述一遍，以免錯誤。
3. 如所留言單位還是占線中，應隨時去電以保持聯繫，直至留言順利轉述。

六、盲人按摩服務（massage service）

飯店除了提供硬體設施外，也提供了代客聯絡盲人按摩的這種貼心服務，替房客在勞累之餘，藉此放鬆筋絡，解除身體上的疲勞，其處理步驟如下：

1. 告知房客是盲人按摩服務。
2. 告知如何計算費用。
3. 詢問是否要求指定男性或女性按摩師。
4. 告知按摩師大約抵達時間。
5. 記錄在按摩登記表上。
6. 電至特約按摩院。

第四節　總機緊急狀況處理

旅館內的住客少說亦有好幾百人，其在館內之安全不可不嚴

加注意，而旅館之安全通報系統一般皆設於總機室內，因此總機人員對於安全或緊急狀況之通報流程處理等必須非常清楚，且對各項緊急通報設施之使用也要很熟練，如此才能在旅館發生緊急狀況時作最佳之處理，以俾旅館與客人之損失降低至最少，甚至無任何之傷害或損失。以下將針對總機緊急狀況處理作進一步說明。

一、總機室的緊急通報設備

(一)處理火警警報器之標準作業程序

1.總機人員聽到鈴響馬上至機房查看號燈指示位置，記下指示燈亮區域，並且瞭解發生何種狀況。
2.立即正確地關閉鈴響。
3.通知工程部、安全室、值班經理至事故現場。

(二)處理電梯電話警鈴之標準作業程序

1.當電梯電話聲響，馬上接聽，並先報上 "Operator, Vicky Speaking, May I help you?"
2.先安撫客人情緒，並告知我們的電梯都有定期檢查與保養，我們會立即處理顧客受困的情形，請顧客不必擔心。如有任何情況，我們會與顧客保持聯絡。
3.詢問客人在幾號電梯內及停在第幾層樓。
4.趕緊通知工程部、安全室、值班經理及單位主管。
5.事後將處理經過、結果記錄於交接本中備查。

(三)處理監視系統設備之標準作業程序

1.二十四小時隨時地查看監視器是否有任何異狀發生。

2.記錄於監控室簽名表上（**表6-3**）。

3.如有任何異常（可疑人物等），通知工程部、安全室、值班經理及單位主管。

4.如有任何異常（例如鏡頭晃動、畫面模糊不清等），立即通報工程部維修。

(四)處理緊急事件對外聯絡之標準作業程序

1.如遇房客生病或受傷等情況時，應通知客務部、房務部及相關單位的主管，前往關心是否需要緊急送醫。

2.如需請醫生前來，則電話聯絡特約醫院或就近的大型醫院。

3.由服務中心人員負責引導醫生至客房。

4.事後記錄於交接本中備查。

(五)處理緊急電話之標準作業程序

1.拿起聽筒先報上 "Operator, Vicky Speaking, May I help you?"

2.詢問對方何事、何地或是有什麼需要協助的地方等等。

3.馬上報告值班經理及單位主管。

4.事後將處理經過、結果記錄於交接本中備查。

表6-3　監控室簽名表

敏蒂天堂飯店
Mindy Paradise Hotel

監控室簽名表

日期	時間	狀況	處理人員

二、常用之廣播詞

(一)火警測試廣播詞及結束詞（Fire Alarm Testing）

各位女士、各位先生，早安

本飯店將實施緊急火警測試（第一遍）

本飯店現在正在實施緊急火警測試（第二遍）

請您不要驚慌，謝謝您的合作

Good morning, Ladies and Gentleman. May I have your attention please.

We are going to have a fire alarm testing. (First Time)

We are testing our fire alarm system. (Second)

Please do not panic. This is a test only.

Thank you very much for your attention and kind cooperation.

各位女士、各位先生，早安

本飯店緊急火警系統，現在已經測試完畢

謝謝您的合作

Good morning, Ladies and Gentleman.

We have finished our fire alarm testing.

Thank you very much for your cooperation.

(二)因地震而停電之廣播詞及結束詞

各位女士、各位先生，早安

由於地震的關係，台灣電力公司正實施分區輪流停電措施

停電期間，本飯店自備緊急發電設備

暫時只供應一部客用電梯以及部分公共區域照明

為此，造成各位貴賓諸多不便之處

本飯店深感抱歉，由衷期待您的諒解，並感謝您的合作

Good morning, Ladies and Gentlemen. May I have your attention please.

Due to the earthquake TAIPOWER is carrying out regional power suspension at this moment.

We apologize that hotel own emergent generator can only cover the public area lightings and one set guest elevator operation. But no air-condition.

All guests are requested to be tolerance temporary.

We feel very sorry that it may cause you many inconveniences.

Thank you very much for your understanding and kind cooperation.

各位女士、各位先生，早安

本飯店由十點至十一點的分區停電已經結束

目前所有供電系統已恢復正常

停電期間，造成各位貴賓諸多不便之處

敬請再次見諒，並感謝您的合作

Good morning, Ladies and Gentlemen. May I have your attention please.

The temporary regional power suspension from 10 to 11 (am / pm) has been over.

All electric facility return to normal situation.

We apologize that it had caused you many inconveniences.

Thank you very much for your understanding and kind

cooperation.

第五節　個案探討與問題分析

醉客誤闖客房，女客驚魂求償

　　二〇〇二年的夏天，一對新婚夫妻自高雄北上投宿在祈情飯店的2814號房，那一天的夕陽結束於紡織娘與夏蟬的音樂演奏裏。

　　清晨四點多，一對頗有醉意的男女走進飯店大廳，「小姐，我們要住宿。」櫃檯人員說：「對不起，到今天中午十二時要算一天的房租費。」這對已有幾分醉意的男女不滿意這樣的計價方式，而當場與櫃檯人員起了爭執。大夜班主任見到此種情況，趕緊請這兩位客人至一旁的休息區輕聲地向他們解釋，正當大夜班的主任忙著安撫客人時，準備外出晨跑的那位新婚丈夫從電梯走出，將2814號的房間鑰匙交還了櫃檯後便出外去晨跑了（不料櫃檯人員太過於專注於一旁爭執的男女，因此並沒有將鑰匙直接放回key box內）。稍後這對酒醉的男女瞭解飯店房租計價方式規定後，就不再爭吵地同意辦理住宿手續，登記房號是2818號房。但當他們離開櫃檯時，女方見到有把2814號房的鑰匙放在櫃檯上，於是順手拿走了此房間的鑰匙。

　　數分鐘後，這對男女打開房門，插上了鑰匙後，所有的電燈條地一盞盞亮了，誰知這間房間卻不是他們的2818號房。

　　「小姐，這裏是2814號房，怎麼會有一對男女闖進我的房間，請你們派人上來處理一下好嗎？」瞬間的光明讓新婚的太太

從夢中嚇醒了，馬上打電話給櫃檯。

接到電話的大夜班主任溫和地說：「您好，是的，……小姐，這是不可能發生的，我們的鑰匙都有專櫃保管的，不至於有外人誤闖，請您放心。」這個大夜班主任掛上電話後，他碎碎唸了起來——「神經，怎麼有可能啊！想找麻煩也不要用這種爛藉口啊！」

那對喝醉酒的男女在房間裏四處走動著，並且在沙發上坐下來看著電視，兩人卿卿我我地過了一個小時，之後這對男女總算離去了，這段時間內這位太太頻頻地打電話至櫃檯抱怨，飯店中卻無任何工作人員上來查看究竟。

事後，那位接到2814號房電話的大夜班主任表示，在他的權限之下，最多只能以一盤水果致歉，因為沒上級的授權，所以不可能會有其他賠償。這對男女離開後，那位太太發現放於梳妝台上的皮夾不見了，內有美金一百元，以及信用卡十張。從清晨四點多事發後，她一直躲在床上發抖，直到七點多丈夫運動回來後。得知事情的經過，這位先生立即下樓找客務主任，由於接班後的早班主任一問三不知，只說要請大夜班主任回來處理。

一直到八點多，飯店什麼事情都沒有處理，也不見他們有報警動作。大夜班主任返回飯店後，對醉客闖入客房的事僅表示是行政疏失，他沒有職權處理，隨客人想要怎麼辦，他也沒輒。

這對夫妻堅持先報警處理皮夾失竊的事，並要求能夠負責任的主管出面。在大廳苦等至十點多，又氣又累又餓的，最後出面的答覆卻是——

「先生不好意思，我們總經理打球去了，公司沒有人可處理此事件。」「要不然我自掏腰包賠給您皮夾內的現金及住房的費用，如果不接受，那你們就告好了。」大夜班主任不負責任強勢

地說著。

1. 請問在此個案中，櫃檯人員之缺點爲何？其改善之道爲何？

2. 請問在此個案中，大夜班主任之工作態度與處理問題之應變能力如何？

3. 假設您爲該飯店總經理，應如何改善內部經營管理？

第七章　商務中心工作認識

失敗和成功對我而言，一樣有價值。

——愛迪生

　　商務中心（Business Center）（如圖7-1）主要是都市旅館為商務人士所提供，提供商務客人在商務上的協助與服務等，而目前休閒旅館也漸漸重視商務中心，因為國內的休閒旅館有些業務是來自工商行號之會議兼休閒，故亦需要有商務中心設備之服務。商務中心提供住房客人舒適的休憩與會客空間，另提供旅客商務資訊、預約及確認國內及國際航班機位、影印、傳真、打字等服務，備有個人電腦、雷射印表機、網際網路連線、傳真機等設備。商務中心也設有書報瀏覽區，放置多種中、英、日文雜誌、期刊及報紙等，供房客瀏覽閱讀等。本章首先介紹工作執掌與服務項目之處理，其次說明機票、書信技巧之認識，最後則為個案探討與問題分析。

第一節　工作執掌與服務項目之處理

　　由於台灣經濟之起飛且交通發達等因素，故國際商務客人日益增加，國際觀光旅館為了更貼心服務商務客人，故有設立商務中心之必要性，以俾商務旅客之詢問及公司行號開會之使用等。而由於商務中心人員主要服務對象大多是商務客人，因此對於商務客人之各項需求，需努力達到使其滿意，如對收發傳真、名片製作、電腦設備、會議室之租借等工作職掌都要非常清楚。此外對其他的服務項目亦能駕輕就熟，如機票之代訂、延期與確認等。本節針對商務中心之工作執掌與服務項目之處理作進一步說

圖7-1　商務中心

明如下：

一、工作職掌

商務中心之工作職掌如下：

1. 影印服務（包括投影片影印）。
2. 翻譯服務。
3. 秘書服務。
4. 名片製作服務。
5. 傳送與接收傳真。
6. 收發快遞郵件。
7. 收發E-mail。
8. 代客打字服務。
9. 代客查詢資訊。
10. 協助客人上網。

11. 飛機票等交通工具之代訂或代爲確認。

12. 電腦設備、影印設備等器材租借。

13. 廠商訪問的預約與安排。

14. 會議室之租借和安排。

15. 協助櫃檯留言。

16. 不定時地檢查E-mail信箱。

17. 雜誌之訂閱和清點。

18. 入帳並製作每日報表。

19. 整理環境，補充所需之用品。

20. 製作月終結報表。

二、服務項目之處理

商務中心除了做好份內的工作外，亦需熟悉其他之服務項目之處理，如快遞郵件、包裹之郵寄、幫忙代打字、秘書翻譯問題與價錢等。以下將介紹商務中心之服務項目之處理。

(一)快遞郵件、包裹之處理

此服務項目可分爲國際郵件和國內郵件兩種。在國際郵件中，常見的國外快遞公司有FEDEX、DHL、TNT以及UPS；而在國內郵件中，通常都使用郵局或國內快遞公司。其作業程序與注意事項，茲說明如下：

■國際郵件之作業程序

1. 請客人填寫空運提單（Invoice）（如圖7-2），並在寄件人簽名處簽名及填上日期。

2. 詢問客人所寄東西爲何物。

3. 拿至服務中心秤重量。

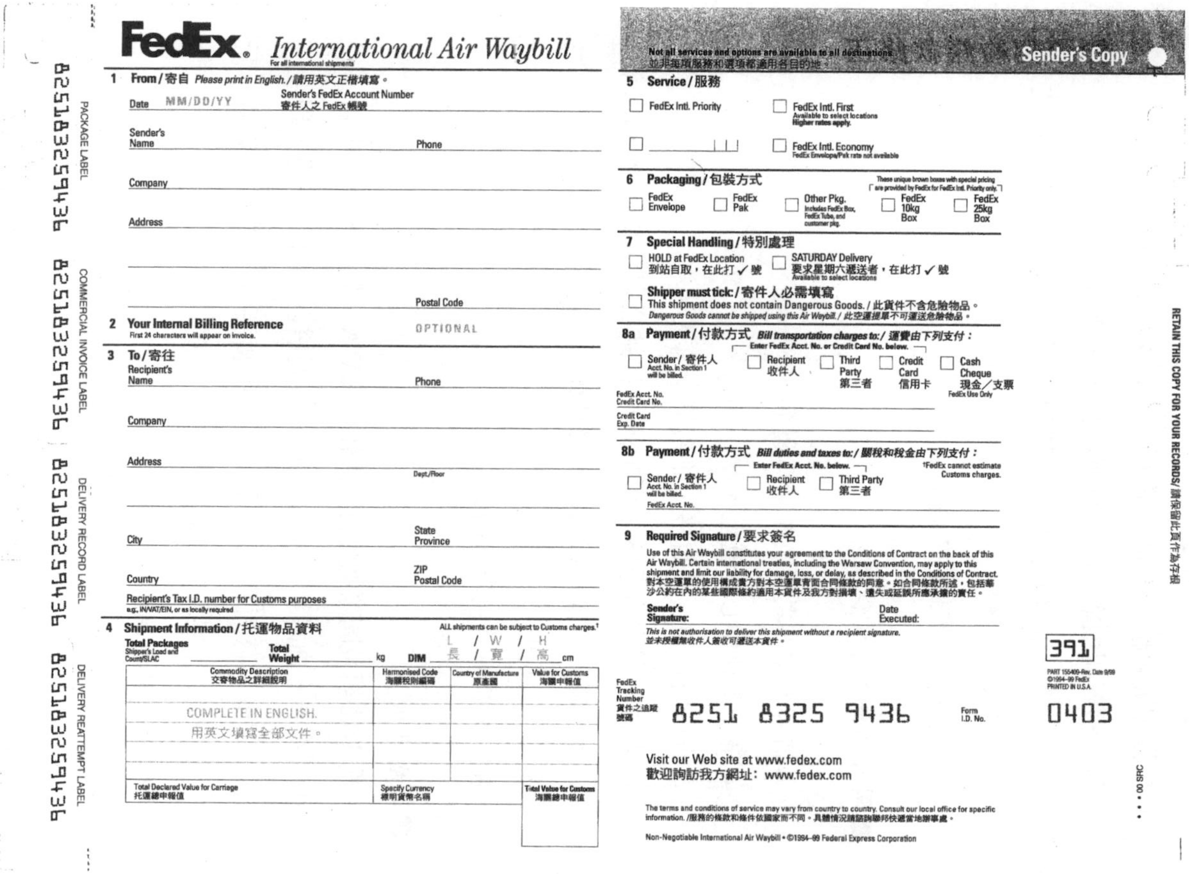
FedEx International Air Waybill
For all international shipments

1 From / 寄自 Please print in English. / 請用英文正楷填寫。
Date MM/DD/YY
Sender's FedEx Account Number 寄件人之 FedEx 帳號
Sender's Name
Phone
Company
Address
Postal Code

2 Your Internal Billing Reference
First 24 characters will appear on invoice.
OPTIONAL

3 To / 寄往
Recipient's Name
Phone
Company
Address
Dept./Floor
City
State Province
Country
ZIP Postal Code
Recipient's Tax I.D. number for Customs purposes
e.g., IN/VAT/EIN, or as locally required

4 Shipment Information / 托運物品資料
ALL shipments can be subject to Customs charges.
Total Packages
Shipper's Load and Count/SLAC
Total Weight
kg
DIM
L / W / H
長 / 寬 / 高
cm

Commodity Description 交寄物品之詳細說明	Harmonised Code 海關稅則編碼	Country of Manufacture 原產國	Value for Customs 海關申報值
COMPLETE IN ENGLISH. 用英文填寫全部文件。			
Total Declared Value for Carriage 托運總申報值	Specify Currency 標明貨幣名稱		Total Value for Customs 海關總申報值

Not all services and options are available to all destinations.
並非每項服務和選項都適用各目的地。
Sender's Copy

5 Service / 服務
FedEx Intl. Priority
FedEx Intl. First
Available to select locations
Higher rates apply.
FedEx Intl. Economy
FedEx Envelope/Pak rate not available

6 Packaging / 包裝方式
These unique brown boxes with special pricing are provided by FedEx for FedEx Intl. Priority only.
FedEx Envelope
FedEx Pak
Other Pkg.
Includes FedEx Box, FedEx Tube, and customer pkg.
FedEx 10kg Box
FedEx 25kg Box

7 Special Handling / 特別處理
HOLD at FedEx Location
到站自取，在此打 ✓ 號
SATURDAY Delivery
要求星期六遞送者，在此打 ✓ 號
Available to select locations
Shipper must tick: / 寄件人必需填寫
This shipment does not contain Dangerous Goods. / 此貨件不含危險物品。
Dangerous Goods cannot be shipped using this Air Waybill. / 此空運提單不可運送危險物品。

8a Payment / 付款方式 Bill transportation charges to: / 運費由下列支付：
Enter FedEx Acct. No. or Credit Card No. below.
Sender / 寄件人
Acct. No. in Section 1 will be billed.
Recipient 收件人
Third Party 第三者
Credit Card 信用卡
Cash Cheque 現金／支票
FedEx Use Only
FedEx Acct. No.
Credit Card No.
Credit Card Exp. Date

8b Payment / 付款方式 Bill duties and taxes to: / 關稅和稅金由下列支付：
Enter FedEx Acct. No. below.
FedEx cannot estimate Customs charges.
Sender / 寄件人
Acct. No. in Section 1 will be billed.
Recipient 收件人
Third Party 第三者
FedEx Acct. No.

9 Required Signature / 要求簽名
Use of this Air Waybill constitutes your agreement to the Conditions of Contract on the back of this Air Waybill. Certain international treaties, including the Warsaw Convention, may apply to this shipment and limit our liability for damage, loss, or delay, as described in the Conditions of Contract.
對本空運單的使用構成貴方對本空運單背面合同條款的同意。如合同條款所述，包括華沙公約在內的某些國際條約適用本貨件及我方對損壞、遺失或延誤所應承擔的責任。
Sender's Signature:
Date Executed:
This is not authorisation to deliver this shipment without a recipient signature.
並未授權無收件人簽收可遞送本貨件。

391
PART 155409-Rev. Date 9/99
©1994-99 FedEx
PRINTED IN U.S.A.

FedEx Tracking Number 貨件之追蹤號碼 8251 8325 9436
Form I.D. No. 0403

Visit our Web site at www.fedex.com
歡迎詢訪我方網址：www.fedex.com

The terms and conditions of service may vary from country to country. Consult our local office for specific information. /服務的條款和條件依國家而不同。具體情況請諮詢聯邦快遞當地辦事處。

Non-Negotiable International Air Waybill • ©1994-99 Federal Express Corporation

RETAIN THIS COPY FOR YOUR RECORDS/ 請保留此頁作為存根

PACKAGE LABEL 825183259436
COMMERCIAL INVOICE LABEL 825183259436
DELIVERY RECORD LABEL 825183259436
DELIVERY REATTEMPT LABEL 825183259436

圖7-2　Fedex空運提單

4.查詢所秤重量的價格,並報價給客人。

5.電至特約國際快遞廠商。

6.告知飯店帳號、欲將寄送國家及客人預計送達時間。

7.重複確認價格,內含稅前與稅後之總額。

8.告知請其前來取件,此時特約廠商會告知取件人之代號。

9.入客人房帳。

10.記錄於快遞郵件中備查。

■國內郵件之作業程序

1.請客人填寫表格,並請其簽名。

2.拿至服務中心秤重量。

3.查詢所秤重量的價格,並報價給客人。

4.若客人需立即送達,可請國內快遞公司前來取件,同時國內快遞公司會告知取件人之代號。

5.入客人房帳。

6.記錄於快遞郵件中備查。

■注意事項

郵政法規及國際航空運輸協會(IATA)規定,下列項目不得承運:賀卡、血清、賭具、電池、私人信函、有價證券、現金、廢水、煙毒、菸酒類、貴重金屬、興奮藥物、支票、藥品、玩具、食品類、化學物品、動植物標本等等。

(二)傳送與接收傳真之處理

■發傳真之作業程序

1.電腦核對客人房號、姓名,並確認其傳真號碼及頁數,確定無誤後,傳出。

2.傳眞機之操作流程如下：

(1)將原稿正面朝下放入傳送夾。

(2)撥出對方的傳眞號碼——

例如	國際冠碼	對方國碼	區域號碼	對方傳眞號碼
國外《日本》	002	81	3（去掉0）	××××××
國內《高雄》			07	××××××
市內				××××××

(3)再一次確認傳眞號碼後，按「啓動」鍵傳出。

(4)傳送結束後，會響起「嗶」聲。

3.請客人在商務中心計價單（Business Centre Voucher）（如圖 7-3）上簽名。

4.傳出後在傳眞上打印時間。

5.登錄房帳。

6.入帳完畢後，將傳眞原稿裝入公司信封內，並在信封上註明「房號」及「房客姓名」，送至客人房內。

7.若以自動撥號方式傳出，傳眞沒有傳過時，則以手撥方式查出其問題所在。其問題大部分是沒有回應、忙線中或是傳眞號碼錯誤，查出問題後，以電話或留言方式讓客人知道其問題所在。

8.注意事項：

(1)要中途停止傳眞時，可按「停止」鍵，再按一次即可送出原稿。

(2)如原稿使用簽字筆、淺色鉛筆或螢光筆書寫的文字，有可能文字會不夠清晰。

(3)如果以傳眞來發送照片及帶有色彩的原稿時，要注意設定畫質模式和讀取濃度。

敏蒂天堂飯店
Mindy Paradise Hotel

BUSINESS CENTRE VOUCHER

Date _____
Room No./Function Room _____
Name of Guest/Organiser _____

Service	Particulars	Amount
Typing & Printing		
Typing with alterations		
Photocopying		
Transparency		
Meeting Room Rental		
Translation Service		
Courier Services		
Equipment Rental		
Fax		
Internet		
Others		
Surcharge		
	Sub total	
Meeting Package	Total	
	Grand total	
Remarks		
Prepared by		
	Guest Signature	

圖7-3　商務中心計價單

■收傳真之作業程序

1. 收到FAX時，在其上面打印時間。

2. 查詢其客人房號及確認房客姓名是否無誤。

3. 把收到日期、收到時間、房號、客人姓名、傳真號碼及經手人姓名記錄於房客傳真登記表（如**表7-1**）上。

4. 將傳真原稿裝入公司信封內，並在信封上註明房號及房客姓名，送至客人房內。

(三)郵件之處理

■平常信件之作業程序

1. 打印收件時間。

2. 將房客及公司信件區分處理。

3. 針對房客信件：

   (1)續住：在信封上註明房號，送至服務中心（concierge，簡稱CNG），請行李員送至客人房內。

   (2)當天遷入：將信件送至櫃檯，和房客遷入登記表放一起，等客人遷入時交給客人。

   (3)已退房：

   　　A.包裹上註明遷出日期。

   　　B.把房客姓名、發件人、發件地址、退件日期、退件原因都記錄於房客郵件登記簿中備查。

   　　C.查看郵件轉寄名片盒上是否有此客名片，如有，則依名片上指定的收件人及地址轉送。

   　　D.蓋上公司章，投入郵筒。

   (4)已訂房但尚未遷入：

表7-1　商務中心給各單位之FAX & E-MAIL登記表

Date	Time	Fax/ E-Mail	From （Name & Fax No. / Mail Add.）	To	Pg.	BC Clerk

A.查詢客人預定到達日期。

B.在郵件上註明到達日期，並作保留。

C.若為掛號或快遞郵件，則必須記錄於房客掛號郵件登記簿上，並註明「預定到達日期」，以作為提醒。

(5)無記錄：

A.在郵件上註明「無記錄之郵件」。

B.保留如果超過一個月，則以退件處理。

4.針對公司信件：放至郵件籃中，等候行李員取件，分別送至各部門單位。

■ 掛號或快遞信件、包裹之作業程序

1.收到郵件後，在收據上蓋章「收訖」。

2.在郵件上打印時間，如包裹太大，可用筆寫於包裹上。

3.將房客及公司郵件區分處理。

4.針對房客郵件：

(1)續住：

A.記錄於「房客郵件收發登記簿」上，並填寫房號、房客姓名、收件日期、收件時間、收據號碼及櫃檯人員姓名或代號。

B.請行李員簽收後，送至房客，並請房客簽收。

C.若為貴重物品，則交至值班經理管理，並寫留言單通知客人。

D.記錄於交接本中備查。

(2)當天遷入：將郵件送至櫃檯，等客人C/I時，交給客人。

(3)已退房：同平常信件作業程序之已退房。

(4)已訂房但尚未遷入：同平常信件作業程序之已訂房但尚未遷入。

(5)無記錄：同平常信件作業程序之無記錄。

5.針對公司郵件：

(1)寫於公用掛號郵件登記簿上，並填寫發件人、受件人、收件日期、收件時間、郵件收據號碼、經手人及取件人。

(2)等候行李員取件。

(3)送交收件人並請其簽收。

(四)翻譯服務之處理

其作業程序說明如下：

1.詢問客人翻譯的確切日期、所需時段、語文種類及工作性質（如五金類、製鞋類等等）。

2.電話聯絡特約翻譯公司。

3.詢問計價方式（以時間或頁數爲單位）。

4.詢問是否需要車馬費。

5.向客人說明所需費用（內須含翻譯公司所報價格及20％服務費）。

6.與客人確認其費用，並請客人在商務中心計價單（Business Centre Voucher）上簽名。

7.入房帳。

(五)代客打字服務之處理

其作業程序說明如下：

1.詢問客人姓名、房號，並用電腦核對是否正確。

2. 與客人確認手寫稿件，如遇有不懂的字，立即問清楚。

3. 打完字後，必須反覆地核對。

4. 正確無誤後，列印出來。

5. 將原稿與完稿請客人再核對一次，如有任何問題，立即修改，直至滿意為止。

6. 文件資料存於磁片中，直至退房為止。

7. 說明計費方式，並與客人確認其所使用之項目及價錢。

8. 入房帳。

(六)代客印名片之處理

其作業程序說明如下：

1. 向客人拿取名片樣本，並與客人確認名片的內容及排版樣式。

2. 影印名片樣本傳眞至特約印刷廠商，並電話詢問是否能做得跟樣本相同。

3. 向客人說明所需費用，以取得同意（內含廠商所報價格及20％服務費）。

4. 當廠商排版好後，會傳眞回來做最後的確認。此時，必須詳細地檢查內容（如字體、顏色等），如有任何問題，告知廠商修改的地方，一切都正確無誤後，請廠商開始製作。

5. 詢問其完成時間，並寫於交接本中備查。

6. 廠商將名片送回時，務必再次確認，方可付款。

7. 送至客人房內。

8. 入房帳。

(七)會議室安排與接洽之處理

其作業程序說明如下：

1. 如客人來電詢問或預約時，首先介紹會議室功能（容納人數、坪數及費用）。接下來務必詳細地記錄客人資料，包括姓名、聯絡電話、預約時段、公司名稱、付款人、如何付款、海報內容及設備租用。
2. 若客人有其他特殊的需求，如會議後需用餐，則需開立宴會訂單（Function Order），分送至相關單位。
3. 會議的前一天需先佈置場地，擺設所有的配備，如放置紙筆、杯盤、簡架報、投影機、陳列海報等等。
4. 客人到達的前二十分鐘，應打開會議室冷氣及噴灑空氣芳香劑，並準備水、茶或咖啡。
5. 在會議室門口掛上×××公司會議中，並註明當天日期及時間。
6. 將客人的公司行號和姓名告知櫃檯及總機，以便與會者的查詢或來電查詢。
7. 填寫商務中心計價單，註明客人姓名、房號、出租項目、總時數及總價格，並請客人簽名。
8. 活動結束後帶領客人至櫃檯結帳，如是外客，先行問明是否需打統一編號，並通知總機會議已結束。
9. 通知房務部派人員前來打掃，同時將本單位茶壺、杯皿等收回，歸至原位。

(八)機票確認之處理

其作業程序如下：

1. 將房客機票影印一份，並將客人姓名、房號記錄在機票影本上，如機票本身模糊不清，必須與客人再次確認其機票內容。

2. 詢問房客是否有任何特別需求，例如座位的指定、是否是素食者等等。

3. 將房客姓名、房號、班機日期、班機時間、班機號碼、行程以及目的地等資訊填寫於機票確認訂位單（如圖7-4）上，並在經手人簽名處簽名（機票的認識與填寫將於第二節專門介紹）。

4. 電至航空公司確認機位，當日接泊班機必須全程確認，以便客人加掛行李。

5. 將訂位電腦代號及對方姓名記錄下來，並告知房客的特別要求，以便事先安排。

6. 以電話告知房客或影印一份機票確認訂位單給客人，並提醒客人必須在班機起飛前二小時抵達機場。

(九)機票更改行程之處理

其作業程序如下：

1. 將房客機票影印一份，並將客人姓名、房號記錄在機票影本上，如機票本身模糊不清，必須與客人再次確認其機票內容。

2. 詢問房客原班機行程及欲更改為何行程，並確認是否為可更改的機票。

2. 若此機票為商務艙或頭等艙，任何一家航空公司均可更換，但必須先給核發航空公司蓋轉讓章方可。

3. 若此機票為經濟艙，則需傳真給核發航空公司，詢問是否

```
                     敏蒂天堂飯店
                  Mindy Paradise Hotel

                 Airline Reservations

  □ New Reservation  □ Reconfirmed  □ Change  □ Cancellation
 ┌─────────────────────────────┬─────────────────────────┐
 │ Name:                       │ Room No.:               │
 │                             │                         │
 │                             │                         │
 ├─────────────────────────────┼─────────────────────────┤
 │ Date:                       │ FLT No.:                │
 ├─────────────────────────────┼─────────────────────────┤
 │ FromETD                     │ ToETA                   │
 │                             │                         │
 │                             │                         │
 └─────────────────────────────┴─────────────────────────┘
  Class: _____
 ┌──────────────────────────────────┬──────────────────┐
 │ Reference:                       │ Status:          │
 │                                  │                  │
 ├──────────────────────────────────┴──────────────────┤
 │ Remark:                                             │
 │                                                     │
 │                                                     │
 └──────────────────────────────────────────────────────┘
  Date: _____        Desk Clerk: _____
```

圖7-4　機票確認訂位單

　　可更改或補差額。

4. 詢問房客是否有任何特別需求，例如座位的指定、是否是素食者等等。

5. 將房客姓名、房號、日期、起訖點、原班機行程及新行程填寫於班機確認訂位單上。

6. 電洽航空公司，將原班機行程及欲更改之行程等資料告知訂位組人員，並記錄新班次、訂位電腦代號，當日接泊班機必須一併更改，以便客人加掛行李。

專欄7-1 強迫的熱忱

我們每天要做的事情中，有很多事的確不容易覺得興奮，但是只要投入心力，就有可能做到。卡內基曾說過，熱忱是你整個人的動力。無論你有多大的能力，如果缺乏熱忱，這些能力會一直隱藏著。

現今大家都同意，每個人都有用不完的潛力：你可能很有知識，理解與判斷力很強，但沒有人會知道，連你自己也不知道。唯有當你全心全意地採取行動時，這些能力才會顯現出來。

熱忱帶來喜悅，我們做事的時候，如果很有熱忱，就會常常感受到刺激、喜悅和內心的滿足。

我們每天要做的事情中，有很多事的確不容易覺得興奮，但是只要投入心力，就有可能做到。其實很多事都是取決於我們的想法。

當一個人充滿熱忱的時候，他的眼神閃亮，表情生動，整個人都是活活潑潑的，走路的樣子也看得出來。熱忱影響到我們對他人、對工作和對周遭環境的態度。甚至人活得快不快樂都與熱忱有密切關連。

怎麼樣才能更有熱忱呢？

卡內基建議我們用二種方法：第一，強迫自己「做得」很有熱忱，過一段時間之後，你就會「變得」真的很有熱忱。其次，盡可能全心投入你所做的事情上，多加探討，多加學習，親身履行。這樣的話，我們通常會較以往更具熱忱。

因為付出，改變自己。有一位朋友，他剛進一家公司工

作時一心一意想作業務，可是公司卻派他去做採購，成天在訂單、交貨日期、催貨電話中打滾。幾個月後，他想辭職，因為他覺得採購的工作既乏味又單調，每天上班都是無精打彩的。

但是他覺得，如果試都沒試就辭職會很不甘心，他開始對採購部的功能增加瞭解，多付出時間與採購同仁交談，並且設法明瞭公司採購產品的用途，開會的時候也抱著聆聽、感興趣的態度。

幾星期後，他對工作的感受不一樣了，他現在變得喜歡上班。經理也注意到了他的熱忱，並且認為他很有發展潛力。更重要的是，他現在每天生活得很快樂，喜歡自己的工作，從工作中能得到滿足感、成就感，通常都很開心。我們不也是一樣嗎？

強納生‧阿默（Jonathan Ogden Armour）說：「如果你想成為有影響力的人，你必得熱忱。人們喜歡熱忱的人，你將跳脫單調刻板的生活，到哪裏都受歡迎。人的生活沒有熱忱是不行的，全心投入工作，你不但會更開心，而且別人也會更相信你，就像相信發電機會發電一樣。」

資料來源：http://web1.makerweb.com.tw/prog/forum/responses. php?site=1547&forum_id=3938

夏日旅店(二)

夏日旅店在峇里島屬方格樓（Bungalow）層級，相似於西洋之Bed & Breakfast，在日本則稱為民宿。所不同的是各個廂房均獨立存在，不像西洋之民宿多在同一棟房舍內。另夏日旅店屬綠色方格樓，除休閒起居廳外並不裝置冷氣，而改以風扇設備消暑；熱水系統更採用澳洲進口之太陽能熱水機以節約能源。夏日旅店目前共有六間廂房，有森林屋、印度大公、巴龍居、爪哇公主、日本禪房和後廂，又分屬五種不同主題。在此，將介紹夏日旅店的後兩個主題，有以爪哇風格為設計主題的爪哇公主；有以日式風格為設計主題的日本禪房；而後廂則是針對背包旅行者設計之簡樸峇里島居家屋。

爪哇公主

爪哇公主之英文名稱為Batavia Princess。Batavia屬雅加達於荷蘭人殖民時期之稱呼。顧名思義，該房以殖民時期之爪哇風格設計。屋內中置百年歷史古董純銅床乙只。床上方后冠型床幔支架拖曳白色網簾，羅曼蒂克之公主氛圍四溢。露台前玫瑰花圃兩側分立，部分花枝甚至攀沿上屋，閒臥於屋內床上即可觀見。側牆向上延長室內高度，牆上三角屋簷下有天窗兩扇，在峇里島集南洋之建築裝置藝術上，添加類似西洋教堂般聖潔莊嚴之趣味。稱其為爪哇公主，實屬自然。

日本禪房

採擷日本大阪城幕府將軍金色茶屋靈感設計而成。坪數雖小，然室內之榻榻米為方格樓中所僅有。牆面以中式之紅色金萱為壁紙黏糊而成。壁面上懸掛的日本藝妓古畫已超過

百年歷史。室內展示櫃中更放滿自中國及日本收藏而來的漆器。床上除榻榻米之外,更有一大型黑色軟墊做為睡覺時之床墊使用。浴室內為原木地板,以黑色塹竹為籬,中置一禪藝砂石花園,更有一圓形石桶大浴缸供泡澡之用。房前門廊木板來自爪哇之古董房舍,因主人翻修成新屋而將舊有的柚木門板拆下,方格樓因基於環保及愛惜地球資源而將之買下。板面上因長久歷史歲月所留下的斑駁痕跡,更充滿了日本古典住宅的古拙況味。

資料來源:http://www.matahariubud.com/

7.將訂位電腦代號及對方姓名記錄下來,並告知房客的特別要求,以便事先安排。

8.以電話告知房客或影印一份機票確認訂位單給客人,並提醒客人必須在班機起飛前二小時抵達機場。

(十)E-MAIL 處理之處理

其作業程序說明如下:

1.每日約隔三至五個小時,必須上網查詢e-mail。

2.把e-mail列印出來,打上時間,並分送至房客或各部門單位。

3.把收到日期、收到時間、e-mail地址、預送達之地方、頁數及經手人記錄於e-mail登記表(如**表7-1**)。

4.如查不出e-mail收信者,應再設定回unread mail,寄件者可能會自己查詢。

5.把處理過的e-mail刪除,以避免與新郵件混在一起。

第二節　機票、書信技巧之認識

　　商務中心服務員對機票處理要特別注意，因為機票之種類眾多，如年票、季票、月票，且要注意該機票能否轉讓搭乘不同航空公司班機，因此幫助客人處理機票時，必須問清楚客人的需求與狀況，才能提供最適的服務，否則忙半天卻無法達到客人的需要。此外，商業書信的撰寫對商務中心亦非常重要，故本節將介紹機票及書信書寫技巧之認識。

一、機票之認識

(一)機票之種類與差異

　　機票共分為兩種，不同的機票種類，其差異也有所不同，茲說明如下：

　　1.TAT（Transitional Automated Ticket）：機票紙質較軟，可複寫。

　　2.ATB（Automated Ticket）：

　　　(1)機票紙質較硬，不可複寫。

　　　(2)每一聯右邊有BOAUDING PASS。

　　　(3)背面貼有磁條。

(二)閱讀機票的步驟

　　閱讀機票（如圖7-5）共可分為二十三個步驟，茲說明如下：

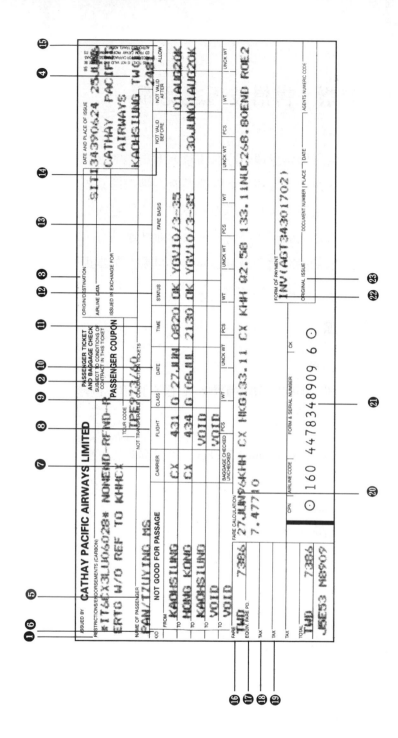

圖7-5　機票樣本

1.禁止背書轉讓和特殊限制欄：

   (1)禁止背書轉讓。

   (2)不准更改行程。

   (3)不准退票。

2.連續機票票號：以利於航空公司人員清楚地辨識旅客所持機票本數。

3.起訖點：填入旅客行程之起點及終點之英文縮寫城市代碼。

4.開票日期與地點欄：

   (1)開票航空公司或旅行社名稱。

   (2)開票日期及地點。

   (3)訂位紀錄（PNR）之電腦代號。

5.旅客姓名欄：

   (1)旅客姓名應與航空公司電腦訂位紀錄、護照及簽證上之姓名完全一致。

   (2)航空公司開票時常在旅客姓名後加代碼，以利辨識旅客特殊身分，一般常見代碼有INF（嬰兒）、CHD（孩童）。

6.停留限制欄：

   (1)若為「空白」或"○"，表示此城市可入境停留二十四小時以上。

   (2)若為"×"，表示此城市不可停留超過二十四小時以上。

7.航空公司欄：旅客所搭乘航空公司的英文縮寫。例如：CI（華航）、CX（國泰）。

8.班機號碼欄：旅客所搭乘航空公司的班機號碼。

9.艙等欄：旅客所搭乘的艙等級代碼。例如：F（頭等艙）、C（商務艙）、Y（經濟艙）。

10.班機起飛日期欄：以日期（數字）及月份（英文字母縮寫）來表示。

11.班機起飛時間欄：以當地時間為準，通常以十二小時制或二十四小時制來表示。例如：上午八點二十五分用825A或0825表示，下午八點二十五分用825P或2025表示。

12.訂位狀況欄：

(1)若為"OK"，表示機位確認。

(2)若為"RQ"，表示機位後補。

(3)若為"NS"，表示不占機位之機票，如嬰兒機票。

13.票價基準欄：表示所使用的票價種類。

14.使用期限欄：

(1)Not Valid Before表示該航段最早可開始使用的日期。

(2)Not Valid After表示該航段最晚必須使用的日期。

15.免費托運行李欄

(1)若為"K"或"KG"，表示此行程適用於計重制。例如：F（頭等艙）40K、C（商務艙）30K、Y（經濟艙）20K。

(2)若為"PC"，表示此行程適用於計件制。

16.票價欄：此為票面價，表示啟程國的幣值，用英文字母縮寫來表示之。例如：TWD（台幣）、USD（美金）。

17.實際付款幣值欄：有二種情況下需填此欄：

(1)若旅客實際付款幣值與啟程國幣值不同時。

(2)旅客購票地點並非位於啟程國時。

18.稅欄：此為出發、到達、行經國家或城市若有徵稅，必須

隨票徵收稅款。

19.票面總價欄或實際付款幣值欄：此欄位的票價欄與稅欄之加總的金額。

20.計算票價步驟欄：詳述計算票價步驟，以方便旅客後續變更行程時，票務人員可迅速地解讀此欄位資料，重新依行程計算票價。

21.機票票號欄：以航空公司代碼（前三碼）及機票票號（後十碼）來表示。

22.付款方式欄：旅客購票時之付款方式。例如：CASH（現金）、CHECK（支票）、信用卡英文代碼附加卡號（VI加卡號）。

23.原始資料欄：記載原始機票開票日期、地點及原始機票票號。

二、商業信件之認識

閱讀商業信件共分為九個步驟，茲說明如下：

1.信頭：

(1)包括寄信人公司名稱、地址及寫信的日期。

(2)位於信紙右上方。

(3)有兩種方式：

　A.齊平式（齊頭式）：每行與第一行齊頭並列，較常使用。

　B.階梯式（鋸齒式）：每往下一行，就縮進一字。

2.特別指定處理：

(1)通常在信紙及信封上註明。

(2)常見用語如下：

　　A. Urgent：緊急，若需要對方緊急處理時，可在信封上
　　　　註明。

　　B. Confidential：極機密，若是很機密而需要保密的書
　　　　信，則以紅色字體來註明。

　　C. Personal：親啓，希望這封信只限收信人拆閱時使
　　　　用，並再註明Private，以便與公司信件區分。

　　D. Please hold for arrival：收信人到達以前，請代爲保
　　　　管。

　　E. Please forward：請代轉，信件遲了或收信人改變住宿
　　　　地點時，要求對方幫你轉到新的住址時，在信封上
　　　　註明。

3.信內地址：

　(1)包括收信人姓名、職稱、公司名稱、地址。

　(2)位於特別指定處理下二至四行後，與左邊空白齊平，可
　　　用齊平式或階梯式。

4.稱呼：

　(1)稱呼後面必須使用冒號“：”（美式用法）或逗點“，”
　　　（英式用法）。

　(2)位於信內地址下兩行處，並與第一行對齊。

5.信的正文：

　(1)位於稱呼下兩行處。

　(2)段落可用齊平式或縮進式來表示。

　(3)通常可分爲開頭、主題和結尾三段，使信看起來整潔，
　　　以利於閱讀、瞭解。

6.客套的結尾（結尾語）：

(1)位於右下方。

(2)常見用語如下：

    A. Yours truly, 你忠實的。

    B. Very truly Yours, 很忠實的我是你的。

    C. Sincerely, 真誠的，通常在簽名的上方。

    D. Regards, 通常靠左方。

    E. Best regards, 通常靠左方。

    F. Sincerely yours, 真誠的我是你的。（美式用法）

    G. Yours sincerely, 你的真誠的。（英式用法）

7.簽名（署名）：

(1)是簽寫信人的名字，必須用手寫於打好的全名上，以避免不必要的誤會。

(2)位於客套的結尾和寫信人打字的全名之間空四行，但可依照個人簽名的大小而作調整。

8.信內附件：

(1)信的附件（例如小冊子、通知單等附件項目）如要送給信中所提到的某人時，可以明確地在此標示出來。

(2)位於信紙左下方，簽名的下一行。

(3)常見用語如下：

    A. Enc.（Enclosures） 隨信寄送。

      表示信中有其他附帶寄送的資料。

    B. CC（Carbon copy） 副本。

      表示本信副本另外寄給其他某某人。

    C. Cope to 副本抄送。

      表示本信副本另外寄給其他某某人。

    D. PS（Postscript） 附記。

表示提醒對方最後所要注意的事項。

E. VL／IW（VL／iw）　　Vicky Lin口授給Irene Wu筆錄
的。

RW：TC（RW：tc）　　Robert Wang口授給Tom Chen
筆錄的。

若是筆錄的信，需標示口授人與速記員的起首英文字
母縮寫於左下方。

F. VL／IW（VL／iw）　　簽名者（Vicky）、製作者及打
字者（Irene）

若一封書信中簽名者、製作者或打字者不同人時，以
此標示其個人責任歸屬，會將每人的起首英文字母縮
寫於左下方。

9.信封地址：

(1)信封上的地址應與信內地址一致，可用齊平式或階梯
式。

(2)打在信封右中央部位，如地址很長的話，可以略偏向左
方。

(3)所標明的 "Private"（私人信件）應打在左下方。

(4)如是航空郵件或限時專送，應將其字樣打於右上方，緊
跟在郵票之下或打在左中央的地址下面。

三、書信之認識

完美書信的七大方法，茲說明如下：

1.留間隔：

(1)長信（200字以上）大多數是隔單行打，段落與段落之

間空兩行。

(2)短信（少於100字）可隔兩行打，段落間則空三行，若段落是採縮進式，通常空兩行即可。

2.頁邊空白寬度：

(1)書信在頂端、底部和兩邊，必須保留空白，因這些空白寬度是信件美觀的重要因素。

(2)一封長信的左邊至少要1英吋，右邊也大致相同。

(3)頂端和底部的空白其寬度應大致相等。

(4)如有多頁時，左邊應打收信人的名字，中間應打頁數，右邊應打日期，這可利於辨認。

(5)若印有信頭，頁邊的空白應從信頭下面1~1.5吋的地方開始；若沒有信頭或多頁時，頂端的空白應該留1.5吋左右。

(6)一般商業信件絕不可在背頁繼續書寫。

3.使用國際規格（A4）：將所有的內容納入一張A4的用紙中，使對方一拿起來，就能得到完全的資訊。

4.立刻切入主題：不需一般的問候語，這是英文商業書信的一貫寫法。

5.避免使用省略寫法：例如：I'm → I am 、 Oct. → October 、 Thu. → Thursday 。

6.數字的標示：

(1)日期：以西曆來表示。

(2)時間：

A.美式：6/20/1980或6/20/80、June 20,1980或Jun 20,1980。

B.英式：20/6/1980或20/6/80、20th June 1980。

專欄7-2 「7/38/55」定律

外表吃虧就少了55％的專業，根據西方學者的「7/38/55」定律，旁人對你的觀感，只有7％取決於你的談吐內容，卻有高達55％是決定於你看來夠不夠分量和專業，可見外表是讓內在與外界溝通的橋樑。

有位主管朋友告訴我他同事的故事：這位王姓女同事其實工作能力很強，與同事相處也都很融洽，唯一美中不足的一點是：她的外表實在有點邋遢，不喜歡化妝，也似乎對自己的不修邊幅毫不在意。她常常搞不懂為什麼自己工作認真努力，升遷卻都輪不到她。

這位主管說：其實，旁觀者都看得出來，這是因為她的外表實在很吃虧，而不是工作能力的問題，可是誰又能開口告訴她呢？每每遇上重要的case欲讓她接洽，卻總會擔心客戶以貌取人，認為這是一家不注意形象、不專業、不敬業的公司，畢竟公司輸不起自身的形象。

外表有時比內在還重要，西方學者雅伯特‧馬伯藍比（Albert Mebrabian）教授研究出的「7/38/55」定律，證明了這個看法。在整體表現上，旁人對你的觀感，只有7％取決於你真正談話的內容；而有38％在於輔助表達這些話的方法，也就是口氣、手勢等等；卻有高達55％的比重決定於你看起來夠不夠分量、夠不夠有說服力，一言以蔽之，也就是你的「外表」。可見在專業形象上，外表的重要性還比內在更勝一籌。

如果外表不細心修飾，一個人的內在永遠只呈現了7

％。一片蒙塵的玻璃怎能讓人看清風景的美麗呢？反之，當外表妥貼得宜，7％的內在可以延展出一百分的力道，換句話說，同樣的你，可以看起來像100分，也可以看起來只有7分，端看個人的智慧了。所以說外表正是讓內在得以與外界溝通的橋樑，唯有恰如其分的外表方能正確無誤地將內在的訊息傳遞出去；這座無形的橋樑雖然沒有嘴巴，聲音卻很大。往往一個人的內在很專業，而外在卻不夠專業或者毫不在意，都會直接地影響到別人對你能力的肯定。因為人們會直覺地感受到一個穿著邋遢、搭配單調、對自己的體型有那些特點都不瞭解，甚至穿衣都不符合場合的人，實在很難讓人相信這是個有智慧、對自己的專業領域能掌握、平時對環境變化會有sense的人。所以，聰明的你，何不藉由適當的穿著讓你的真材實料得以彰顯，同時也讓傑出亮麗的外表與內在獨一無二、充滿魅力的你相互輝映，甚至在第一眼就建立起別人對你的信賴與器重，達到表裏如一、內外兼美的目的。

　　在這個講求品質、更注重包裝的時代，「不以貌取人」的觀念已經落伍了，如果能讓外觀為你的內涵輕鬆加分，何樂而不為呢？

資料來源：http://home.kimo.com.tw/icq160671544/books/01/339.txt

7.摺信：

    (1)摺疊時頁的兩邊要平，摺疊的深度也要相等。

    (2)信紙摺後應比信封的長度略窄一些，以便容易裝入。

    (3)摺疊的次數應視信封的大小而定。

        A.10號信封：摺疊三等分。

        B.短信封：應先對摺，然後再橫著三摺。

四、一般英文信封寫法之認識

書寫一般英文信封時要注意的事項如下（圖7-6）：

1.寄信人的姓名、地址要寫在正面左上角或信封背面。

2.收信人的姓名、地址寫在正面中央或信封中間靠右下1/4
  處。

3.郵票貼於右上角，若不只一張，則由右往左，由上往下
  貼。

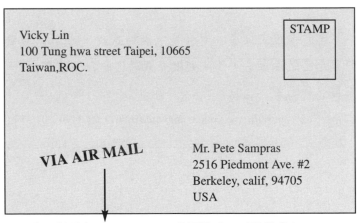

用普通信封寄 VIA AIR MAIL 往國外時，要記得寫上。

圖7-6　英文信封寫法

4.中文地址譯成英文時，應該用英文地址的寫法（樓、號、弄、巷、街），順序由小而大。

東	EAST (E.)	西	WEST (W.)	南	SOUTH (S.)	北	NORTH (N.)
縣	COUNTY	區	DISTRICT	鄉	HSIANG	里	LI
鄰	LIN	段	SECTION	巷	LANE	弄	ALLEY

第三節　個案探討與問題分析

「奧克」的處理

　　煞氣頗重、一臉肥肉橫生的三位客人入店要求住房，天空中響起幾隻烏鴉的啼叫聲，今天的祈情飯店將會有著不同的一天。

　　「小姐還有沒有房間？」一位戴著深色墨鏡的小角色說話了。因櫃檯作業程序需要客人出示身分證明，以方便登記訂房，而在這幾位客人不願意配合的情況下，櫃檯只好退而求其次地說：「先生，我們今天的房間都客滿了……」不等說完話，那位小角色就在一旁斥責著，一臉不相信的樣子。「先生，我們今天的房間都客滿了，只剩下一間豪華樓中樓套房，那您的意思是如何呢？」櫃檯的Susan佯裝鎮靜地說完這些話，因此這幾位藉口Susan態度不好、一付瞧不起的人樣子而在大廳大肆喧鬧著。

　　經過飯店主管與其一番協調後，這幾位客人才同意拿出身分證登記入房，但飯店方面因害怕再度與他們有所爭執，就沒有預收訂金了，卻沒想到他們會在房內開起了PARTY。

　　「鈴……」櫃檯傳來清脆的電話聲。

「Good evening, Front desk, Mr. Marvin. This is Susan speaking, How can I help you?」櫃檯流利地說著。

「小姐，你好，可不可以麻煩妳請樓上的房客安靜一點，我已經受不了了，他們吵了好些時候了，這樣我無法入睡。」1220號房的Marvin先生婉轉地反應著，聽得出來他已頗有些怨言了。

「是的，Marvin先生，很抱歉打擾您的休息時間，我們會立即處理，謝謝您的來電。」櫃檯向Marvin先生道完歉後，Susan查看著電腦資料，隨即請夜櫃的Mike上樓轉告1320號房，結果上樓之後才發現1320號房在房間內偷偷地開起PARTY，幸好十三樓並無其他住客。夜櫃的Mike鼓起勇氣婉轉地將請求反應給此房房客，房客並無什麼反應。在半小時後……

「小姐，這是1220號房，我剛剛打了通電話，請妳麻煩樓上的房客安靜一些，他們還是一樣這麼吵，而且還變本加厲。妳們飯店是怎麼處理的啊？妳們連這種小事都做不好，妳們還能做什麼？我明早還要趕到台北去開會耶！」Marvin先生越說越生氣地責罵起來。

感到無奈的小姐只好悶悶地吃了這趟閉門羹，接到客人反應電話後，知情的大廳副理非常不安，只好會同安全部人員上樓，硬著頭皮一同請1320號房能降低音量。

雙方談話過程中，竟不料有一位客人情緒失控，突然推開同伴，以玻璃瓶向大廳副理的頭上砸去，安全部人員馬上上前制止，事件更加不可收拾。

之後接獲通知的警方前來處理作筆錄，但1320號房的住客一點也不在乎，表示大不了花錢消災了事，包括房內所有損耗的設備、副理的醫藥費。

第二天一早，將退房的1220號房的Marvin先生，一臉生氣地

表示整晚都沒有睡好，他堅持不肯付房帳。

1. 對於這種惡客，除櫃檯需要提高警覺之外，櫃檯應通知哪些部門以防範事件的發生？
2. 若今天您是櫃檯的Susan，接到有客人抱怨吵鬧聲時，您應如何安撫客人？
3. 若您是櫃檯的Susan，接到客人抱怨後，應如何處理製造吵雜聲的客人才不至於得罪之？
4. 若您身為櫃檯的出納，如有客人拒繳房帳時，應如何處理？
5. 請問飯店應如何處理蠻橫無理的客人？

第八章　櫃檯出納作業認識

遷出事宜
　　客房入帳處理、房客結帳之基本概要
　　團體C/O注意事項、現金入帳處理
　　電話通知入帳處理、轉外帳收款處理
　　轉2ND CALL帳程序、未解決帳處理
　　餐廳簽帳和房務部消費單據、PAY FOR；PAY BY
　　退款作業、未退房先結帳、預付結零退房作業

櫃檯出納其他服務項介紹
　　如何兌換外幣、兌換外幣應注意事項
　　如何處理客人信用卡預借現金、如何處理客人要求寄發三聯式發票
　　折讓作業、如何處理客人快捷退房作業

交班作業處理
　　櫃檯出納SHIFT A與B與大夜班之工作內容
　　如何處理上下班換班程序
　　如何操作換班結帳報告、如何操作換班結帳繳款及發票作業
　　如何檢查和整理外帳單據與處理外幣交收程序

信用卡作業與國際通用貨幣辨認
　　通用貨幣辨識、現行流通貨幣防偽技巧介紹
　　信用卡之種類與辨識、信用卡機器作業介紹與使用說明
　　信用卡之結帳流程
　　POS電子端末機之簽帳單、手動刷卡機操作

夜間稽核工作
　　夜間稽核重要性、夜間稽核作業程序
　　製作夜間稽核報表的目標

個案探討與問題分析

當我們對的時候，不需要發脾氣；當我們錯的時候，不配發
脾氣。

——H. Lorimer

　　旅館出納是住宿客人接觸飯店的最後關卡，因此，它扮演很
重要的角色，因為如果退房結帳的工作沒有做好，可能使客人不
悅，或引起客人之抱怨，之前所做的各種服務因此前功盡棄，因
為人們往往會因最後一次的不愉快而忽略了前面的種種服務，因
此，身為前檯出納員更應謹慎、細心地幫客人服務，以求整體完
美服務。飯店營運的目的就是藉由提供住宿、餐飲等服務及設
施，從而換取現金、獲取利潤。飯店每天與來自不同國籍的旅客
有著為數不少的交易發生，在住宿期間消費的種類不單單只局限
於客房與餐飲，還有商務中心、客房餐飲服務（room service）、
客衣送洗服務……等，住客的消費並不一定馬上支付費用（如掛
房帳，退房時才將費用一併結清），客人一旦消費，就須逐一入
帳，以便日後結帳。為使客帳能正確無誤地收回，因此飯店就必
須設立一套精確完整的帳務管理制度，讓每筆交易記錄能夠保持
最新、最完整的狀態，以有效率地達成營利目的。本章首先介紹
遷出事宜，其次說明櫃檯出納其他服務項目介紹，進而分享交班
作業處理，且介紹信用卡作業與國際通用貨幣辨認，及說明夜間
稽核工作，最後則為個案探討與問題分析。

第一節　遷出事宜

　　旅館櫃檯的出納人員必須相當細心且頭腦清晰，因為旅館常

於遷入（出）顛峰短促時間湧進大量的旅客，因此出納人員常面臨著比一般公司行號的出納人員更大的壓力，而如何保持鎮定，以最正確迅速地服務客人，則是出納人員應努力達到的目標。一般而言，旅館出納職務中，以散客（FIT）及團體客（GIT）為大宗，以下將進一步介紹出納人員之辦理旅客遷出事宜的步驟及應注意事項：

一、客房入帳處理

1.先向客人問好，問明房號。

2.印出帳單給客人，並稱呼客人姓氏。

3.收回鑰匙。

4.取出房客資料（登記卡、消費明細單據等）。

5.問客人早上有否其他消費（譬如：早餐）。

6.問明付款方式及統一編號，按C/O鍵，結掉該房帳。

7.給客人帳單正本（圖8-1）與所有發票。

8.若鑰匙未還則問明鑰匙的去向或離開時間，在登記卡背面打O記號，註明欲歸還時間。

9.一切手續完成後向客人道謝，並祝旅途愉快。

10.帳單釘法依續如下：信用卡、帳單、發票、C/I單、訂房單。

11.登記卡第一聯放入盒子，由KEY CONTROL的同仁收回。

二、房客結帳之基本概要

1.現金付款：若為外幣付款，須先兌現成台幣，再以台幣結

房　號 ROOM NO.	房客姓名 GUEST NAME	房　價 ROOM RATE	房客人數 NO. OF GUEST	進住日期 ARRIVAL	遷出日期 DEPARTURE
4038.1	王光華	3,700	4	98.09.09	98.09.12

Howard
BEACH RESORT
KENTING

墾丁
福華大飯店

屏東縣恆春鎮墾丁路 2 號
2 kenting Road,Hengchun Town,
Pingtung Hsieng, Taiwan, R. O. C.
Tel:(08)886-2323
Fax:(08)886-2300

房 客 姓 名
GUEST SIGNATURE

帳 請 轉 至
PLEASE CHARGE TO

地　址　　北市內湖區內湖路一段 323 巷 4 弄 20
ADDRESS

號 2F

核 准 者　　　　　　BY RV　出納員　　00020
APPROVED BY　　　　　　　　CASHIER

日期 DATE	代號 CODE	帳目說明 DESCRIPTION	單據號碼 SHEET	金額 AMOUNT	合　計 BALANCE
					20:49:15 PAGE: 1
98.09.09	22	麗香苑	2200222	2,310	2,310

銘謝惠顧，歡迎再度光臨。
THANK YOU FOR YOUR PATRONAGE, LOOKING FORWARD TO SERVING YOU AGAIN.

256-620

圖8-1　帳單

資料來源：墾丁福華大飯店

帳。

2.信用卡結帳：

　　(1)核對名字、卡號是否清晰及有效日期。

　　(2)注意是否有超額、過期卡。

　　(3)用機器入帳，列印帳單。

(4)請客人簽名E.D.C.帳單及帳單上。

(5)核對客人簽字（不可塗改）。

(6)撕下一聯訂在帳單上。

(7)其餘訂在帳單存底上。

3.支票付款：

(1)按規定不收受支票，除非經徵信課核准。

(2)收受支票須注意日期、抬頭、金額、簽章皆不可塗改。

(3)本票（銀行為指定付款人）可以收。

三、團體C/O注意事項

1.檢查團帳付款（payment）額度，通知各廳趕快入帳。

2.是否全部房間均C/O，若有續住或晚走要問清房號並劃方格，註明C/O日期或LATE C/O time，並請領隊與櫃檯確認。

3.印出私帳明細給領隊與櫃檯確認。

4.在團體離開前十五分左右，GROUP C/O切團帳，在GROUP ORDER上寫OK表示該動作結束。

5.切完後再將所有房號CHECK一遍，看看是否均C/O。

6.抽出所有房間小單據並寫上小單OK。

四、現金入帳處理

1.點收現金金額（務必當面點清，以防事後現金短少）。

2.房號和名字要正確，以防現金收入入到別的房客。

3.打出房號、核對名字（科目要正確）。

4.金額和Voucher號碼輸入正確,將點收金額入帳。

5.打入金額和個人ID號碼。

6.列印帳單:帳單一張交給客人,一張交財務部。

五、電話通知入帳處理

1.打招呼,報自己單位名稱(早安、午安、晚安)(英文)。

2.聆聽對方的部門名稱,必須問清楚對方是那一個單位。

3.聆聽所要入帳的房號。

4.按房號出現一定要是IN HOUSE的房號。

5.入帳。

6.報帳的人若口齒不清楚,常常會讓出納人員聽錯而入錯房號,所以再詢問一次以便確認。

六、轉外帳收款處理

1.C/I時看登記卡時登記卡上註明公司付或確認公司帳。

2.先抄外帳登記本。

3.隔天把登記的外帳資料給信用組聯絡付款方式,C/O前一定要確認。

4.等確認後在電腦上註明C/O。

5.客人來辦理C/O時,用CITY LEDGER結帳。

6.帳單列印讓客人簽名,一定要讓客人簽認才可請款。

7.整理帳單,將單據排列齊全。

8.交財務部。

七、轉2ND CALL帳程序

1. 先查下一次的訂房號碼，必須要有訂房才可轉。
2. 帳單列印請客人簽名（讓客人簽名承認所發生的消費）。
3. 整理單據排列，單據不可短缺，否則下次回來單據短少找不到。
4. 在登記卡左上方註明下一次的訂房代號和下次回來的日期，務必要將資料寫上，以便下次C/I時能迅速地把舊資料調出。
5. 用FOLIO TRANSFER轉到下次的訂房號碼，訂房代號要確認清楚。
6. 登記卡和客人單據用信封袋裝好訂在櫃子上，務必登記讓稽核知道。
7. 在工作移交表上註明。

八、未解決（HOLD A/C）帳處理

1. 用電腦列印INDIVIDUAL CHECK OUT帳單並關帳。
2. 整理帳單單據。
3. 將ROOM CHANGE轉帳至HOLD A/C再選HOLD A/C NO.，檢查所轉HOLD A/C是否為空房。
4. 在工作表註明，再於交待本上註明。
5. 如果客人跑帳或其他原因，要清楚通知接班同仁，並交待向何單位報告解決。

九、餐廳簽帳和房務部消費單據

1.餐廳和房務部簽帳單據，根據簽帳房號正確放入客人帳單袋內。
2.如客人已退房結帳，在電腦上必須確實是空房（如客人已退房，將所有單據、Voucher 交給財務部）。
3.如房號不清楚，有關單位會要求核對客人簽名。

十、PAY FOR：PAY BY

1.所謂PAY FOR 乃是替別的房間付帳，在櫃檯C/I時，櫃檯人員須在C/I單上註明PAY FOR的房號，並輸入電腦。
2.所謂PAY BY則為帳由其他房間代付，其C/I單必須註明由哪一間房代付，並輸入電腦。
3.PAY BY CHECK OUT之處理
  (1)請客人檢查帳單無誤後，簽字後歸還鑰匙即可離去。
  (2)將TOTAL以TRANSFER結帳轉入PAY FOR 房間入帳。
  (3)帳單第一聯連同小單據、發票和帳單二聯與C/I單、發票副聯訂在一起放入PAY FOR資料中。
  (4)在PAY FOR C/I單上，將已轉之房號劃掉。
4.PAY FOR CHECK OUT之處理
  (1)先檢查要付的是否都已轉入，如尚未轉入，則同時列印帳單一同結帳。
  (2)將已轉入之帳單第一聯連同小單據、發票交予客人，帳單第二聯與C/I單發票副聯跟PAY FOR 之帳單合訂交財

務部。

5.PAY FOR房間比PAY BY房間先行結帳：

(1)再刷一張卡簽好字，留給PAY BY客人使用。

(2)依客人意願付至何時，若餘款由PAY BY自付則須更改C/I單內容。

十一、退款作業

1.客人於C/I時須預付現金，於C/O時發現尚有餘額則需辦理退款。

2.客人退款時，須收回預付款單（如圖8-2）紅聯。

3.開立現金退款單（Cash Refund Voucher）（如圖8-3），詳填

Howard RESORT-KENTING TAIWAN
墾丁福華大飯店

預　付　款　單
ADVANCE PAYMENT

No. 002064

房　號 ROOM NO.	房客姓名 GUEST NAME	金　額 AMOUNT

預付金額 DEPOSIT		部份付款金額 PARTIAL PAYMENT		其　它 OTHERS	

說　明 EXPLANATION：

承辦人 KEY IN

86. 11. 50×2P×30（禧）　　256-1611

圖8-2　預付款單

資料來源：墾丁福華大飯店

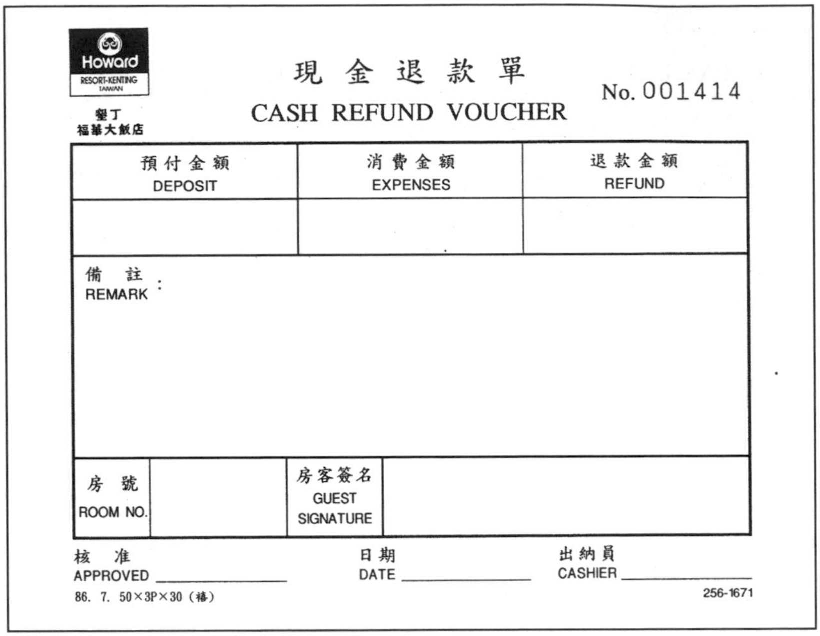

墾丁福華大飯店 Howard RESORT-KENTING TAIWAN

現金退款單
CASH REFUND VOUCHER

No. 001414

預付金額 DEPOSIT	消費金額 EXPENSES	退款金額 REFUND

備註 REMARK：

房號 ROOM NO.		房客簽名 GUEST SIGNATURE	

核准 APPROVED ______ 日期 DATE ______ 出納員 CASHIER ______

86. 7. 50×3P×30（植） 256-1671

圖8-3 現金退款單

資料來源：墾丁福華大飯店

房號、預付金額及退款金額。

4.請客人簽字，並校對簽字是否與收回之預付單紅聯簽字相同。

5.退回台幣。

6.REFUND單第一、二聯爲作帳聯，三、四聯與收回之預付單紅聯一起訂在帳單最上面送回財務部。

7.若客人未至櫃檯退款，或簽字不符，或少預付單紅聯時，則無法將現金退還客人，但仍以REFUND科目結帳，現金連同現金袋繳出納，並同時在現金袋上特別註明寫出。

8.客人現金未拿走時，將REFUND單第二聯連同帳單留在櫃檯備存，待客人日後來退款時，在第二聯上補上簽字，將

現金放於繳款袋中繳回。

十二、未退房先結帳

1. 先輸入當晚房租，印出帳單請客人RECHECK。
2. 告知房客事先結帳電腦會鎖帳，故如有其他消費則須現場結帳，電話只能打內線。
3. 以「房租科目」入帳再依客人付款方式扣成"0"，並在帳單上註明未C/O繳交財務部。
4. 扣回先前人工輸入之房租，並且在電腦上關帳。
5. 通知總機轉告房務部及餐飲部，客人有消費要現場付清。
6. 問明客人C/O時間，並註明於log book上交代隔日早班辦理C/O。
7. 提醒客人鑰匙次日須繳回。

十三、預付結零退房作業

1. 先預入當天的房租，Voucher No.打當天的日期。
2. 用信用卡或現金入帳，並結清金額。
3. 印出帳單、發票。
4. 刷卡並請客人簽名並核對客人信用卡上的簽名。
5. 帳單交給客人。
6. 電腦ACCOUNT CLOSE（記得關帳，不重複入帳）。
7. 寫一張Memo註明幾號房預付結零（提醒大夜班通知有關部門）。
8. 務必通知總機和房務部，以防客人另有消費卻未入帳。

古蹟旅館——吟松閣

位於北投溫泉地帶的吟松閣，建於西元一九三四年，爲一座氣質優雅、人文風格強烈的日式木造旅館。其建築物及庭園造景深具日式風格，主體建築多爲鋪黑瓦平房，外景觀極爲幽靜典雅。

吟松閣從初建以來雖經多次修建，但仍保留屋前入口木門樓、魚池、小拱橋、石階與造型小巧的石燈籠，反映了日本大正與昭和年間的庭院設計風格。尤其院中「六角四足雪見形」的石燈籠更屬難得一見的佳作。

整座旅館利用地形，沿山坡配置飾物，視野良好。室內運用大量檜木裝修，瀰漫著一股高貴典雅的氣氛，爲台灣第一家古蹟旅館。

資料來源：http://www.ptda.taipei.gov.tw/photo_5-1-1.htm

9.工作表註明已先入房租金額，必須確實填寫，讓稽核人員
　知道。

第二節　櫃檯出納其他服務項目介紹

櫃檯出納除了辦理客人遷入、遷出事宜外，其工作職掌中有另外一項重要工作——「服務」。貼心的服務是旅館最重要的訴求，因此不論哪個部門的職員，心中皆需常駐「服務心，尤其是出納，面對的是最敏感的錢的服務問題」，更須謹慎、細心。此

外，亦需不斷地充實新知，增廣見聞，更具專業知識，才能應付這複雜的工作。

一、如何兌換外幣──現金

1. 禮貌接待及問候客人。
2. 詢問客人房號及名字。
3. 操作電腦系統輸入相關資料。
4. 收受並檢查外幣。
5. 根據當日外幣匯率計算兌換金額。
6. 填寫外匯水單（如圖8-4）或以櫃檯電腦系統印出外匯水單。
7. 請客人於水單上簽名確認後，將第一聯交客人留存。
8. 當面點清台幣現金交給客人，並道謝。
9. 將外幣及水單彙整，交飯店財務部處理。

二、如何兌換外幣──旅行支票

1. 禮貌接待及問候客人。
2. 詢問客人名字（兌換對象只限房客，只能兌換四百元美金之相對外幣額度）。
3. 填寫水單上的房號、幣別、護照、號碼、出納ID NO.，幣別不可填寫錯誤（寫錯會導致不同匯率兌換）。
4. 鍵入旅行支票的TYPE代號 "2"，資料不全電腦不會接受，若為剛C/I之旅客應向客人索取護照，並手入客人名字及護照號碼。

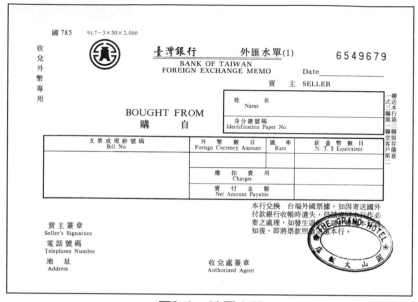

圖8-4　外匯水單

5.請客人在旅行支票上簽名。

6.填寫水單,請客人簽名。

7.拿所兌換的台幣和第一聯水單給客人當面點收,並道謝。

8.把旅行支票訂在水單上,放入抽屜。

三、兌換外幣應注意事項

1.因台灣為外匯管制之國家,嚴禁私下兌換外幣。

2.飯店只接受外幣換台幣,客人如須換回其外幣,須保存其
　水單至機場銀行換回。

3.外客因在餐廳消費而需要兌換外幣,要影印護照備查。

4.收受現金時須注意不得有破損、塗鴉、沾黏等,且不收受

表8-1　現行外幣中英對照表

1	美金	USD
2	港幣	HKD
3	英鎊	GBP-Pound（鎊）
4	澳幣	AUD
5	加拿大幣	CAD
6	法國幣	FRF-Franc（法郎）
7	德國幣	DEM-MARK（馬克）
8	義大利幣	ITL-LIRA（里拉）
9	新加坡幣	SDG
10	瑞士幣	CHF-France（法郎）
11	比利時幣	BEF-Franc（法郎）
12	日幣	JPY
13	奧地利幣	ATS-Shilliag（先令）
14	荷蘭幣	NLG-Gulden（盾）
15	紐西蘭幣	NZD
16	瑞典幣	SEK-Krona（克朗）
17	菲律賓幣	PHP-Peso（匹索）
18	泰幣	THB-Bath（銖）
19	印尼幣	IDR-Rupiah（盧比）
20	西班牙幣	ESP-Pesetas（比塞塔）

　　硬幣及外幣找零。

5.客人表明需兌換外幣後，必須確認該客人是否為飯店內之
　房客，基於配合銀行外幣管制作業安全性及服務房客，通
　常飯店只對其本身之房客提供外幣兌換服務，因此櫃檯必
　須審慎地查詢客人房號及姓名，並進一步以電腦查詢該房
　客之住房登記資料，同時必須清楚地告知房客，飯店所提
　供之外幣兌換金額上限，並詢問房客所需兌換之外幣金
　額。

6.飯店所提供之外幣兌換匯率乃根據銀行所給之每日兌換匯
　率來執行，因此每日會有不同之波動行情，通常在櫃檯出

納處會提供當日匯率表供客人查閱，作為客人兌幣時之參考依據，當然飯店服務時所加收之手續服務費用也會包含進去的（此服務費收取與否視各飯店而定）。

四、如何處理客人信用卡預借現金

1. 告訴客人用信用卡可預借現金最高的額度和銀行的手續費是多少。最高額度是每天美金一百元（大約是三千五百台幣），如要求超額要當班主管或大廳副理批准才可。
2. 填上現金代支單和雜項單給客人簽名，寫上客人房號並核對客人簽名。
3. 電腦入帳：
   (1) 在E.D.C.刷卡機或普通刷卡機刷卡，並輸入所需金額（須經信用卡公司核准並取得授權碼）。
   (2) 請客人在簽帳聯和帳單上簽名（核對簽名和信用卡上的簽名是否相符）。
   (3) 清點預借款項金額，將帳單、簽帳副聯給客人。

五、如何處理客人要求寄發三聯式發票

1. 根據資料在電腦上印發票。
2. 在登記本上寫上所寄發票資料。
3. 在信封上寫上收信人地址、姓名。
4. 交辦公室總務寄出，資料須正確，以避免退件、延誤寄達時間的情況發生。

若為手開式發票，發生錯誤時，作廢發票的處理方式如下：

1. 確認作廢原因：向客人確認作廢原因是無統編、金額錯誤或統編錯誤，查詢發票是由餐廳開出或由客房部開出。
2. 詢問新更正發票的明細：確認新開立發票應是二聯式或三聯式；若是三聯式，要確認正確抬頭名稱及統一編號。
3. 開立發票：
   (1) 按原發票開出的部門別取出手開發票本。
   (2) 若是三聯式發票，則需正確填寫抬頭名稱、統編號碼、消費明細。依正確付款金額除以1.05，填在銷售額合計處，另再以正確付款金額減去銷售額，得一金額（稅金），填在營業稅欄位，同時並勾選「應稅」。另在備註欄位填上原欲作廢發票的號碼。
   (3) 若是二聯式發票，則將消費明細及正確付款金額填上，再勾選「應稅」欄位，另在備註欄位填上原欲作廢發票的號碼即可。
4. 完成：
   (1) 將開立好的發票轉交客人，並請客人當場檢查是否正確。
   (2) 將發票本放回原處。
   (3) 將作廢發票蓋上作廢章，並填寫發票作廢本，一同交由會計課。
   (4) 發票作廢本上需填寫新開立的發票號碼及作廢發票的號碼，以及經辦人姓名。
   (5) 需將新開立的發票副聯及發票作廢本一同交由會計課。

六、折讓作業

1. 若有任何非當日所入的帳需要做折讓，必須經營業單位之經理簽准。
2. 車資改帳要是不同班需簽折讓。
3. 每筆折讓均須附上該筆收據、小單據。
4. 憑已簽核之訂房單，可直接當折讓單更正。
5. 客人拒付PAY TV費用，可直接折讓扣除不再簽准。
6. 若客人尚未C/O，則折讓單一聯訂於C/I單上，以便查詢。

七、如何處理客人快捷退房（EXECUTIVE CHECK OUT）作業

1. 請客人簽署快捷退房合約，並且清楚填上客人信用卡資料和客人通訊地址。
2. 凌晨印出客人消費帳單，並由服務中心送至客房，帳單附在退房套內由客人房門下傳入。
3. 等客人將快捷退房卡送回，再由早班出納處理結帳作業。
4. 快捷退房是由大夜班和早班出納共同處理，以方便客人不用親自前來結帳退房。

第三節　交班作業處理

由於旅館是二十四小時營業，故櫃檯出納一般皆需輪班，而

國際觀光旅館常分早、晚及大夜三班，而由於飯店是由各個不同部門組成，且不同時段又有不一樣的服務人員，因此旅館必須有一套完整的制度與系統，讓旅館很順暢地運作，使客人不論任何時間都可以獲得良好的服務，而櫃檯出納亦須遵循，以下將介紹交班作業處理。

一、櫃檯出納SHIFT A之工作內容

1. 與大夜班同仁交帳並清點零用金（須與交班現金帳核對清楚）。
2. 請複查帳目及E.D.C.是否正確。
3. 與大夜班同仁交接並請仔細閱讀交接本（log book）之內容，閱畢請簽字。
4. 閱讀當日報表以瞭解前日住房狀況及當日房間狀況。
5. 檢查櫃檯內所有文具及E.D.C.簽單、發票、帳單、登記卡是否足夠。
6. 列印預定離店及團體旅客明細，以便瞭解當日C/O之狀況。
7. 自行李房內取出銅柱擺設（當日C/O三十間以上）。
8. 檢查CASH BOX內之零錢是否足夠，若不足，請至管理部門兌換。
9. 檢查當日遷出（C/O）團體之團帳，將團體訂單（GROUP ORDER）及訂房單核對清楚。
10. 辦理退房作業。
11. 中午十二點半A班出納用餐。
12. 繼續辦理退房作業。
13. 下午一點半請檢查當日退房（含團體）是否均已辦退（查

閱電腦)。

14. 下午兩點半與B班人員交接,並將未完成之事項記錄於交接本上。

15. 下午三點電腦換班,先列印E.D.C.明細,之後做E.D.C.結算作業。

16. 結帳:

(1)將所有帳卡按結帳科目分類並統計各科目總金額。

(2)將信用卡結帳之所有帳卡與E.D.C.明細仔細核對。

(3)列印當班之結帳日報表。

(4)核對所有科目總金額,必須與結帳日報表無誤。

(5)計算當日須繳交之現金帳,公式為:現金+預收訂金－現金退款－代支。

(6)列印流水帳報表。

(7)列印預收訂金之流水帳報表。

(8)填寫每日交帳明細表。

(9)填寫現金交帳明細。

(10)包帳。

17. 與B班交接零用金。

18. 下班。

二、櫃檯出納SHIFT B之工作內容

1. 與A班同仁交帳並清點零用金(須與交班現金帳核對清楚)。

2. 與A班同仁交接並請仔細閱讀交接本之相關內容,閱畢請簽字。

3.複查B班帳目及E.D.C.是否正確。

4.協助B班RECEPTIONIST辦理C/I之工作。

5.下午五點用餐。

6.協助B班RECEPTIONIST辦理C/I之工作。

7.晚上八點檢查所有IN-HOUSE GUEST是否均有帳卡及檢查當日C/I之團帳是否正確。

8.晚上九點半電腦換班,先列印E.D.C.明細,之後做E.D.C.結算作業。

9.結帳:

   (1)將所有帳卡按結帳科目分類並統計各科目總金額。

   (2)將信用卡結帳之所有帳卡與E.D.C.明細仔細核對。

   (3)列印當班之結帳日報表。

   (4)核對所有科目總金額,必須與結帳日報表無誤。

   (5)計算當日須繳交之現金帳。

   (6)列印流水帳報表。

   (7)列印預收訂金之流水帳報表。

   (8)填寫每日交帳明細表。

   (9)填寫現金交帳明細。

   (10)包帳。

10.與大夜班人員交接後,將未完成之事項記錄於交接本。

11.清點零用金後下班。

三、櫃檯出納大夜班之工作內容

1.與B班出納同仁交帳並清點零用金(須與交班現金帳核對清楚)。

2. 與B班同仁交接並請仔細閱讀交接本之相關內容,閱畢請簽字。

3. 複查C班帳目及E.D.C.是否正確。

4. 辦理C/I之工作。

5. 凌晨一點半列印房價異常檢查表,檢查所有住客之房價是否有誤。

6. 凌晨兩點逐一核對所有住客之消費是否均已入電腦。

7. 凌晨三點半結C班帳,先列印E.D.C.明細,之後做E.D.C.結算作業。

8. 結帳:

   (1)將所有帳卡按結帳科目分類並統計各科目總金額。

   (2)將信用卡結帳之所有帳卡與E.D.C.明細仔細核對。

   (3)列印當班之結帳日報表。

   (4)核對所有科目總金額,必須與結帳日報表無誤。

   (5)計算當日須繳交之現金帳。

   (6)列印流水帳報表。

   (7)列印預收訂金之流水帳報表。

   (8)填寫每日交帳明細表。

   (9)填寫現金交帳明細。

   (10)包帳。

9. 凌晨四點列印住店旅客明細表後做MIS系統內之管理統計報表過帳作業。

10. 夜間稽核作業。

11. 如於夜核期間遇客人C/I,請先登記資料並讓客人入房,夜核完畢後再作電腦C/I手續。

12. 夜核完畢後,請將電腦之班別更改為A班。

13.凌晨五點半通知H.K.人員前來取早報及住店旅客明細表。

14.製作當日晨會報表，影印報表。

15.列印前日PTV帳目之流水帳。

16.與A班人員交接後，將未完成之事項記錄於交接本。

17.清點零用金後下班。

四、如何處理上下班換班程序

1.點收上班現金金額與電腦現金帳是否無誤。

2.核對所有房帳單據與電腦帳是否無誤。

3.核對所有E.D.C.刷卡機數據與電腦信用卡帳是否無誤。

4.核對所有附上發票的帳單。

5.核對保管箱登記卡和鑰匙，並簽署登記卡交班表。

6.核對小額美金現鈔金額與登記本是否無誤。

7.查看出納交待事宜，有交待的事項要處理。

8.要確實執行交班程序，以免發生錯誤，執行時要組員分工處理。

五、如何操作換班結帳報告

1.核對E.D.C.刷卡機數據與電腦上的帳項，所有單據要正確無誤。

2.核對房帳單據和電腦上帳項，單據金額要加總正確。

3.清除所有E.D.C.刷卡機數據並印出所需數據。

4.核對後才在電腦上鍵入清機 "LOG OFF"，並換上下一班代號 "A"、"B" 或 "C" 班。

5.在電腦上會計報表項目印出所需報表。

6.換班作業要特別小心，換班後要改帳需換回上一班帳，並且改帳後要立即換回當天正確班，以免所有帳發生錯誤。

六、如何操作換班結帳繳款作業

1.核對現金代支單和退款單數目與電腦帳目。

2.在現金繳款袋寫上款項數目（當班現金收入減除代支和款項）。

3.放入應繳款項和代支單和退款單，並列出明細金額。

4.登記在出納繳款單（如**表8-2**）並簽名作證後，投入總出納的保管箱。

5.繳款作業要小心、準確，以免當天班中發生短少和溢多。

七、如何處理換班結帳發票作業

1.在電腦上印出ACCOUNT SUMMARY帳報表。

2.所有帳單附上應有的發票。

3.換班後所有帳單分類加起來，要和ACCOUNT SUMMARY上所有項目核對無誤。

4.作廢發票在電腦上鍵入作廢，作廢發票要給當班主管簽名，並註明原因。

5.列印報表。

6.所有報表和帳單和發票交稽核處理。

表8-2　五合一單（預付款單、現金退款單等）

敏蒂天堂飯店
Mindy Paradise Hotel
Voucher

☐Credit　　　　☐Paid-Out
☐Refund　　　　☐Sundry charge
　　　　　　　　☐Allowance

Date

Room No.	Guest Name	
Details		Amount
	Total	

Guest Signature: ＿＿＿＿＿＿＿
Prepare By: ＿＿＿＿＿＿＿＿　Approved By: ＿＿＿＿＿＿

八、如何每天檢查和整理外帳單據

1. 在電腦上的INDIVIDUAL CHECK OUT鍵入所需要的房號，根據外帳本次序檢查所有未退房外帳。
2. 根據帳目次序整理所有單據，並檢查所有單據有無缺少。
3. 在電腦上調整房客私帳和公帳。

九、如何處理外幣交收程序

1. 每日大夜班換班交外匯水單、外幣和旅行支票，須連同當班

現金袋一同投入出納保險箱（外匯水單經手人需簽名證實）。

2. 總出納核對外匯單與外匯後，通知櫃檯出納領回現金，需將外幣金額填在現金袋上。

3. 領回現金後需在出納外幣登記簿上登記，核對回來之筆數和金額無誤，並填上時間，且必須有經手人簽名。

4. 現金要點明無誤以免發生短少。至總出納領取現金時，可先詢問當班保險箱內是否需兌換大小鈔和硬幣。

第四節　信用卡作業與國際通用貨幣辨認

在飯店內可提供客人消費選擇的形態眾多，客人可依其消費習慣，選擇各種不同的結帳方式，如信用卡、現金、簽房帳……等，但由於科技日新月異，犯罪手法不斷地推陳出新，因此如何防止偽鈔、偽卡氾濫影響飯店營運，加強對國際通用貨幣及信用卡知識的瞭解，成了相關部門人員必備的專業知識。

一、通用貨幣辨識

目前於國內可收兌之外幣約有二十種，較常見的有美金、港幣、英鎊、法郎、馬克，而在各外幣常見的防偽措施可分為紙張和印刷兩部分。

(一) 紙張方面

都是用特殊紙漿製造而成，一般大眾很難取得，其防偽措施有：

1. 細小纖維：是將細絲或金屬纖維與紙漿混合的一種技術。

2.細小碎片：是將不同顏色小紙片或細薄金屬片混合在紙漿中。

3.隱藏線：包藏在紙鈔中之金屬或塑膠線，只要舉起紙鈔對著光線即可發現。

4.隱藏線段：隱藏線以銀色線段方式出現在紙鈔正面，透過光線可呈現完整連續線段。

5.浮水印：利用紙漿厚度的變化而產生影像或圖案，將紙鈔正對光線即可發現。

6.雷射全像攝影：利用雷射光特殊製版技術，設計出彩色變化之圖案。

(二)在印刷方面

有平版、凹版及屈版印刷。其防偽措施有：

1.高凸感覺：利用凹版印刷，使紙鈔產生高凸感覺，可用指尖觸摸出來。

2.吻合圖案：利用正反兩面之圖案吻合設計。

3.編列序號：利用特殊器材產生垂直或尺寸遞增的號碼設計。

4.微小印刷：使用非常小型字模印出來的字，須經由放大鏡才可辨讀。

5.隱形印刷：使用只能經由紫外線燈觀看出的設計圖案。

6.隱藏記號：紙幣某部位使用凹版印刷，雕刻出圖案或記號，必須以某一定角度觀看才能顯現。

7.變色油墨：利用特殊油墨印成數字或圖案，當紙幣傾斜時會變色。

8.盲人點字：使用盲人能辨識之高凸記號。

二、現行流通貨幣防偽技巧介紹

(一)美金

以下介紹美金5、10和100元的防偽技巧，茲說明如下：

■ 美金5元

1. 變色油墨：五元美鈔上無變色油墨設計。
2. 浮水印：肖像右方空白處，有林肯浮水印，對著亮光看時，正反兩面都看得到。
3. 安全線：肖像左側一條垂直安全線，穿過聯邦準備體系通用關防。線上有 "USA FIVE" 字樣和一面國旗，在紫外線照射下，安全線呈藍色。
4. 細紋印刷圖樣：印在林肯肖像和林肯紀念堂後方的細微紋路，很難加以複製。

圖8-5　美金五元

5. 微縮印刷：在紙幣正面的兩側邊緣可看到 "FIVE DOLLARS" 的字樣，沿肖像橢圓形外框下緣的裝飾，則印有 "The United States of America" 字樣。

6. 放大字體：五元紙幣反面右下角印有放大的數字 "5"，以方便辨識。

■ 美金10元

1. 變色油墨：紙幣正面右下角的數字，正看呈藍色，斜看呈黑色。

2. 浮水印：肖像右方空白處有漢彌爾頓像浮水印，對著亮光看時，正反兩面都看得到。

3. 安全線：肖像右側一條垂直安全線，線上有 "USA TEN" 字樣和一面國旗。在紫外線照射下，安全線呈橙色。

圖8-6　美金十元

4. 細紋印刷圖樣：印在漢彌爾頓肖像和財政部大樓後方的細微紋路，很難加以複製。

5. 微縮印刷：在紙幣正面左下角的數字上，重複印有 "TEN" 的字樣，沿肖像外框下緣，在漢彌爾頓名字上則重複印有 "The United States of America" 字樣。

6. 放大字體：十元紙幣反面右下角印有放大的數字 "10"，以方便辨識。

■ 美金100元

1. 變色油墨：紙幣正面右下角的數字，正看呈藍色，斜看呈黑色。

2. 浮水印：肖像右方空白處有富蘭克林像浮水印，對著亮光看時，正反兩面都看得到。

圖8-7　美金一百元

3. 安全線：肖像右側一條垂直安全線，線上有 "USA 100" 字樣。在紫外線照射下，安全線呈紅色。

4. 細紋印刷圖樣：印在富蘭克林肖像和獨立廳後方的細微紋路，很難加以複製。

5. 微縮印刷：在紙幣正面左下角的數字 "100" 內，重複印有 "USA 100" 的字樣，富蘭克林外套左邊翻領內，則印有 "The United States of America" 字樣。

6. 放大字體：百元紙幣目前沒有放大的數字，未來之設計將會加入，以方便辨識。

(二)新台幣

以下介紹新台幣100、200、500、1000和2000元的防偽技巧和基本認識，茲說明如下：

■新台幣100元 （圖8-8）

1. 水印：迎光透視，可見「梅花」、"100" 水印。

2. 變色油墨：輕轉鈔券，"100" 由紫紅色變綠色。

3. 折光變色窗式安全線：輕轉鈔券，安全線由紫色變綠色，並有 "100" 字樣。

4. 隱藏字：鈔券右下圖紋中浮現 "100" 字樣。

5. 圖案意義：正面以「國父生活化座像」為主題，背面以「中山樓」為主題。

6. 顏色：為使各面額鈔券顏色易於辨認，各鈔券主墨色均不同，100元券以紅色為主。

7. 盲人點：為方便盲胞及弱視者使用鈔券，100元券有一個圓形印紋（●）。

可見「梅花」、「100」水印

「100」由紫紅色變綠色

安全線由紫色變綠色，
並有「100」字樣。

鈔券右下圖紋中浮現「100」字樣

圖8-8　新台幣100元之辨識技巧

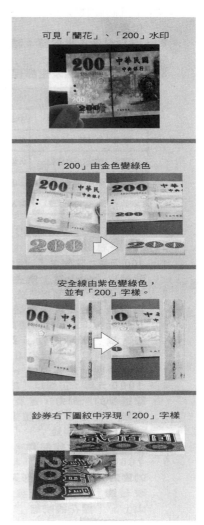

可見「蘭花」、「200」水印

「200」由金色變綠色

安全線由紫色變綠色，
並有「200」字樣。

鈔券右下圖紋中浮現「200」字樣

圖8-9　新台幣200元之辨識技巧

■新台幣200元（圖8-9）

1. 水印：迎光透視，可見「蘭花」、"200"水印。
2. 變色油墨：輕轉鈔券，"200"由金色變綠色。
3. 折光變色窗式安全線：輕轉鈔券，安全線由紫色變綠色，並有"200"字樣。
4. 隱藏字：鈔券右下圖紋中浮現"200"字樣。
5. 圖案意義：正面以「先總統 蔣公生活化座像」為主題，背面以「總統府」為主題。
6. 顏色：為使各面額鈔券顏色易於辨認，各鈔券主墨色均不同，200元券以綠色為主。
7. 盲人點：為方便盲胞及弱視者使用鈔券，200元券有二個圓形印紋（●●）。

■新台幣500元（圖8-10）

1. 水印：迎光透視，可見「竹子」、"500"水印。
2. 變色油墨：輕轉鈔券，"500"由紫紅色變綠色。
3. 折光變色窗式安全線：輕轉鈔券，安全線由紫色變綠色，並有"500"字樣。
4. 隱藏字：鈔券右下圖紋中浮現"500"字樣。
5. 圖案意義：正面以「體育」為主題，展現朝氣活力，以棒球運動表現強身強國的未來希望。背面以「大霸尖山」、「梅花鹿」為主題，表現本土景觀及生態保育。
6. 顏色：為使各面額鈔券顏色易於辨認，各鈔券主墨色均不同，500元券以咖啡色為主。
7. 盲人點：為方便盲胞及弱視者使用鈔券，500元券有三個圓

形印紋（●●●），用手觸摸可感覺凸起之印紋。

8.微小字：探字高僅0.25mm黑白線微小字，用放大鏡可見
"THE REPUBLIC OF CHINA"字樣。

■新台幣1000元（圖8-11）

1.水印：迎光透視，可見「菊花」、"1000"水印。

2.變色油墨：輕轉鈔券，"1000"由金色變綠色。

3.折光變色窗式安全線：輕轉鈔券，安全線由紫色變綠色，
並有"1000"字樣。

4.隱藏字：以15度仰角迎光檢視，鈔券右下圖紋中會浮現
"1000"字樣。

5.隱性螢光纖維絲：鈔券在紫外光源照射下，會顯現不同顏
色之螢光纖維絲。

6.圖案意義：正面以「教育」為主題，教育為國家進步的原
動力，普及的教育，創造台灣經濟奇蹟，而小學生為國家
未來的希望。背面以「玉山」、「帝雉」、「雲海日出」美
景表現本土景觀及生態保育。

7.顏色：為使各面額鈔券顏色易於辨認，各鈔券主墨色均不
同，1000元券以藍色為主。

8.盲人點：為方便盲胞及弱視者使用鈔券，1000元券有一條
長形印紋（｜），用手觸摸可感覺凸起之印紋。

9.微小字：探字高僅0.25mm黑白線微小字，用放大鏡可見
"THE REPUBLIC OF CHINA"字樣。

■新台幣2000元（圖8-12）

1.水印：迎光透視，可見「松樹」、"2000"水印。

可見「竹子」、「500」水印

可見「菊花」、「1000」水印

「500」由紫紅色變綠色

安全線由紫色變綠色，
並有「500」字樣。

鈔券右下圖紋中浮現「500」字樣

圖8-10　新台幣500元之辨識
技巧

圖8-11　新台幣1000元之辨
識技巧

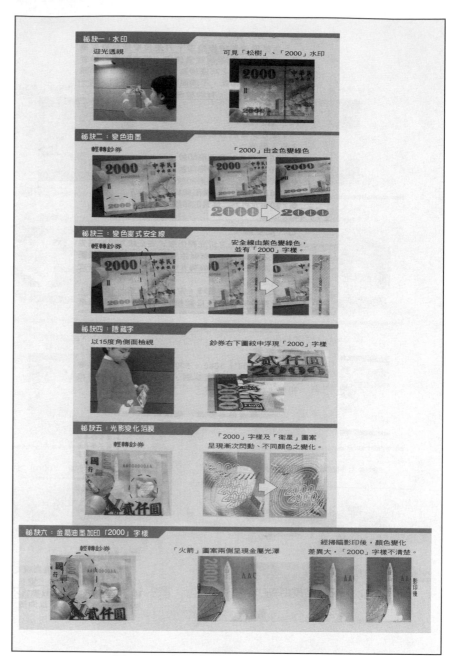

圖8-12　新台幣2000元之辨識技巧

2.變色油墨：輕轉鈔券，"2000"由金色變綠色。

3.折光變色窗式安全線：輕轉鈔券，安全線由紫色變綠色，並有"2000"字樣。

4.隱藏字：鈔券右下圖紋中浮現"2000"字樣。

5.光影變化箔膜：輕轉鈔券，"2000"字樣及「衛星」圖案呈現漸次閃動、不同顏色之變化。

6.金屬油墨加印"2000"字樣：輕轉鈔券，「火箭」圖案兩側呈現金屬光澤。而若經掃瞄影印後，顏色變化差異大，"2000"字樣不清楚。

7.圖案意義：正面以「科技」為主題，展現國家的實力，以「衛星碟形天線」、「經貿大樓」表現台灣科技、經貿發展。背面以「南湖大山」、「櫻花鉤吻鮭」表現本土景觀及生態保育。

8.顏色：為使各面額鈔券顏色易於辨認，各鈔券主墨色均不同，2000元券以紫色為主。

9.盲人點：為方便盲胞及弱視者使用鈔券，2000元券有二條長形印紋（‖）。

三、信用卡之種類與辨識

(一)信用卡種類

目前主要流通於市面上且被大眾所廣泛使用之信用卡，有VISA卡、Master卡、聯合信用卡、美國運通卡、大來卡以及日本JCB卡等。

(二)信用卡之基本辨認

■VISA國際卡（卡號開頭第一字為4）

1.普通卡之特徵：

(1)VISA藍白金帶之國際服務標章。

(2)3D雷射印刷之飛行鴿子圖案。

(3)發卡銀行專用識別碼，此識別碼計四碼，列於卡片正面卡號凸字之左上方或左下方，須與卡號之前四碼相吻合。

(4)卡片背面簽名條上所載之45度角連續"VISA"字樣底紋。

(5)以西元紀年之有效日期。

(6)正面有效期限之後，有大寫英文"V"字樣之凸字。

(7)持卡人卡號以4-4-4-4 16碼或4-3-3-3 13碼排列。

2.金卡之特徵：一般與普通卡相同，所有金卡之正、反面皆為金色；若是聯合信用卡中心會員銀行所行之VISA國際卡，還會有下列特徵：

(1)聯合信用卡中心標準字體。

(2)聯合信用卡中心藍色梅花底紋圖案。

(3)聯合信用卡中心藍色小梅花註冊服務標章授權使用圖案。

(4)聯合信用卡中心之梅花凸字記號。

■Master Card國際卡（卡號開頭第一字為5）

普通卡之特徵：

1.Master Card紅黃雙圓之國際服務標章。

2.3D雷射印刷之七大洲圖案。

3.發卡銀行專用識別碼，此識別碼計四碼，列於卡片正面卡號凸字之左上方或左下方，須與卡號之前四碼相吻合。

4.卡片背面簽名條上所載之45度角連續"Master Card"字樣底紋。

5.以西元紀年之有效日期。

6.正面有效期限之後，有大寫英文M與C特殊組合字樣之凸字。

7.持卡人卡號4-4-4-4 16碼排列。

■聯合信用卡（U Card）（以梅花為服務標章）

普通卡之特徵（金卡暫缺）：

1.卡號共11碼，前2碼為銀行代碼。

2.小梅花凸字標記（位於持卡人之身分證字號前後各一朵）。

3.持卡人之身分證字號（舊版為全部顯示；新版為後四碼以隱密代號××××顯示）。

4.卡片背面簽名條上所載之"U Card"字樣底紋。

5.卡片有效期限（啟用年'YY，有效期限MM/'YY）。

6.梅花及NCC圖案3D雷射影像。

7.U Card之專屬商標圖。

8.發卡銀行名稱。

■JCB國際卡（卡號開頭前兩碼為35）

普通卡之特徵：

1.JCB藍紅綠之國際服務標章。

2.JCB字樣之雷射圖案。

3.發卡銀行專用識別碼，此識別碼計四碼，列於卡片正面卡
號凸字之左上方或左下方，須與卡號之前四碼吻合。

4.卡片背面簽名條卡所載之"JCB"字樣底紋。

5.以西元紀年之有效日期。

6.正面有效期限之後，有特殊星號及JCB字樣之凸字。

7.JCB INTERNATIONAL字樣。

■Diners Club國際卡（卡號開頭第一字爲3）

大來卡之特徵：

1.持卡人卡號數目以4-6-4 14碼排列。

2.左上角大來卡商標。

3.Diners Club International®標誌。

4.卡片背面簽名條上所載之大來卡商標圖樣底紋。

5.以西元紀年之有效期限。

6.卡片正面大來卡特殊波浪底線。

四、信用卡機器作業介紹與使用說明

(一)信用卡機器作業介紹

1.信用卡機器有兩種：一種爲人工刷卡、一種爲機器讀卡。

2.現行之E.D.C.機有兩種：

(1)聯合信用卡中心適用：國內發行之梅花卡、聯合信用
卡、JCB卡。

(2)A/E機器適用：國外發行之VISA卡、MASTER卡、A/E
卡及D/C卡。

3.手刷信用卡首先將卡放好，再由左至右過，寫好日期（以

電話預要授權碼）、金額，再讓客人簽名。

4.一般刷卡：刷卡→核對卡號按輸入鍵→金額輸入鍵。

5.取消交易：按取消交易→商店密碼→輸入鍵→收據號碼→
輸入鍵→核對收據號碼及金額→輸入鍵。

6.列印總交易金額：功能→飯店→輸入鍵。

7.結帳：按結帳→商店密碼→輸入鍵。

8.兩班交接E.D.C.之累積金額，於結帳前要確定金額與每日
報表數相符才可結帳。

9.結帳前須先列印明細及總額交給財務部備查。

(二)信用卡機器（如圖8-13）使用說明

1.查詢交易鍵：已調閱編號查詢交易。

2.尋找交易鍵：尋找前筆之交易記錄。

圖8-13　POS電子端末機

資料來源：墾丁福華飯店

3.重印交易鍵：重印前筆交易。

4.交易總數：結算所有交易總和。

5.取消鍵：立即取消輸入之錯誤金額。

6.帳務調整鍵：更正已完成之錯誤金額。

7.←鍵：進一步查詢某筆交易資料。

8.更改鍵：立即更正輸入之錯誤金額或號碼。

9.輸入鍵（確認鍵）：繼續操作下一個步驟。

10.結帳鍵：向收單銀行請款。

11.功能鍵：欲使用特殊功能時，請按此鍵，再按功能代碼。

12.預取核准號碼：欲取顧客之信用額度時使用。

13.取消交易鍵：取消結帳前之某筆交易。

14.退款交易鍵：退貨時，如客人之該筆交易已完成結帳，則
使用此功能退款於顧客。

15.離線交易鍵：事先取得授權碼之交易補登。

16.英文鍵：按此鍵可打入英文字母。

(三)POS電子端末機簽帳單之安裝程序（圖8-14）

1.從紙盒中取出簽帳單。

2.將整疊簽帳單正面朝下以簽帳單之頂端朝放置槽放入。

3.將最後一份簽帳單（三聯）插入送紙孔。

4.按下送紙鍵將簽帳單送至正確位置。

5.完成上述步驟後，即可正確列印出簽帳單。

五、信用卡之結帳流程

列印帳單明細須先確認是否為該顧客之帳單後，交予顧客確

❶ 從紙盒中取出簽帳單

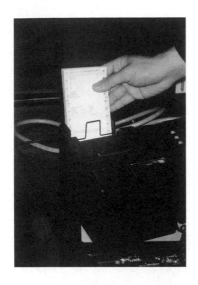

❷ 將整疊簽帳單正面朝下，以簽帳單之頂端朝放置槽放入

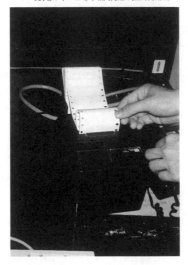

❸ 將最後一份簽帳單（三聯）插入送紙孔

❹ 按下送紙鍵將簽帳單送至正確位置

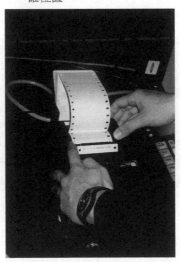

圖8-14　POS電子端末機帳單之安裝程序

認帳單金額。

1. 檢查卡片外觀是否完整無摺痕，若爲有照片之信用卡，則核對是否真爲持卡者本人。
2. 將卡刷於POS電子端末機（如圖8-15）。
3. POS電子端末機會出現卡片卡號→按輸入→輸入金額→按輸入→是否爲正確金額

   →若正確，則按輸入。

   →若不正確，則按取消鍵，從頭開始。

   →輸入卡片種類→按輸入（如圖8-16），交易完成，取得銀行授權，列印簽帳單（如圖8-17）。
4. 若刷卡機上出現拒絕接受，則口氣婉轉地請顧客換另一張信用卡。
5. 再次確認帳單金額無誤，交於顧客簽名。

圖8-15　信用卡結帳流程之一

6.核對帳單上之簽名與信用卡背面簽名是否相符。

7.將信用卡及簽帳單之「收執聯」交還顧客，完成交易。

圖8-16　信用卡結帳流程之一

圖8-17　信用卡結帳流程之一

六、POS電子端末機之簽帳單

一式三聯（收執聯、扣抵聯、存根聯）（圖8-18），說明如下：

1.MERCHANT特約商店名稱：該商店名稱。

2.TERMINAL ID.查證終端機：電子端末機編號。

3.MERCHANT NO.特約商代號：銀行賦予公司之編號。

4.CARD TYPE/NUMBER卡別／卡號：信用卡類別與卡號。

5.TRANS. TYPE銷售類別：電子端末機執行各種交易種類。

6.BATCH NO.批次號碼：電子端末機內所設定之結帳序號。

圖8-18　簽帳單

7.DATE／TIME日期／時間：交易發生之日期與時間。

8.CARD HOLDER SIGNATURE持卡人簽名：持卡人確認金額後於簽帳單上簽名。

9.TRACE NO.調閱編號（6碼）：每一筆交易的次序編號。

10.AUTH. CODE核准號碼：銀行賦予每一筆已核准交易之編號。

11.EXP.DATE有效期間：客戶信用卡之最後使用期限。

12.REF參考號碼。

13.BASE基本金額：消費之最初總金額。

14.TIP/TOTAL小費/總金額：客戶將小費及加總之總金額填寫上去。

七、手動刷卡機操作

當電子末端機發生問題或線路繁忙無法使用時，為了不讓顧客等候太久，通常會使用手動刷卡機來處理，手動刷卡機之簽帳方式為：

1.使用前先調整手動刷卡機上日期，並確認當天日期，以西元年／月／日排列，或以手寫方式填在簽帳單上。

2.將手動刷卡機把手移至最左方，再將卡片放入上端卡槽內，卡片正面凸字朝上。

3.將簽帳單覆蓋在卡片凸出的文字上，且四角要全部正確放置於刷卡機上角形方格內。

4.將刷卡機活動把手由左向右移至最右方，再移回最左方原來的位置，取下卡片及簽帳單，並確認簽帳單上所複印之卡片資料是否清楚無誤。

5.以電話聯絡授權中心，取得授權碼，並填在簽帳單之欄位上（一定要取得授權碼，否則無法向信用卡中心請款）。

6.簽帳總額分別以阿拉伯數字金額並加上 "$" 及中文正楷書寫。

7.請持卡人簽名並核對簽名。

8.將信用卡及簽帳單之客戶存根聯交還給顧客，完成交易。

第五節　夜間稽核工作

旅館之財務管理始於前檯客務部門，雖然後檯財務部同樣扮演著重要角色，惟整體業務之始，實有賴於客帳登錄的迅速性及正確性。本節將討論每日客帳與旅館財務的整合與平衡。該業務歸屬夜間稽查員的職責，既繁瑣又費時，但是可以明確地提供發生在旅館內各收入以及營業銷售點之顧客及各部門帳務（Departmental Accounts）的借貸情形。

一、夜間稽核重要性

夜間稽核（Night Audit）乃前檯的一項控制作業，來查核、平衡住客總帳的款項，旨在核對旅館每日借貸發生與各部門支付單據情形。是以該業務之意義不但包括以人工操作查對總收入及支出，且促使管理階層深入瞭解帳項的活動。前檯經理因而可將顧客使用信用卡情形與客房銷售狀況，來預測每日現金的流動和各部門營業的預估與實際銷售。從事旅館職業的學員應瞭解夜間稽核業務，俾以體會個中價值。尤其對旅館當日財務活動，可以提供整體檢閱及評鑑效率的作用，繼而明瞭總經理角色的職務。

根據該檢閱結果，總經理便可決定對每日財務應作何種的調整，以達成支出及盈收的指數。並可評斷推廣計畫和各種作業活動，是否達成其預定之營利目標。夜間稽核的作業報告更可顯現各部門營業細節是否達到營收標準。由前述可見，夜間稽核乃整合每日旅館營業的實施與操作情形，俾使總經理可根據其整理資料，作最佳與最正確的策略判斷。

二、夜間稽核作業程序

夜間稽查之各類報表對旅館的營運不但重要且實際。管理階層須完全仰賴其資料來鑑定客帳的真實性，和審查業務營運的有效性（operational effectiveness）。是故協助經理主管人員控制收支及達成獲利目標，而資料的正確性亦具有絕對的影響關鍵。茲以下列基本要點解說夜間稽核的作業：

(一)登錄日間銷售與稅費

夜間稽查員在過目日班前檯服務員所留下的各種資料後，其首要工作便是登錄所有客帳房租與房稅作業。此項業務對使用人工機器操作方式的夜間稽查員來說，是件相當費時費力的工作。不但房價、房稅和房號須一一登錄在每一顧客之帳卡中，尚須將帳卡下端最後一行之收支款數（line balance pickup number）結算清楚，繼而將所有客帳卡依分檔系統歸類。顯而易見，該項作業對大型旅館來說，是件相當費時的業務，帳務錯誤的發生亦會相對提高不少。相反地，使用電腦管理系統處理將大量簡化登帳手續。

(二)整理客帳消費與支付款項

使用傳統式人工作業處理顧客的各種消費與支出款項者，須要求各營業部門將各收據、簽帳單及代支單等，遞交至前檯客務

部。屆時前檯亦須有一套完整分類系統來歸放這些重要文件。

(三)核對各部門財務款項

　　將各部門財務款項與客帳的對帳是一件非常艱辛的業務。其最終目標應是將每一營業部門的登帳與前檯的報帳記錄核對而無差異。通常可見，即使是一筆小錯帳也將花費多時，由繁多款項中找尋問題發生的所在，其結果也多源於前檯服務員及出納登錄帳款時的筆誤。夜間稽查員若使用人工機器作業，首先須將一組借款與一組貸款對帳，俾以測試收支的平衡（trail balance），再一一登錄客帳總結在部門帳目報表（D-report）上。帳務不符的原因有可能緣於各營業部與前檯客務部員工之間溝通不良，和帳款數目的登錄錯誤。基於上述原因，夜間稽查員應謹慎仔細地將各部門發出的收據、簽帳單與代收單與該部門財務帳總數逐項核對。是以夜間稽查員每夜很可能製作三、四次以上的部門帳目平衡報表。

(四)查對收入帳項的平衡

　　公司機構簽認轉帳乃旅館前檯客務部收入帳項之一種，公司簽認帳卡乃為合約授權之財務使用帳戶，或預付未來宴會、會議或招待會之訂金的帳戶。夜間稽查員將此種帳項視同為一般個人簽帳，亦須仔細核對每一項費用的正確性。由此帳戶支用的現金款項亦登列在每日出納報表中。公司簽帳的額度通常高於個人簽帳之額度（credit balance）。例如，對於合作較佳的公司，旅館可給予一萬至二萬五千美金的使用額度。旅館依合約同意書亦可先給予某公司信用帳戶，以便先行支付旅館大筆費用。致使未來須召開會議或宴會時，即可由該信用帳戶中支出二萬五千至五萬美元以上的數額以供消費。旅館財務部門對於該帳戶必須嚴密追蹤，並控制結餘，以確保現金流通管理的效率。信用卡主帳戶

（master credit card accounts）乃為另一類櫃檯收入帳項，詳細記錄顧客使用各種信用卡來支付消費帳款，如銀行、大型企業、獨立公司、俱樂部、加油站所發行的信用、Visa卡等即為其中一例。信用卡主帳戶的款額可因旅館大小，提供顧客的服務項目多寡，與向各信用卡公司收帳的速度快慢而有所差異。以一般中型旅館而言，可有高達三萬至五萬美元的信用卡結餘款數，直至獲取信用卡公司之付款支票，該數額才得縮減，惟當顧客繼續使用信用卡時，又會提升其結餘總額。

(五)核對收入帳項

採用人工機登帳的夜間稽查員，因須將公司簽帳及信用卡之帳項與各營業部門之帳項比對，以確保無誤，因此其工作之艱困可想而知。相較之下，使用電腦管理系統之夜間稽查員的工作就來得輕鬆許多。

(六)製作各類稽核報表

因電腦系統中包括了公司簽帳，以及信用卡簽帳款項的登錄與製作報表的功能，只要選取需要的選項，電腦便可迅速完成作業並列印報告。

三、製作夜間稽核報表的目標

為何夜間稽核需要製作查核結果的報表呢？答案是該報表可提供日間各部門營業的財務狀況，俾使總經理能迅速對經營上的問題有所瞭解，進而採取因應措施。夜間稽核報表（如表8-3）實可謂為提升旅館營業效率的重要資訊。報表提供的每日住宿率、客房銷售率、平均房租數據，給予各部門經理一個機會做即時反應和適當的調整，顧客也因此增加對客帳精確性的信心。由夜間稽核報表的各種統計中，不難發現各營業部門財務活動的重

表8-3　製作夜間稽核報表

各部門財務總計	支付信用卡與收入帳現金
各部門客帳總計報表	每日收入帳分析
銀行存款	銀行存款與轉入收入帳的款項
收入帳戶	出納報表
出納報表	營業統計數據
營業部門經理報表	禮品中心銷售及稅費
銀行存款總額	販賣機銷售
客房銷售與稅費	健身休閒中心
餐飲銷售總額及稅費	停車費
餐廳、客房服務、宴會及酒吧服務員小費	總收入額與總取消額
客房服務銷售	現金銷售額與收入帳款的平衡
宴會銷售	代客燙洗服務
宴會吧檯與酒廊銷售費用	電話費用
場地租用	

要性，以及對提供最佳服務品質的影響程度。同時，各類統計數字也進一步助益各部門策略的訂定和預算的規劃。

　　本章展示了正確製作每日旅館財務總結報表的重要性，並且一一敘述夜間稽核作業的要素。其中包括登錄房價與房稅、彙集客帳及支付費用、統合各部門財務活動、進行財務平衡測試、整合收入帳項、製作夜間稽核報表等。更細述使用登帳人工作業與電腦管理系統作業的情形。最後並討論如何製作夜間稽核報表及其解釋意義。故而，確實無誤地製作夜間稽核報表以及時常更新各項資訊，實對旅館管理團隊調整各種財務計畫有相當大助益。

第六節　個案探討與問題分析

臨場反應

　　在這個夜晚，窗外蟲聲不斷地在耳畔環繞著，祈情飯店如往常地接待著每一位住宿的旅客。今天的祈情飯店似乎異常的繁忙啊！這些日子的會議室總有著絡繹不絕的顧客，因此客房內也隱藏著許多來自外地的商務高手，就像是前些天已住在1301號房的樂美達先生現正在房間裏準備著明天會議所需的資料。

　　「明天會議的報告內容差不多都準備好了，真是鬆了一口氣！」這場臨時通知的會議讓樂先生忙了好幾天，紅通通的雙眼可以證明他這些天的認真。他從書桌起身動了動筋骨，呈大字形地往床上躺去，揉揉惺忪的睡眼，突然想到「西裝外套」，心想……「糟糕！出門忘了帶西裝外套了，這下可該怎麼辦？臨時要去哪裏買啊？對了！倒不如跟飯店借借看」，於是他打了通電話給櫃檯，

　　「你好，我是1301號房的客人……」

　　「您好，樂先生，請問有什麼我能為您服務的嗎？」

　　樂先生說出了他的請求。

　　「是的，一件黑色外套嗎？由於管理布巾的服務人員已經下班了，明天早上我們會請房務員送去您的房間。」

　　第二天早上，櫃檯的Bible打電話給樂美達先生，詢問西服是否有問題，由於對樂美達來說這件西服不太合身，櫃檯的Bible又幫他換了一件。開完會後的樂先生特地到櫃檯來表達謝意，並表

示他想再多借一天。後來他到市區買了一套西裝，爲了此事樂先生寫了封感謝函來勉勵飯店辛苦的同仁。

幾天後的下午，隔天是樂美達先生回國的日子，Bible又遇到了樂先生……

「您好，樂先生，有什麼事我可以幫忙的嗎？」

「終於見到你了，上次眞多虧你，對了，我想請你幫我代訂車到高雄小港機場，明天一早我要趕回馬來西亞了。」樂先生說完後轉身向一旁同行的朋友說明上次開會時Bible幫他借了西裝之事。

樂先生預訂早上六點三十分的班機，前晚Bible主動爲他設定了凌晨四點的喚醒服務以及四點三十分的接駁車。隔天一早，樂先生卻在五點十分時從電梯慌慌忙忙地走出，尙在當班的Bible馬上詢問樂先生的班機時刻及班號，Bible抱著碰運氣的念頭，或許可以讓樂先生趕上飛機，就立即打電話至航空公司告知樂先生的情況。

櫃檯和航空公司聯絡的同時，飯店諮詢中心的同事也馬上與接駁車的駕駛聯絡，請他們能馬上派車來飯店接客人。航空公司瞭解情況後，同意等樂先生趕往機場，Bible才鬆了一口氣，趕緊爲樂先生安排其他事情。

最後Bible要下班前接到樂先生的來電，他說他已經在機場了，同時航空公司已經準備好了登機證，他很感激大家爲他所做的一切。

櫃檯內Bible傻氣地笑著說道：「沒有啦！這是我們應該爲您服務的啦！」

1.試以飯店從業者的觀點來看，請問您對此案例中的感想爲

何？

2.請試述接待人員的工作職責。

3.請問服務中心的工作職掌為何？

第九章　緊急事件與特殊事件處理

緊急事件處理
　火警事件
　顧客之意外事故與生病事件
　電力中斷事件
　停水事件
　盜竊事件
　天然災害事件
特殊事件處理
　性騷擾事件
　醉酒或神智不清顧客事件
　顧客企圖自殺事件
　死亡事件
　發現房客行李日漸減少事件
　蓄意破壞事件
　爆炸事件
　鬥毆鬧事事件
個案探討與問題分析

評斷一個人的最佳時機不是在順境的時候，而是在面臨挑戰和爭辯的時候。

——金恩博士

　　飯店對於前來住宿房客之生命財產安全有著義不容辭的責任，然而客人在住宿期間難免會碰上人爲或非人爲之不可避免的意外事故發生，而當緊急事件與特殊事件發生時，身爲服務人員的您應如何應變，客人的情緒安撫、事故發生時的通報對象、事後的處理等，都將是本章的介紹重點。但無論如何，意外的發生不僅讓住客蒙受損失，飯店聲譽與自身安全也相對受到影響，因此，服務人員除了加強專業知識能力外，也應培養緊急應變能力，以降低災害發生時財力、人力以及物力上的損失。本章分三部分說明，首先介紹緊急事件處理，其次介紹特殊事件處理，最後爲個案探討與問題分析。

第一節　緊急事件處理

　　緊急事件顧名思義即指在毫無預警之情況下所發生的意外災害，通常此種災害所造成的常是無法挽救的結果。當發生無法預測的災害時，身爲一位旅館從業人員，除應比其他顧客更加冷靜外，更應有良好的應變能力及處理方式，因此旅館從業人員更應注意平日的訓練課程（如地震、火警等），以備不時之需。本節首先將介紹火警、顧客之意外事故與生病、電力中斷、停水、盜竊以及天然災害等項目之處理程序與注意事項。

一、火警事件

　　客房火警發生的原因不外乎客人熄煙不當、電源線路、天然災害等引起的問題。所以，房務人員在平時即要有危機意識，多利用機會瞭解消防安全常識及逃生避難方法，當火災發生時，需立即按照通報→滅火→避難引導→安全防護→救護等五種程序來處理。另外，認識消防設施及逃生避難設備，事前擬妥逃生避難計畫，並加以預習，於狀況發生時，便能從容應付，順利逃生，其處理程序與注意事項茲說明如下：

(一)處理程序

■通報

1. 報告事故現場情況。
2. 相關部門處置辦法：當接獲任何火警報告時，應立即通知以下各單位，各單位處置辦法如下：
   (1) 房務部：
   　　A. 房務中心及樓層房務員接到通知後，立刻編組安排救援位置。
   　　B. 按下火警報知機按鈕，使警鈴大響。
   　　C. 高喊「失火了」，房務人員逐房拍敲各住客房門，引導住客避難，並引導客人由太平梯疏散，即使有避難救護行動而延誤滅火措置，亦非得已，人命應列為第一。
   　　D. 依起火狀況實施滅火。
   　　E. 迅即通知總機，請其通報消防機關及防災中心。
   (2) 工程部：立即關閉電源及通風設備，並改採緊急照明設

備，中控室需現場緊急廣播：「各位貴賓、同仁，請注意，立刻由最近的逃生出口疏散，請不要搭乘電梯。」

(3)安全室：盡快趕到事故現場，以瞭解情況。

(4)總機人員：

　A.立即通報消防機關與防災中心。

　B.通知中控室廣播火警訊息。

　C.電話通知失火樓層之住客避難。

(5)大廳人員：

　A.按工作崗位協助疏導人員撤離現場。

　B.攜帶住客資料，於空曠處集合人員實施點名。

　C.協助維護秩序，並安撫客人。

(6)值班經理：把火警發生原因、處理過程、結果寫於值班經理交接本上。

■滅火

1.使用滅火器，展開滅火作業：拔下安全插梢，噴嘴對準火源，用力壓下握把。

2.使用消防栓，按下啟動開關，延伸水帶，打開消防開關放水。

■避難引導

1.打開緊急出口（安全門）。

2.指導避難方向，避免發生驚慌。

3.樓梯出入口、通道轉角配置引導人員。

4.確認所有人員是否已經避難，將結果聯絡隊長。

■防護

　　1.關閉防火門、防閘門。

　　2.停止供應電梯等會發生危險工具的電源。

　　3.將機器緊急處置。

　　4.禁止進入危險區域。

■救護

　　1.設置緊急救護所，提供熱食及禦寒衣物。

　　2.緊急處理受傷者及登記其姓名、地址。

　　3.與消防救護隊聯繫，提供情報。

　　4.聯絡其他飯店，必要時安排房客住宿。

(二)發生火警時的注意事項

　　1.配合值班經理指示行動。

　　2.對於火警相關訊息不能擅自對外發布，一律交由公關部門
　　　處理。

　　3.凡參與救火之人員需正確使用滅火器材，並依消防安全守
　　　則施行。

　　4.到達安全地點後需協助照顧顧客，並協助撫平情緒。

　　5.如有人受傷需立即安排送醫急救，火撲滅後協助清點公司
　　　及住客財物。

　　6.迅速恢復原有舊觀，並在火警事後向顧客致上道歉信（圖
　　　9-1）。

Club
IMPERIAL HOTEL

Dear Guest,   28 March,2000.

We wish to sincerely thank you for your cooperation during the evacuation of the
building this evening.
All the hotel fire procedures were in place and executed according to plan and the
incident was dealt with calmly and effectively reflecting our drills and staff training.
By way of a gesture please accept our invitation for a complimentary drink in the
Front Page bar and we sincerely apologize for any inconvenience caused.

Sincerely,

Steven J Parker.
General Manager.

**Complimentary
Drink**

迎賓飲料券

IMPERIAL HOTEL
Taipei

IMPERIAL HOTEL TAIPEI

台北華國大飯店 台北市林森北路600號 600, Lin Shen North Road, Taipei 104, Taiwan R. O. C.
Tel: (886-2) 2596-5111 Fax: (886-2) 2592-7506 Website: www.imperialhotel.com.tw E-mail: taipei@imperialhotel.com.tw

圖9-1　火警發生事後道歉信

資料來源：台北華國大飯店

二、顧客之意外事故與生病事件

房務員為飯店中最容易瞭解顧客隱私之服務人員，因此顧客是否發生意外事故與生病，他們往往是最早獲得資訊的人。接獲顧客生病或意外通知時，應立即採取行動，注意事項如下：

1. 通知房務部，會同房務部人員到房間查看顧客，同時應立即通知大廳副理及房務部主管，與安全人員前來協助處理。
2. 依房客要求或視狀況代為請醫生或送特約醫院。
3. 遇有流血狀況先行包紮止血，如果顧客情況危急，應立即通知醫院派救護車前來，在救護車到達同時，務必要求救護人員使用警衛室後門及員工電梯，絕不能使用前門或側門。
4. 通知傷者親友家屬，管制現場並迅速處理，其現場狀況應向值班主管報告。
5. 由櫃檯人員陪同顧客至醫院。
6. 將經過報告公司最高負責人。
7. 若顧客需住院觀察，應由主管委派人員準備鮮花、水果至醫院探視顧客。
8. 當房客因病要求服務人員買藥時，不可隨意接受，並立即轉報房務部處理。
9. 經醫生治療後的房客回房休息後，服務人員需向醫生問明情況，並定時入內探看房客並加以照顧。
10. 送醫後需留院診治的房客如無親友出面代為處理財物時，應會同大廳副理及房務部主管雙鎖其門，並等待進一步指

示。

11.如經醫師診斷為傳染病患，應依醫師指示做房間消毒，並
　　將備品報請銷毀。

三、電力中斷事件

　　停電常會造成諸多不便，若預先知道停電消息，則應事先告
知住客（圖9-2），若在毫無預警時發生電力中斷，其處理方式說
明如下：

1.假如電力供應突然中斷，應立即通知工程部檢修，並找出
　原因，以及詢問需多久時間方能修復。
2.將所有緊急照明燈打開。
3.請中控室詢問各電梯內是否有顧客困住。
4.若電梯故障乘客被困電梯內時應：
　(1)先安撫電梯內客人，使其保持鎮靜，安心等待處理。
　(2)立即與工程部人員或電梯保養人員於最短時間內到現場
　　　救出顧客。
5.向顧客道歉並解釋原因。
6.將停電的原因、處理過程、結果記錄於值班經理交接本
　上。

四、停水事件

　　在一般人的印象裏，台灣每年的降雨量十分充沛，事實上，
台灣屬於缺水地區，因台灣的降雨量在地域、季節的分布極不平
均，容易造成地區性、季節性的乾旱，因為缺水，導致政府不得

敏蒂天堂飯店
Mindy Paradise Hotel

January 29, 2003

Dear guest,

A very warm welcome to Mindy Paradise Hotel. We trust that you are enjoying your stay with us.

Kindly be informed that, due to annual government maintenance, air-conditioning and electrical power in the hotel will be temporarily shut-down during the hours of 2 a.m. to 5 a.m. on Friday, January 30th, 2003. During that timeframe, there will be limited power supply in our guestrooms which, in turn, may affect some of our available services (such as Room Service, wake-up calls, bedside clocks) as well as the illumination of emergency lights in guestroom hallways.

We sincerely apologize for the inconveniences that may be caused you and appreciate indeed your kind understanding of our decision to carry out this work at a time of least inconvenience to our guests. Should you have any questions in this respect, please feel free to contact our Lobby Managers at extension 7.

為維護硬體設施，本飯店將於一月三十日清晨二時至五時進行年度高壓電檢驗。於上述期間內，飯店將暫停空調及電力供應。屆時，除內玄關之緊急照明設備將開啟外，其餘如客房餐飲服務、喚醒服務、床頭櫃控制系統等相關服務設施均將暫停使用。不便之處，敬請見諒。如需任何協助，請隨時以分機7與大廳經理聯繫，謝謝！

この度、当ホテルは、1月30日深夜2時より5時までの間に、高圧電線の定期検査を行う運びとなりました。つきましては、この時間帯に館内の暖房及び電気の供給を停止させて頂くこととルーム　サービスも同様に一時的にご注文ができなくなります。どうぞ、予めにご了承くださいますよう、宜しくお願い申し上げます。

Sincerely yours,

Vicky Lin
Resident Manager

圖9-2　停電告知單

不採取停水措施。而飯店業所賣的是客房，客房是讓客人休息、放鬆的場所，其中以床舖和浴室爲最重要的設備，所以若停水而水塔儲水有限時，飯店管理階層也應想辦法解決停水問題，其處理方式說明如下：

1.在白天的時候，可聯絡自來水事業處請求派水車將水送至飯店，但自來水處只供應白天時段。
2.在晚上的時候，飯店則要自己買水或事先做好儲水措施。
3.若飯店暫時無法解決停水問題，應發停水通知單（圖9-3）至每間客房，以通知顧客因缺水而停水，並請求房客諒解。
4.經過幾次停水後，有些飯店就會多增加幾個水塔或裝置更大的蓄水池，以解決停水的困擾。

五、盜竊事件

雖然飯店平常的防盜措施已堪周詳，但仍無法完全防範盜竊之事情發生，因此飯店中倘若不幸發生竊盜案件時，其處理辦法與注意事項說明如下：

1.假如接獲顧客投訴在房間內有財物損失，應立即通知以下單位：
(1)值班經理。
(2)警衛室。
(3)房務部。
2.封鎖現場，保留各項證物，會同警衛人員、房務部人員立即到顧客房內。
3.將詳細情形記錄下來。

敏蒂天堂飯店
Mindy Paradise Hotel

January 29, 2003

Dear guest,

A very warm welcome to Mindy Paradise Hotel. We trust that you are enjoying your stay with us.

Kindly be informed that due to the routine maintenance of Hotel's engineering system, the water supply in your room will be temporarily suspended from 3：00-5：00am on January 30th.

We sincerely apologize for any inconvenience caused. Should you have any further inquiries, please feel free to contact our Services Center at extension 7.

本飯店將於一月三十日凌晨 3：00-5：00 進行例行的工程檢測，屆時客房內之冷、熱水將暫停供應。檢測期間，對您造成不便之處，尚祈見諒。如您需任何協助，請隨時以分機 7 與服務中心聯絡，謝謝！

この度 1 月 30 日深夜 03：00-05：00 まで定期点検が予定されています。この間に客室の給湯を一時的に中断させていただきます。
皆様にはご迷惑をお掛けするとは存じますが、ご了承とご協力くださいますようお願い申しあげます。
なお、ご質問、ご相談ございます方は内線 7 番 VIP サービスまでにご連絡くださいませ。
ベッド メーキングご希望の方は、ハウスキーピング（内線 7）にご連絡下さい。どうぞ、ごゆっくりおくつろぎください。

Sincerely yours,

Mindy Kuo
General Manager

圖9-3　停水通知單

座落於台北車站正對面的希爾頓大飯店（現已更名為台北凱撒飯店），是台北首座的五星級國際連鎖觀光飯店，自民國六十二年開始營業，至今已有三十年的歷史。樓高二十二層的希爾頓大飯店曾經是全台灣最高、最大的飯店，也是台北車站附近最醒目的地標，近年來雖然被周圍鱗次櫛比的新大樓奪去不少風采，但其所具有的特殊意義，卻始終沒有改變。

早在一九八〇年代第一次能源危機時，希爾頓大飯店即著手推動各項節約用水的具體措施，雖然當時的省水觀念是從節約用電而來的，但經過十多年來的持續行動，到現在已有許多成效，本文希望藉由希爾頓大飯店致力於節水的實例，提供其他業者參考。

目前擔任台北希爾頓大飯店總工程師的鄭立基先生，在飯店中已服務二十多年了，年僅四十多歲的他，可稱得上是元老級的人物，經由他如數家珍般的描述，讓我們更能完整瞭解整個飯店所實行的節水努力。

希爾頓大飯店是在一九八二年全球能源危機發生時，就開始推動節約能源措施，最早是在蓮蓬頭裏裝上節流器，控制出水量，後來水龍頭也裝上，現在在鄭立基先生辦公室的抽屜裏還擺了好幾個過去所用過的各式節流器。

當時飯店主要的省水觀念是從省電來的，因為用水量減少，可降低抽水馬達運轉的次數，來節省用電量，當時也沒有做廢水處理，雖然程序較現在簡單，卻一直有省水及省電

的觀念。到了最近幾年，由於全球各地愈來愈重視水資源的問題，希爾頓大飯店的地區總部也漸漸注重各飯店的用水量及水費增加的情形，並且作定期的比較與檢討。

關於飯店是否節水，最重要的就是數據的比較，希爾頓大飯店的總部在八十二年即制定了「加強節約能源的八十五個步驟」，要求各地連鎖飯店確實執行，其中包括節約用水的項目。台北希爾頓大飯店是根據這八十五個步驟來進行各項工作，並且每月定期將用水及用電總量報到地區總部，地區總部彙整各國資料後，再送回國內，提供參考，如果超過各飯店平均標準，將會受到地區總部的監督，並且要求改進。

以國外的作法來說，他們用多少水、流出去多少水，都是要收費的，要減少支出，首先就是要減少用水量。但要如何知道各個項目的用水量呢？最有效的方式就是在重要的地方安裝上水錶。根據這個方法，台北希爾頓飯店在許多重要的場所及設備上安裝水錶，如客房、廚房、員工更衣室、健身中心、屋頂花園、魚池、按摩池、鍋爐系統、洗衣房、空調系統等，並且每日抄錶，隨時注意有無異常，使狀況以充分掌握飯店的用水情形。

飯店在每日的用水量方面，可分為客房、廚房及洗衣房等三大部分，為達到省水目標，飯店在這幾個部分特別用心。客房用水方面，飯店在每間客房浴室的水龍頭和蓮蓬頭上，加裝節流器，控制出水量；在馬桶方面，由於過去裝的是沖水閥式的馬桶，因此每三個月要調整沖水時間及秒數，並查看水箱有無漏水。由於二十餘年前台灣沒有生產省水器

材，因此希爾頓飯店在設備更新方面只能漸漸汰舊換新，最近新添購的設備大都已經採用最新的省水器材，以符合時代需求。

希爾頓大飯店還有一項極為特殊的作法，就是在客房浴室的水龍頭旁邊，放了一塊塑膠立板，上面寫著「為響應環保及珍惜自然資源，請協助我們在客房內節約用電及用水，謝謝合作」，來提醒顧客節約用水；另外還有一張吊掛式的紙卡，上面寫著「為了加強環保運動，節省水源及減少清潔劑的污染，對於您用過的毛巾，您有權利決定是否需要換新」，放在毛巾架上，如果客人不需每日更換毛巾或床單，可以利用此卡表達自己的意思。這種作法在其他國家已漸為普遍，國內業者不妨加以參考利用。

在廚房用水方面，飯店除了在水龍頭上加裝節流器外，飯店地下室也有污水處理場，將回收及處理過的水，用來清洗廚房的除油煙機，如此即可省下許多的水資源。但是也有部分的員工，因一時無法改變過去的習慣，配合度較低。針對這點，飯店會定期舉辦員工訓練及節約能源會議，透過內部的教育訓練，來加強推動各項節水措施。

在洗衣房的用水部分，過去的洗衣房設在飯店中，後來因原址不敷使用，已搬到桃園。由於以前使用過的清潔用水及冷卻用水完全流掉，浪費了極多的資源，現在裝了冷卻水塔，將冷卻系統的水完全回收，循環再利用。實施之後一天可省下二十多噸的水，數量驚人。鄭立基先生表示，以前洗衣房在飯店時沒有特別注意，後來搬出去之後才加強這方面的工作，不但省下許多水費，連用電量也節省了約三萬多

元，一舉兩得。

　　每年一到夏季，台灣各地常會有缺水或限水的情形，飯店的作法是先從員工用水方面省水，例如關閉廚房中不必要的水龍頭，床單、毛巾儘量用備分等，但是以不影響服務顧客為優先考量。雖然飯店有儲水池，但是可儲水量並不大，若是遇到停水一日以上，即有可能會用光。「印象中，我們飯店很少停水，曾經有過斷水的經驗，是因為附近管線被挖破所造成的，比起中南部地區，北部地區的居民應該算是蠻幸運的，發生停水只是極短暫的時間。」

　　鄭立基表示，雖然飯店裝上這些省水設備，但總體而言，節水成效並非很理想，因為能不能落實節水工作，完全看個人是否有這樣的觀念。根據統計，目前台灣每人每日平均使用0.4噸的水，在五星級觀光飯店中即使用多出一倍也只是0.8噸的水。「我們只能在工程方面努力，但是工程卻是機械式的，無法強迫每一個人切實配合，若能由政府來加強宣導，效果應會更好一些。」他認為過去政府似乎多著重在節約用電及用油的教育宣導工作，但對呼籲節水的努力卻不夠，導致民眾多不能體認節約水資源問題的嚴重性。以前政府曾鼓勵飯店業在洗衣機裏裝上儲水槽，把洗衣機最後一次沖洗後的水，留下來讓第二車洗滌，但是裝這個設備所需的費用，比節省下來的水費貴很多，因回收年限長，基於經濟效益的考量，業主多不願花這筆錢，歸結下來，還是因為台灣的水費太便宜了，如果水費能夠調高，甚至和油、電的價格一樣，以價制量，民眾自然就會節約用水。

　　「談到水的問題，因為我本身是從工程方面的工作，會

較為緊張，但是一般人卻沒有這種觀念，這是最大的問題；外國人較注重教育，並且將其融入於日常生活中，比如說如果飯店的水龍頭或是馬桶水箱在漏水，他們都會要我們修理，但是東方人就常抱持著『滴就讓它去滴吧！』的觀念，這是不同民族對事情看法上的差異，若能再加強國人的教育，建立正確的觀念，相信對落實節水工作將會有極大的幫助。」

多年來一直致力於推動節水工作的鄭立基先生，未來也將一本初衷，繼續為珍惜台灣水資源貢獻心力。期望透過希爾頓飯店的實例，能喚起其他業者來共同響應。

資料來源：《節約用水》季刊，第三期，2001.10.29。

4. 向安全室調出監控系統之錄影帶，以瞭解出入此客房的人，便於進一步調查。

5. 過濾於失竊前曾逗留或到過失竊現場的人員，假如沒有，則請顧客幫忙再找一遍。

6. 千萬不能讓顧客產生「飯店應負賠償責任」的心態，應建立顧客將貴重物品置放在保險箱內的正確觀念，才是首要預防竊盜之措施。

7. 遺失物確定無法尋獲，而顧客堅持報警處理時，立即通知警衛室人員代為報警。

8. 待警方到達現場後，讓警衛室人員協助顧客及警方做事件之調查。

9. 將事情發生原因、經過、結果記錄於值班經理交代本上。

10.對於此盜竊意外，除相關人員之外，一律不得公開宣布。

六、天然災害事件

天然災害發生時，顧客會引起恐慌，應以輕鬆的心情、沈著的態度來穩定顧客的心，必須注意的天然災害有地震及颱風兩項，說明如下：

(一)地震

台灣位於一個尚在活動中的斷層帶，並且每年都會有很多的地震，基於這種事實，台灣最近蓋的建築物都注意到要預防大地震。例如台北中和福朋飯店在二〇〇〇年由一群經驗豐富的建築人員建造，並使用由九二一大地震中學習到的經驗。發生地震時，除非是超級地震，否則應向顧客說明本飯店建築物是相當堅固的，絕無安全上之顧慮。以下將發生地震時應有的步驟及注意事項加以說明：

1.發覺地震停電時，立即通知值班經理。
　(1)停電時，必須由工作人員逐一告知客人，並給予手電筒。
　(2)地震時，現場緊急廣播：「各位房客，請注意，現在發生強烈地震，請立刻由最近的逃生出口疏散，請不要搭乘電梯。」
2.避難引導及供應備品：
　(1)指引避難方向，避免發生驚慌。
　(2)地震時確認所有人員是否已經避難。
　(3)停電時，確認所有房間都拿到手電筒。
3.救護：

(1)設置緊急救護所。

(2)緊急處理受傷者及登記其姓名、地址。

4.安全防護：

(1)工程部盡快查明停電緣由。

(2)設定禁止進入區域。

5.注意事項：

(1)室內或辦公室：

　A.保持鎮定，勿慌張地往室外跑。除非是超級地震，否則應向顧客說明本飯店建築物是相當堅固的，絕無安全上之顧慮。

　B.隨手抓個墊子等物品保護頭部，盡速躲在堅固傢具、桌子下，或靠建築物中央橫樑的牆等。

　C.切勿靠近窗戶、玻璃、吊燈、巨大傢具等危險墜落物，以防玻璃震碎或被重物壓到。

(2)室外：

　A.站立於空曠處，不可慌張地往室內衝。

　B.注意頭頂上可能有招牌、花盆等物品掉落。

　C.遠離興建中的建築物，如電線桿、圍牆、未經固定的販賣機等。

(3)地震後：

　A.檢查房屋結構受損情況，盡速將狀況報告上級主管，並打開收音機，收聽緊急情況指示及災情報導。

　B.盡可能穿著皮鞋或皮靴，以防震碎玻璃及碎物弄傷。

　C.小心餘震造成的另一傷害。

敏蒂天堂飯店
Mindy Paradise Hotel

August 12, 2002

Dear guest,

A very warm welcome to Mindy Paradise Hotel. We trust that you are enjoying your stay with us.

Please kindly be informed that for maintenance reason we are filling up the silicon for granite wall starting 13th August 2002 till end of September.

We sincerely apologize for the inconvenience and appreciate your kind understanding. Should you have further questions in this regard, please feel free to contact our Lobby Manager at extension 7.

為維護硬體設施，本飯店將於 8 月 13 日至 9 月底於各樓層之客房進行防漏水工程。於上述時間內，工程所造成不便之處，敬請見諒。如需任何協助，請隨時與大廳經理聯繫，謝謝！

この度は、8 月 13 日至 9 月末まで各部屋の水漏れ防止強化工事を行うことをお知らせ申し上げます。
皆様にはご迷惑をお掛けするとは存じますが、予めにご了承とご協力下さいますようお願い申しあげます。
なお、ご質問 ご相談ございます方は、内線 7 番のロビーマネージャーまでご連絡下さいませ。

Sincerely yours,

Irene Wu
Resident Manager

圖 9-4　工程維修告知單

旅館世界觀

膠囊酒店

　　西元一九三九年紐約世界博覽會前夕，主辦單位在會址的地底下埋了一個時間膠囊（time capsule），裏面放了許多最能代表當時生活方式的物品，如電話機、開罐器、手表、香煙，以及一塊煤炭等，這個密封的盒子，要等到西元六九三九年才打開，以便讓五千年後的人知道一九三〇年代的生活形態。

　　膠囊酒店（capsule hotel）又稱棺材酒店、蜂巢酒店或盒式旅館。空間不大，約一張榻榻米大小，但有人認為比較像太空船的房間。盒式酒店內的設計全是一格格像是盒子般的單位，盒內設有床（每單位長三公尺、高一公尺）、電視、保險箱及小型書桌，行李需放於衣物櫃內，還有日式澡堂的設施，不過是共浴式的。這種旅館多設於大城市，通常都是為那些喝酒喝太晚而回不了家的上班族所設置。若是一般外來遊客的行李，可能放不進這種旅館的保管箱中。價錢分日租及時租，每人由一千五百日元起（時租）及三千日元起（日租）。以往只有男性顧客入住，但近年開始有部分招待女性。

相關圖片可至以下網站查閱：http://www4.ocn.ne.jp/~koshigoe/capsule/

(二)颱風

　　颱風在眾多天然災害中，是最能事先預知並提早做好防災準備的。颱風來襲常會造成嚴重的災情，雖然天災無可避免，但只要在颱風來臨前防範得宜，必能使災害損失減至最低程度。因此，飯店必須在預防上多下點功夫，所謂「多一分防颱準備，少

一分防颱損失」，所以若有颱風接近本省時，事前及事後的注意事項特別說明如下：

1. 颱風來襲前：
   (1) 檢查各樓層玻璃窗是否已關緊。
   (2) 檢查各樓層照明設施及緊急照明設備是否良好正常。
   (3) 完成防颱編組。
2. 颱風來襲時：
   (1) 隨時待命擔任搶救、指導疏導作業。
   (2) 應至各責任區巡邏，除了瞭解颱風災情外，應作適切處理。
3. 颱風警報解除時：
   (1) 就責任區內外迅速檢查，並報告颱風損失情形。
   (2) 協助整理復原工作。
   (3) 通知飯店住客颱風現行相關資訊。
4. 注意事項：
   (1) 通知顧客在颱風來襲期間盡量不要外出。
   (2) 隨時與機場聯絡，檢查所有班機時間是否正常。
   (2) 假如顧客在颱風來襲期間離開，須提醒顧客是否更改行程，以免因機場封閉等原因影響顧客行程。

第二節　特殊事件處理

從事於飯店的服務工作，每天必須面對形形色色的各式人種，旅客良窳不齊，更由於大部分旅客住宿的時間短，流動率

高，隨時都可能發生任何突發事件，而飯店方面除了提供旅客安全的住宿環境外，更應給予員工無虞的工作環境，並且提供安全意識的訓練，本節將為您介紹八種特殊事件處理方式，如顧客自殺、生病等事件之處理方式，以茲參考。

一、性騷擾事件

性騷擾事件時常發生於日常生活中，在飯店中來往的旅客眾多，不易辨認與預防，因此若真的不幸發生性騷擾事件時，其處理方法如下：

1. 需保持冷靜。這點雖不易作到，卻是自我保護最重要的方法。
2. 降低歹徒警戒心。
3. 選擇歹徒最脆弱的部位攻擊。
4. 趕緊逃離現場。逃脫時，求救以喊「失火」代替喊救命或非禮，較易引起注意。
5. 向主管報告，掌握現場有利證據。倘若上班時發生同事間之性騷擾事件，除了要適當加以處理外，應將發生事項報告主管，交由主管處理。

二、醉酒或神智不清顧客事件

當遇到醉酒或神智不清的顧客時，通常是有理說不清的，有時甚至會遇到酒品不好的顧客，有的大聲咆哮，有的甚至拳腳相向。當服務人員遇到這些狀況時，應如何處理呢？一般處理方式茲說明如下：

1. 發現有酒醉或神智不太正常的人，應立即通知警衛室派人注意。

2. 外歸醉酒之房客，應盡量說服顧客留在房間休息，服務中心之同仁應派員到顧客房間，看顧客有無需要幫忙的地方，並通知房務部隨時注意此顧客。

3. 房務部接到通知後，派當班領班進入，將房內火柴收出，並將垃圾桶置於床頭，勸顧客安靜入眠，並提醒顧客嘔吐時可吐於垃圾桶內。

4. 如有房客在房內飲酒吵鬧到別的房客時，應通知副理（ASST. MGR.）會同安全人員來婉轉規勸顧客，並應設法請其遷出。

5. 假如不是飯店顧客，應盡量想辦法使顧客離開飯店範圍。

6. 酒醉之顧客如再叫酒，應婉轉拒絕。

7. 酒醉之顧客如有服務叫喚，應避免獨自前往服務。

8. 如房客因酒醉而無法自制，應設法請其遷出，情況嚴重時報請上級裁示報警。

9. 將詳細經過記錄在值班經理交接本上。

10. 將酒醉鬧事的房客姓名輸入電腦之黑名單內，以作為日後訂房組之參考資料。

三、顧客企圖自殺事件

房客企圖自殺前通常在行為上都有跡可尋，因此，機警的觀察注意，或許可避免不幸之事發生。當房務員在整理客房時發現有異，應盡快處理，處理方式說明如下：

1. 當房務人員發現住客精神恍惚、神情不定（如接到發生突

然事故的電報或電話、突然帶大量藥品入房、一直掛DND
等情況），均應報請房務部處理。

2. 房務部會同副理（ASST. MGR.）於瞭解住客遷入情況後予
以約談，舒解其情緒，並設法請其立即遷出。

3. 將該房客姓名輸入電腦之黑名單內，以作為日後訂房組之
參考資料。

四、死亡事件

當服務人員進入客房，發現房客倒在房內，一定要保持沉著
冷靜，並確認房客是否還有生命跡象，若有，則趕緊緊急送醫，
若無生命跡象時，其處理方式茲說明如下：

1. 維持現場狀況：發現顧客已死在房內，應設法避免引起驚
慌，立即將門雙鎖以維持現場，且不可移動屍體或任何物
件。

2. 立即通知房務部主管：立刻報告房務部主管，會同安全部
門及飯店最高主管共同處理。

3. 通知當事者的家屬：需設法通知該事件當事者的家屬，促
其趕快認領及處理後事。如果房客是外國人，則應通知該
國在台領事或在台機構，請其派員前來處理，並應在檢察
官來到前抵達旅館，以免延誤勘驗時間，影響處理進度。

4. 保密：公關室負責處理相關新聞事項，盡可能秉持不主動
外傳的原則，並且對外嚴禁聲揚（包括自己同事）。旅館從
業人員對旅客的任何事故，都有保密的責任，我們沒有權
利洩漏客人的事情，而不顧及他的尊嚴，尤其是已經往生
的人。所以，凡是處理過該事件的人都不應該向任何人透

露原委，旅館從業人員也應該養成不因好奇向別人詢問不該知道事情的習慣。

5. 協助搬運：

(1) 等檢察官勘驗結束，由法醫出具死亡證明書，可以搬屍體後，屍體交給家屬處理，安全室人員負責協助處理有關搬運的事宜。若是領事館人員，往往具有處理類似事件的經驗，旅館人員站在協助立場即可，千萬勿擅做主張。

(2) 搬運屍體時不要使用客用電梯，以免驚動其他旅客，應該利用員工電梯。最好不要使用擔架，而由葬儀社人員用背負的方式直接送到地下停車場。需要注意的是，預先叮嚀葬儀社的車何時駛進停車場，停放在哪一部電梯的出口附近，這些都得事先安排好。

6. 發生事故的客房事後應加以消毒，備品報請銷毀。

五、發現房客行李日漸減少事件

房務人員在整理客房時，若發現房客行李日漸減少，應立即報告領班處理，查明該房客的情況，看看是否已付過帳或因要暫時離開而將行李寄存在服務中心。如有跑帳之嫌，速查本地之訂房公司看是否仍能聯絡到顧客。

六、蓄意破壞事件

維護飯店設備財產是每個員工的責任，倘若遇有蓄意破壞飯店財產的事件發生時，其處理方式如下：

1. 速將危險物品移走，如在技術上有困難時，則依據爆裂物

處理方式辦理。

2.如有此等情形，應即報請房務部主管處理。

3.如有顧客將退房，房務部應立即會同大廳副理，以委婉的態度向顧客說明客房設備屬公司財產，遭受破壞恐需賠償，原則上以原價之七成計算，三成屬折舊率，並將該房客之姓名列入電腦資料。

4.報請上級決定是否報警處理。

5.封鎖消息，以免事態擴大。

6.掌握現場狀況，並向值班主管報告。

七、爆炸事件

近年來時常發生爆炸事件，尤以美國九一一事件最為嚴重與駭人，因此萬一飯店中發生爆炸事件，其需注意與處理方式如下：

1.迅速搶救傷患，立即打119電話請求派救護車送醫急救。

2.如係人為因素，則提供警方線索，並協助蒐證。

3.如因爆炸引起火警，則依火警處理原則辦理。

4.發現疑似爆裂物，應先研判是否確屬爆裂物。若是，再進一步判定係屬於何種類型爆裂物，最後再依照下列步驟處理：

　(1)封鎖現場，保持原狀，勿讓他人接近，以策安全。

　(2)速向管區派出所或119電話報案，請防爆小組派員前來處理。

　(3)研判可疑人物，予以蒐證，提供警方作為破案參考。

　(4)在處理過程中，盡量避免引起他人驚擾。

5.掌握現場狀況，並向值班主管報告。

八、鬥毆鬧事事件

飯店中發生鬥毆鬧事事件時之處理原則如下：

1. 若為個人事件，應先將雙方當事人加以隔離，現場人員應以和緩態度安撫，以免事件擴大。
2. 若屬群架事件，則應報請管區警察或撥110電話報案處理。
3. 對不良分子爭風吃醋、尋仇滋事者，應迅速報警，必要時可鳴笛，並高呼「警察來了」，以嚇阻鬧事者。
4. 若有人員受傷，應將傷者盡速送醫急救。
5. 掌握現場狀況並向值班主管報告。

第三節　個案探討與問題分析

停電

　　游泳池畔傳來陣陣典雅樂聲，由祈情飯店向山腳望去即是高雄的夜景，人們以各種姿態躍入游泳池，或在池畔隨音樂漫舞著。這炫麗的黑夜是為這場宴會而降臨的。

　　突然從不遠處的賣場傳來一聲巨響，而後所有聲光夜影全都銷聲匿跡於這場突如其來的意外了，飯店內的電源也無法倖免地跟著熄滅，餐廳……，客房……，大廳……。

大廳櫃檯

　　「喂！櫃檯嗎？怎麼搞的！我正在洗澡，怎麼突然停電！現

在烏漆抹黑地又沒有熱水，我才剛抹上沐浴精，洗了一半了，現在是冷水，怎麼洗呀？」來自客房1314號房的抱怨電話。

「搞什麼鬼呀？小姐，怎麼會突然停電了？我才剛剛C/I耶！再十分鐘，電源再不來，我告訴你，我要馬上退房！聽到沒有？」這是剛剛遷入的苦先生，他從電梯口出來便開始呶喝著。

「是的，真的很抱歉，目前飯店已請工程部進行維修與瞭解了，……是的，馬上就可以恢復正常運作了，真的很抱歉，造成您的不便。」櫃檯內的人員頻頻地向客人道歉。

服務中心

「小姐，待會我要開會耶！現在停電，電腦、傳真機、印表機、影印機全都不能用，妳要我怎麼跟我上司交代？」商務中心裏一位公司總裁的執行秘書抱怨著。

行李員神色緊急地向大廳副理說：「有客人的車被卡在B1與B2的車梯裏了，怎麼辦？突然停電，車梯也突然不能運作了，怎麼辦？副理。」

工程部

「好，我們當然會盡力搶修，可是我們已經不是短期人手不足了，去那邊修，這邊就缺人，你們要我怎麼辦啦！」工程部的小城氣急敗壞地忍不住抱怨了。

「什麼？有客人的車子卡住了，可是負責電梯和車梯的人今天都休假了，好，我知道了，我們想辦法……」工程部頓時間一片混亂，相較於平常的悠哉真是天壤之別。

飯店大廳櫃檯員對值班經理緊張地說：「經理，等一下甌悠T/A要C/I，現在停電了該怎麼辦？待會會被客人罵死啦！」

飯店充斥著喧嚷的咆哮聲，大家亂成一片。

1. 請問以上飯店所遇的停電問題，飯店應注意哪些處理流程？
2. 請問您如何處理上述所發生的抱怨事件？請進一步說明顧客抱怨之處理。

第十章　營收管理

困難像彈簧，你弱它就強。

——R. J. Bidinotto

　　旅館的管理者必須面對飯店營收的頭痛問題，如何讓部門人員的生產力和士氣以及飯店收入極大化，是管理者所必須努力達到的目標。而由於旅館房間是一種不可儲存且不可移動的產品，因此，旅館管理者如何經營才能讓房間的住房率達百分之一百且收入極大化，即為本章所要瞭解的。以下根據王麗娟（2000）對我國觀光旅館營收管理運作及其成效影響因素之研究說明如下：

　　Donaghy、McMahon和McDowell（1995）指出，過去國際間的旅館產業較不重視效率管理，但由於旅館面臨競爭性的市場與過多的房間供給容量，加上旅館的固定成本較高，且房間容量不能長期儲存等因素，使得可用房間數量必須妥善地加以管理安排。過去的容量管理（capacity management）可有效地來調節房間的供需狀況，然而並未考慮銷售房間所帶來的利潤。因此為能達到利潤最大化的目標，營收管理（yield management, YM）被視為是替代容量管理的有效工具，可以同時兼顧房間容量調節與利潤的獲得。換言之，營收管理是利用各區隔市場的顧客資料，配合淡旺季與週末、非週末等的需求波動，來調整房價與房間數量的配置。營收管理之目的並非使容量最大化，而是在求取收益的最大化。

　　Lodging Hospitality（1997）之報導指出，截至一九九六年為止，美國已有40％的旅館業者使用電腦化的營收管理系統或人工化的營收管理來協助客房的營運管理，且近五分之一的旅館業者因此增加近6.3％的每日住房率。Allision（1996）指出，在淡季時，房間往往難以銷售，此時旅館會透過不同的訂價策略來調整

房價，給予不同類型的客層不同的優惠措施，以促銷無法銷售的房間。因此營收管理的成功運作，可幫助旅館決定出最佳的接受預約訂房與訂價策略，以提高旅館的住房率與獲利率。Griffin（1994）指出，如果營收管理的技術可以像航空業一樣被完整地應用在住宿業，它將成為旅館經營的主要競爭利器。

就台灣地區之觀光旅館而言，部分業者已透過蒐集與分析過去的顧客資料，來掌握市場的需求狀況，瞭解顧客的需求偏好，藉此協助調節房價與房間容量。然而成功運用營收管理的觀念與制度有其條件因素與背後支援的環境因素。

Harris和Peacock（1995）曾提出可促使營收管理程序成功應用在服務產業的十個步驟：(1)確認市場是否可有效地區隔；(2)確定各個不同訂位等級的數量；(3)建立可供隨時查看的銷售資料系統；(4)瞭解各訂位等級顧客對服務品質要求與價格接受度；(5)制定差異性的訂價；(6)提供異質性的服務；(7)蒐集過去的銷售資料；(8)確立訂位等級的容量；(9)建立訂位等級容量的門檻曲線；(10)發展競爭者監督系統。本章首先針對營收管理的定義與類型作瞭解，其次介紹營收管理的架構、構成要素與操作技術，進而說明旅館業營收管理運作條件，最後分享個案探討與問題分析，希望讀者對營收管理能有較深入瞭解。

第一節　營收管理的定義與類型

營收管理（yield management）在服務業主要源於航空業，其主要目的希望能增加總收入及利潤最大化。而旅館的營收管理是由房間的庫存管理與訂價所構成，並以顧客需求、市場特性及

旅館容量爲基礎，透過系統分析的方法來增加潛在的收益。
Kimes等人（1998a）將營收管理應用於餐旅產業的研究中，認爲
營收管理在各個產業的應用上，可以依據產品訂價的類型，與消
費時間之可預測與否，區分爲四種類型，本節將針對上述進一步
說明如下：

一、營收管理的起源

「營收」（yield）意指產出（produce）、供給（give up）或供
應（furnish）（Funk & Wagnalls, 1990）。「營收管理」（yield
management）最早起源於農業，用於家畜與蔬果的生產管理。服
務業的營收管理最早起源於航空業，隨著一九七〇年美國航空業
的天空開放政策，營收管理即受到廣泛地應用以達成機位利用、
總收入及利潤最大化的目標（Larsen, 1988; Carter, 1988; James,
1987）。營收管理是針對特定的目標市場，透過適當的訂價並預
先安排機位容量的配置，來達成產能增加之目的。Carter（1988）
指出，營收管理的重點在於利用過去的顧客需求模式，找出較難
銷售的機位數（通常在淡季或離峰期間），而這些機位會先以價
格折扣的方式銷售出去，剩下來的機位（通常在旺季或尖峰期間）
則會以全票的價格來銷售。Larsen（1988）則認爲航空業的營收
管理，主要具有超額訂位管理與折扣管理兩種功能。

二、營收管理在旅館業的定義

Morrison（1996）指出，營收管理是收益管理（revenue
management, RM）的一種方法，以控制價格、容量的方式使收益
達到最大化。Kimes（1989b）則指出，旅館的營收管理是由房間
的庫存管理與訂價所構成，並以顧客需求、市場特性及旅館容量

爲基礎，透過系統分析的方法來增加潛在的收益。Wolff（1989）指出，「營收管理」已普遍使用於旅館業，其使用涉及到邊際分析（marginal analysis）、供給需求管理、價格與容量管理、收入最大化與銷售產出管理（sales-yield management）等。Jones和Hamilton（1992）認爲，下列七個要素有助於營收管理體系的操作：(1)發展營收文化（yield culture）；(2)分析顧客整體需求；(3)建立價格與價值的關係；(4)建立合適的市場區隔；(5)分析需求的形態；(6)追蹤取消訂房與爽約（no-show）原因；(7)評估修正營收管理體系。

三、營收管理的內容

Loverlock（1984）指出，由於服務業的產品無法儲存，因此任何時間，只要是服務容量固定的服務業，在顧客需求與供給之間將會發生四種情況，而這些狀況就是營收管理的內容，包括：

(一)超額的顧客需求

顧客的需求超過企業最大可提供使用的服務容量水準，造成部分顧客無法接受服務，企業喪失生意，甚至造成商譽損失。

(二)顧客需求超過最適服務容量水準

顧客的需求已獲得滿足，但由於企業的服務容量與資源有其最適水準（限於固定設備、空間與員工提供的服務），超額的需求將使提供給顧客的服務品質降低（如餐廳臨時加設餐桌）。

(三)顧客需求剛好滿足企業所能提供的最佳服務容量

對企業與顧客而言，這是最理想的供需狀態，因爲此時企業沒有多餘的容量損失，而顧客也可得到應有的服務。

(四)超額的服務容量

顧客的需求少於企業所提供的最佳服務容量，使得企業的資

源與設備因未被充分利用而造成浪費與損失。

　　以上所述服務容量的四種供需情況，都是營收管理所必須考量的重點，調整供需的平衡以獲得最大的利益更是營收管理的最終目標。

四、營收管理類型

　　Kimes等人（1998a）在營收管理應用於餐廳產業的研究中，認為營收管理在各個產業的應用上，可以依據產品訂價的類型，與消費時間之可預測與否，區分為四種不同的應用類型，如圖10-1所示。

(一)產業類型一

　　電影院、露天大型運動場、會議中心與表演藝術中心等，其容納量有限且能容納的消費者也有限，因此這些行業可以在消費時間可預測的情況下，向消費者收取固定的消費價格。

(二)產業類型二

　　旅館、航空公司、租車公司與郵輪航線等，是在有限的容量水準下，在特定或可預測的消費期間內，使用不同的價格來銷售產品。

(三)產業類型三

　　餐廳、高爾夫球場與網際網路服務業，雖然是向消費者收取固定消費價格，卻不易預測消費者前來消費的時間。

(四)產業類型四

　　許多健康照顧事業限於醫療保險給付的額度不同，也就是消費者所付出的消費價格不同，且無法預期病人需要醫療的時間及停留接受治療的時間。因此具有價格變動與消費時間不可預測的特性。

針對四種不同的產業類型，營收管理的應用會因應產業特性而有所調整，但目前發現最適合且能成功運用營收管理的產業仍屬類型二的產業，主要是因為這些產業可以預知顧客消費時間，並同時管理固定的容量與波動的價格。餐廳可經由預先訂位來操縱顧客來店消費的時間，所以仍具有營收管理的適用性。

　　Harris和Peacock（1995）指出，目前營收管理已被應用在航空業、旅館業、租車公司、印刷出版業、醫院門診服務、廣播廣告業等，未來可望被擴展到專業的服務性公司，如會計事務所與廣告代理商、娛樂機構等。

產業類型一	產業類型二
◎電影院 ◎露天大型運動場 ◎會議中心 ◎表演藝術中心	◎旅館 ◎航空公司 ◎郵輪航線 ◎租車公司
產業類型三	產業類型四
◎餐廳 ◎高爾夫球場 ◎網際網路服務提供者	◎健康照顧機構 ◎安養中心

圖10-1　營收管理的類型

資料來源：S. E. Kimes, R. B. Chase, S. Choi, P. Y. Lee & E. N. Ngonzi(1998a). Restaurant revenue management- applying yield management to the restaurant industry. *Cornell Hotel & Restaurant Administration Quarterly,* 37(3), 32-39.

專欄10-1　TQM（Total Quality Management）全方位品質管理

　　品管是最終的一個成果檢驗。在過去當公司向廠商下了訂單，出貨前一個月要做出廠前檢驗，也就是最初的品質檢測（Quality Inspection, QI），做的是結果管理。後來慢慢發展出品質控制（Quality Control, QC），在過程中加以管理，並加上回饋改善的工作。目前則進步到品質保證，加強源流管理。

　　TQC是日本企業經常採用的策略，強調公司裏面的組織各自發展其品管活動，經常性改善各部門的單位工作，提高效率、生產力，降低成本，增加生產力，是企業體質改善的重要活動。

　　TQM（Total Quality Management）是發明TQC的美國博士回國後另行發展的理論。它是全方位的品質管理，更強調企業的價值觀，加入了人文方面的思考，提出公司發展的遠景，激起全體員工的共識，使每個職員瞭解公司的企業文化與共同目標，一起參與公司的成長。對服務業而言，自動自發是最重要的。如果老闆規定員工要和客人打招呼，他們會照做，但如果是發自內心的，客人馬上會有感受。過去凱撒推出「凱撒武士」，其任務在於使客人開心，輸送熱情，讓飯店與客人間產生互動，這種加入人文管理的企業文化，使員工體認公司目標與遠景，進而主動服務，這不是機械式的服務，而是理想性的服務，客人會有感受的，而這也是TQM

的重點。接下來與大家分享凱撒推動TQM的狀況：

　　凱撒對品質的理念可分幾個階段，首先是「實現對客戶的承諾」，廣告上若打出住一天送一天的說法，不管購買行為如何公司都會做，如果職員答應了不該答應的事，雖有損利潤，凱撒也會照辦。這是誠信溝通的開始。其次是「不斷創新、超越、主導流行」，設備和服務不斷推陳出新。舉例來說，凱撒過去曾推出皇家旅遊計畫，凡客人訂房三個晚上，飯店在客人抵達前即先以問卷詢問客人所需，在住房前便開始服務；另外，凱撒的巴士駕駛也被訓練要與客人聊天，讓客人能有不同的感受。凱撒的員工每一年都要有新的服務推出，並得到客人認同，而這方面的成就也與考績有關。員工的工作目標除了與自己相比，也會和其他同業相比，目標達到後會有獎勵。

　　凱撒的許多生意都是自己創造出來的。以過去和南陽汽車的合作為例，凱撒幫這些車主安排墾丁南陽遊，凡新車主來住房，飯店即以南陽汽車的名義給予車主果籃、卡片等多項禮遇，而南陽亦向凱撒買了近八千個房間。此項專案不僅為凱撒帶來業績，也為南陽汽車的淡季創造另一波高峰。

　　凱撒認為員工是公司最大的資產，讓員工快樂是很重要的事，所以公司每年都會做兩次民意調查，並對問題做出實際改善。

　　所謂TQM就是全方位品質管理。有人認為品管應是屬於製造業的，但應用在服務業上也是相當有用的。TQM的流程（圖10-2）中首先要有遠景，由公司召集幹部，對公司未來提出建議，像是定義為「值得顧客信賴而且有創意的品

牌」，為達到這個目標擬出工作技巧，並對員工提供獎勵。在資源部分，則是善加利用多方資源，例如凱撒進行品質安全認證時便請了國際生產力中心、工研院等機構來協助，而凱撒達到目標後亦協助其他小旅館成為此方面的資源。工具方面也是多方進行，像是增進電腦，引進國外教學系統等。最後就是擬出策略計畫，並努力達成。

　　凱撒實施TQM的緣由起因於一九九二年美國旅館不景氣，日本業主買下威斯登集團，為求生存強制每家飯店皆實行TQM，當時凱撒亦加入此項計畫。實施TQM對飯店帶來多項好處，飯店士氣與生產力提升，客戶滿意亦提高。

　　威斯登的TQM基石可分為七大步驟（圖10-3），包括持續不斷地改善、全員參與、以客人需求為中心、依實際資料作判斷、系統化運作、經營階層掌握主導權、協力廠商。最

圖10-2　TQM管理流程

資料來源：TTN, Vol.183 37.

圖10-3　威斯登（Westin）的TQM基石

資料來源：TTN, Vol., 183: 37.

後為大家介紹TQM的五個步驟，業者若想實施TQM可由此進行。首先是界定機會點，尋找飯店內可以改善的部分；其次是以實際數據來觀察問題的嚴重性，並分析機會點，找出解決辦法，最後付諸行動。

　　凱撒飯店在每個房間皆設有「一分鐘短評」問卷，積極瞭解客人對飯店的意見，每個月針對客人抱怨進行分析，評比各類抱怨與建議的比例，並提出改進方案。而員工的考績也會受客人意見影響。

　　凱撒每年九月提出下年度方案時，會先進行策略性業務計畫（表10-1），評估(1)當地市場資料及整體經濟趨勢；(2)環境競爭情況；(3)市場占有率分析；(4)顧客分析；(5)市場因素需求及趨勢；(6)主要商機；(7)人力資源需求。從整體面來擬定未來使命，並分析各種競爭手法的效益，是降價還是拓展學生團體，找出最有效的市場切入點。事實上，飯店的特色比航空公司容易區隔，如何發展自己的特色，以區隔市場，可說是飯店經營的成功之道。

表10-1　策略性業務計畫

市場及行銷分析
1.當地市場資料及整體經濟趨勢
2.環境競爭情況
3.市場占有率分析
4.顧客分析
5.市場因素需求及趨勢
6.主要商機
7.人力資源需求
營利計畫
1.使命
2.目標及行動計畫
3.預估及預算
資本投資計畫

資料來源：TTN, Vol.183 37.

帆船酒店

「阿拉伯塔」是目前世界上裝飾最豪華的旅館，名叫Burj Al Arab Hotel，它遠看活像一艘在海上航行的帆船，所以又稱之為帆船酒店。

它建在阿聯酋迪拜西海岸上的一個小島上，是全世界唯一建在海洋中的旅客，有兩百八十公尺長的橋和陸地相通。橋上有警衛日夜守護，外人不得隨便入內。其建築設計和造型堪稱一流，為近代的十大建築之一，是全世界設備最豪華的，可說比皇宮更皇宮，亦是全世界消費最貴的，其最低消費的房間是美金一千兩百元，最高消費的國王套房是美金八千元。

「阿拉伯塔」旅館於一九九八年十二月正式開始對外營業。旅館總高三百二十一公尺，理論上遊客可以透過望遠鏡看到周圍的阿拉伯國家。

這家旅館因其優良設施和高檔服務而號稱為「七星級旅館」。住店旅客可以坐豪華的勞斯萊斯汽車直接往返於機場，也可從旅館二十八層專設的機場坐直升機，花十五分鐘空中俯瞰迪拜美景。

這家旅館共有二百零二個雙人套房，其中的一百六十四個套房帶有寬敞的臥室。另外還有兩間總統套房和兩間國王套房。據說這是目前世界上裝飾最豪華的客房，單間客房的面積就達一百八十平方公尺，內裝十四部電話；而國王套房裏的無線電話更不少於二十七部。此外，旅館內整整有兩層樓是專供住店旅客健身用的健身俱樂部，二十四小時全天候服務。這也是目前世界上最大、設備最先進、服務最好的旅館健身場所。

這樣豪華的旅館花費肯定很大；而在夏季，爲了鼓勵消費，單間客房降價後也要兩千五百至三千五百迪拉姆（約3.66迪拉姆合一美元）。據旅館總經理介紹，旅店常年的入住率都超過82％，旅客多是大人物、大闊佬和有錢的太太，來自沙烏地阿拉伯、英國、德國、阿聯酋其他酋長國和波斯灣及中東地區。他們看中的是這裏的環境相對清靜，遠離外部與鬧市，可以好好放鬆一下，不受打攪。此外，也有客人入住是爲了訂婚、結婚、過生日和其他一些個人值得紀念的原因。這家旅館的運作無疑是十分成功的。

　　由於名聲在外，所以這家旅館也引來了無數的觀光客。他們的目的並非住店，而只是把它當作旅遊景點或博物館來參觀遊覽一番，入內或在門外拍照，留個紀念，「到此一遊」而已。

　　爲此，旅館不得不採取非常措施，對每位欲入內參觀的遊客，在旅館大堂──這個有一百五十平方公尺的三角形建築內──收取高達兩百迪拉姆的稅費，以控制觀光客的數量。這個費用遠遠超過了世界上許多著名的博物館和旅遊景點的費用。

資料來源：1.《環球時報》（2002年01月03日第六版）
　　　　　2.http://www.iliketravel.com/Beauty/Dubai/Dubai01.jpg
　　　　　3.http://www.libertytimes.com.tw/2001/new/may/3/life/travel-1.htm#top

第二節　營收管理的架構、構成要素與操作技術

　　由於旅館商品與一般產品有其特殊性，故其營收管理對旅館之經營者特別重要，因此對於營收管理之需求估計、市場區隔、核心成分、結果衡量等四個階段要仔細評估與考量。而對於其營收管理構成之八大要素亦不可忽略：(1)資料蒐集；(2)不同房價的顧客需求模式；(3)超額訂房策略；(4)顧客需求彈性；(5)管理資訊系統；(6)決策的制定；(7)教育訓練；(8)回饋評估。此外亦可透過其常態性資料收入，選擇電腦模擬技術、定價、容量與超額訂房調節策略或電腦技術產出等營收管理操作技術來使得營收管理實施更加有效率。本節將透過營收管理的架構、構成要素與操作技術之說明，讓讀者更瞭解旅館之營收管理，茲說明如下：

一、營收管理的架構

　　Harris和Peacock（1995）提出，完整的營收管理過程應包括：需求估計、市場區隔、核心成分、結果衡量，共四個階段。最後營收管理系統可透過正式的績效考核與回饋系統來確定每個組成成分的貢獻。營收管理的架構說明如下：

(一)需求估計

　　有效營收管理的第一階段必須預估顧客對服務的需求，需求的估計方法包括時間序列法、專家意見法、市場試驗法等。需求估計的程序必須有計畫地進行，以年度為單位並逐年執行。透過常態性的需求估計，管理者可確定每個主要市場與潛在市場的需

求層級，例如較重視時間而願意支付高房價的消費者，將會成為旅館的主要銷售目標。

(二)市場區隔

市場區隔是從市場中去找出主要與潛在顧客群。特別是市場的大小與消費者的行為特徵，不同類型的顧客，其對價格與服務品質的需求彈性不同，例如商務客與觀光客的需求特性就有明顯的不同。

在第二階段中，我們可以根據地理或其他的特徵來區隔市場。例如在航空市場，我們可以根據起點城市、一天中起飛的時間、平常日或週末等來加以區隔；旅館業則可以根據區位、平常日或週末、季節等來加以區隔。

明確的市場區隔是市場定位與服務形象建立的關鍵策略因素。營收管理是透過區隔來保護與消費群間的交易。在顧客群被區隔後，競爭者的潛在競爭衝擊也會被確定下來。接下來，公司的銷售操作就需針對不同的顧客群進行需求管理計畫的設計。在航空業中，需求管理的策略包括：(1)非黃金時段的搭乘者可享有機票價格上的折扣；(2)享有價格優惠的機票無法轉讓或搭乘期限較短；(3)保留機位與機票給實際會搭乘的旅遊者等。

(三)核心成分

本階段串聯了整個營收管理的運作過程，涵蓋營收管理系統的主要策略成分，包括整合容量的選擇性、差異訂價的制定、容量的安排與配置、價格調節策略及容量的重新配置，這五個成分應該予以系統性地整合，使整個營收管理更具效率。

■整合容量的選擇性

以旅館為例，整合容量選擇性是統計旅館中各類型的房間數量與配置狀況，並評估顧客的需求狀況，計算不同類型房間的邊

際貢獻、容量成本，同時估計容量增加後的單位容量成本。房間之實際邊際貢獻除了依靠預先的估計外，仍需視旅館所提供給顧客的服務品質與房間的實際銷售狀況而定。

■ 差異訂價的制定

在需求估計與市場區隔之後，管理者使用邊際分析技術來配置容量，分析特定容量配置狀況下的成本，之後依據成本與容量的配置狀況進行差異性的訂價，並對市場發布價格資訊。

■ 容量的安排與配置

這個階段包含許多形態的決策。在航空與租車業，是指根據顧客層級來配置機位數量或汽車數量。在旅館產業，則是指根據顧客層級來配置各房間類型的數量。

■ 價格調節策略

由於前面階段所決定的最適價格會因為實際的需求變動與競爭者的行動，而使實際銷售價格面臨調整。市場區隔與需求的變動、評估的誤差都會迫使業者必須重新檢討訂價乃至於重新配置容量。

■ 容量的重新配置

管理者必須檢討最初容量的配置狀況，以回應市場上區隔的改變，或實際上顧客住宿需求所累積之記錄回應到原始統計模式上的差距。例如由於會議商務客的訂房量急速增加超過預期，此時團體觀光客的預訂需求就必須在較早的訂位過程中被拒絕。

(四)結果衡量

在營收管理架構的最後階段中，對於市場反應到策略性訂價調整與容量的重新配置都應該有系統性的衡量，而且在完整的系統過程中修正回饋到其他的組成上。如圖10-4顯示二個短期的回饋評估路徑。A路徑與B路徑從結果衡量要素回饋到動態的「容

量重新配置」與「價格調節策略」。其他兩個長期回饋路徑顯示，C路徑連接「結果衡量」與「整合的容量選擇性」部分，D路徑之回饋線連接「結果衡量」與「需求估計」的階段。

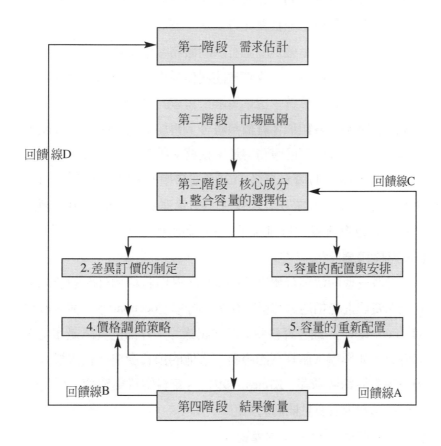

圖10-4　營收管理架構

資料來源：F. H. Harris and P. Peacock. (1995). Hold my place, please.
Marketing Management, 4(2),34-46.

二、營收管理的構成要素

Loverlock（1984）指出，一個好的營收管理系統可以幫助企業決定各種不同類型的存貨量，以因應不同形態的需求。航空業與旅館業都已經廣泛地接受此方法是一個有效管理產能的工具，可引導企業有效、正確地配置有限的服務容量與資源，來提供給眞正有此需求的顧客。營收管理的運作是由許多方面所組成的，其中包括一個電腦系統、企業對未來需求的預測模組、各類顧客訂房上限策略、各類顧客訂價策略等。再加上預約系統，方能充分地管理及有效地運用服務容量。根據文獻歸納構成營收管理的必備要素包括：(1)資料蒐集；(2)不同房價的顧客需求模式；(3)超額訂房策略；(4)顧客需求彈性；(5)管理資訊系統；(6)決策的制定；(7)教育訓練；(8)回饋評估，茲說明如下：

(一)資料蒐集

營收管理的決策有賴充足的資料，其中包括內外部的資訊。在內部資訊上包括過去和現在客房住房率（occupancy）與一般房價（rack rate）、顧客資料庫、訂房記錄等。外部的資訊是環境上的資訊，如影響旅館經營的趨勢、當地的節日慶典、休假模式、競爭者的促銷活動等（Kimes, 1997）。資料的蒐集整理分析是營收管理過程中首要且關鍵的角色。

(二)不同房價的顧客需求模式

營收管理需先取得不同房價等級的顧客歷史需求模式，以及各類型顧客在不同時期的需求記錄。通常業者會根據過去的歷史資料作成各類型顧客的需求機率分配，加上對未來顧客數量的預估，經過業者的市場策略調整後，成爲預估的各類型顧客住房量。瞭解顧客預約行爲，費率（房間消費額）與顧客數量間的關

係，將有助於準確預估未來的各類型顧客需求量（Kimes, 1989a）。

(三)顧客超額訂房策略

由於事先預約的顧客屆時不一定會來接受服務，爲了減少損失，企業往往會根據過去顧客爽約（no-show）的資料，預估一定的比率加到原先規劃的各類顧客比率，成爲實際接受顧客預約時的上限水準，稱之爲超額預約政策（overbooking policy）（Lambert, 1989; Kennedy, 1995）。旅館的訂房狀況與住房率往往受到淡旺季的影響。在旺季時，旅館無論是接受團體旅客（group）或個別旅客（FIT）的預約訂房，當房間額滿後就停止接受訂房。此時，已訂房的旅客可能會臨時取消訂房或未報到（no-shows），而導致房間一位難求卻出現空房的狀況，使得旅館的營收減少。爲了避免此一情況，一般旅館都會採超額訂房（overbooking）的策略，即在旅客預約訂房額滿之後，仍適度地接受額外的訂房，希望能藉此減少旅客取消及未報到時的損失。因此旅館必須訂出各類顧客的超額預約上限水準，以及屆時可能出現各種狀況的處理方式。如在航空公司常會出現超額訂位的情況，業者有各種類型的補償方式，例如艙位升等或賠錢等（Donaghy, 1995）。

(四)顧客需求彈性

營收管理是由價格與容量管理所組成，其最終目的是在創造企業的最大利益。爲此，除了充分地使用服務容量外，更希望能以理想的價格出售。雖然訂價會直接衝擊到收入，但企業不能不注意競爭者的調價動作而任意調整訂價。因此營收管理必須對顧客數量與價格的需求彈性做分析，藉以瞭解各類顧客在不同價格條件下對需求量的變化，最後找出使企業獲取最大利益的各種顧

客價格組合。

(五)管理資訊系統

營收管理系統的運作需要處理大量的資料。如前所述，必須分析過去各類顧客需求的資料、顧客爽約資料，以及價格、超額預約比率等。因此對企業而言，這是一個經常性的工作，且對於營收管理運作的幫助甚大，所以要有一個完整而健全的資訊系統來支持。

(六)決策的制定

管理團隊負責作預測、設定有效的訂價結構、審視訂房的活動，並且控制住房的數量（Donaghy et al., 1997a）。此團隊通常包括總經理、銷售與行銷經理、前檯經理與訂房部門的主管。營收管理的團隊必須要具備應用營收管理的技術與知識，以及瞭解營收管理的觀念，才能具備足夠的能力協助管理過程中的決策制定與調整。

(七)教育訓練

營收管理改變了顧客與銷售人員間單純的買賣關係，員工必須要有足夠的知識與技能以銷售房間，特別是前檯、訂房部門的員工與經理人（Donghy, 1996）。營收管理的教育訓練課程應包括營收管理的政策（policy）、策略（strategies）、軟體與銷售的操作技術（Mac Vicar & Rodger, 1996）。

Jones和Hamilton（1992）指出，營收管理的主要障礙是來自於高階員工雖知道營收管理的細節，但卻未能充分地瞭解營收管理是一種管理的工具，因而造成管理者與員工對於管理方式改變的反抗。Donaghy等人（1997a）建議，要理解營收管理的概念應把焦點放在管理訓練，然後將管理導入員工的工作中，減少員工的反抗以形成營收管理的組織文化，使營收管理的應用更有效

率。

(八)回饋（feedback）

　　Huyon和Peters（1997）指出，回饋對於預測的準確性評估與
營收管理的成功運作非常重要。因此負責營收管理工作的員工必
須維持策略與資料上的更新動作。此外，回饋必須隨時保持管理
階層與員工階層間的溝通，如接納顧客的抱怨與員工建議，以作
為修正之參考。

三、營收管理的操作技術

　　由於營收管理的基礎來自於龐大的歷史資料，人工的運算已
無法因應管理的需求，因此協助營收管理的電腦系統被開發且不
斷地改良，以符合業者的需要，使業者可以從資料的蒐集到決策
的下達能更有效率。

　　在營收管理的應用操作上，從資料的投入至提供決策報表之
產出，大致可分為四個階段：(1)常態性資料的投入；(2)選擇電腦
化模擬技術；(3)訂價、容量與超額訂房調節策略；(4)功能產出。
茲說明如下：

(一)常態性資料投入

　　營收管理運作的基礎在收集詳細的顧客與市場資訊。Kimes
（1989a）指出，市場區隔必須徹底執行，消費群要被更加詳細地
區分為商務與觀光旅客，如此才能提供適當的產品給有需要的顧
客。每一個特定市場特性如需求量、價格敏感度、消費偏好、預
約訂房模式、預約的時間、停留的時間、登記住房及離開的時間
都要確實掌握。同時考慮各種因素如天氣、假期、國家或當地節
慶、季節、月份等對市場需求的影響，才能針對特定時間的訂房
需求作預測。基於預測的需要，旅館必須掌握下列各項常態性的

資料：每日訂房數、每日取消訂房數、入住與退房時間、停留天數、預約訂房時間、臨時入住的時點與人數、每日營業額、各類型房間之訂價與折扣額等。充足的資料將可協助旅館作準確與客觀的預測。

(二)選擇電腦化模擬技術

基於營收管理需儲存處理龐大的資料，而人工的方法已無法整理這些龐大的資料並執行運算分析，因此結合人類智慧的電腦系統被開發用以解決龐大複雜資料的整理與分析工作（Berkus, 1988）。這種人工智慧的設計使得電腦的功能如同人腦一般，可協助管理者及時掌握資料的訊息與決策的決定，且可減少資料蒐集與容量管理上的成本。電腦化營收管理的模擬技術（ReilhanIII, 1989; Escoffier, 1997）包括：

■ 門檻方法（threshold approach）

最普遍的一種方法是比較實際需求與預測門檻值間的差距（帶狀的預測區域），似迴歸分析的方法。它可藉由歷史訂房資料所統計分析出來的理想訂房模式與每日實際的訂房水準做比較，當顧客需求較強時，每日的訂房水準可能超過門檻值。這表示旅館可以提高房價，假如訂房的情況不佳，旅館就需要以折扣的方式來刺激增加需求。在短期上，藉由測量實際需求在門檻值的起伏狀況，可協助調節訂價以因應多變的市場。門檻的方法有許多實際的利益，它易於隨時更新，監督預先訂房的過程產生每日的記錄，是提高訂價或降低訂價的指標，但卻無法提供最理想的收益訂價參考。

■ 專定系統（expert system）

專家系統（人工智慧系統）類似門檻值的統計系統，它結合人工智慧可以在時間領導的期望下去設定不同時期的接受訂房上

限（如抵達前一百八十天接受10％的預訂，九十天前接受30％的預訂，六十天前接受45％的預訂），這種方法的應用前提是旅館的環境必須是靜態的，也就是說需求的波動是不變的。

■ 最佳化（optimization）

最佳化的方法是一種較新的技術，其預測準確度超越門檻與專家系統方法。不同於一般的模式或原型的模式，最佳化尋求單一、準確的最佳狀況，起源於考慮時間與地點等特殊循環的運算法則。這種方法著重於需求的預測、機率理論與彈性的預測。且以房間庫存控制變數為基礎，模擬如延長停留與超額訂房狀況下的成本變化，藉此提供作為訂價的參考。

■ 類神經網路（neural network）

第四種是一種新的電腦方法，稱為類神經網路，可用以解決過去營收管理無法解決的問題。類神經網路會像人的心智一樣從過去的經驗學習並判斷隨機改變變數的重要性。它們是真正智慧型的電腦，不僅可以處理法預知的狀況，也可以由少許的隨機資料去合成知識。類神經網路是一種嘗試錯誤的鋪張方法，為求取最適化的情況必須合理地選擇誤差的標準來產生較好的結果，直到變數的邊際誤差達到最小。基於這一點，類神經網路幾乎可以記錄原始限制命題與問題假設的改變，其所得到的預測結果也將優於以次等限制命題為基礎的原始最適化問題解決模式。雖然這些預測方法最主要的目的是作準確的預測，然而其有效性是有限的，因為他們的預測結果往往會落後於當前隨時變動的最新資料。

(三)訂價、容量與超額訂房調節策略

使用不同電腦模擬方法做預測時，其模擬作業需配合不同市場區隔的訂價、容量與超額訂房調節策略中的準則（Desiraju &

Shugan, 1999; Kimes, 1998b）。即模擬作業中變數的調整，才能產出更爲精確的報表，以供管理者參考，各調節策略準則說明如下：

■準則一

當價格不敏感者（Price Insensitive Segment, PI）與價格敏感者（Price Sensitive Segment, PS）之市場需求皆小時，在接受訂房期間的早期（旅館依本身訂房狀況設定特定期間之訂房達成率，如九十天前訂房需達到所有房間數量的60％）與後期（指九十天後，需達成其餘40％的訂房目標）皆以折扣價銷售。

■準則二

當價格不敏感者的市場需求小，價格敏感者的市場需求大時，在早期以折扣價銷售，在後期以原訂價銷售。

■準則三

當價格不敏感者的市場需求大，價格敏感者的市場需求小時，在早期以折扣價銷售，且無需限制PS的訂房數量，以期望在後期獲得更多PI的訂房，在後期以原訂價銷售。

■準則四

當價格不敏感者的市場需求大，價格敏感者的市場需求大時，在早期以折扣價銷售，並限制PS的訂房數量，以期望在後期獲得更多PI的訂房，在後期以原訂價銷售。

■準則五

訂房期間未區隔（指未設定特定期間之訂房達成率），取消率確定時，超額訂房數量要大於爽約者的數量。

■準則六

訂房時期未區隔，取消率不確定時，超額訂房數量要小於爽約者的數量。

■準則七

訂房時期區隔為二，取消率確定時，早期的超額訂房數量要大於爽約者的數量。

(四)電腦技術的產出

透過電腦化營收管理系統針對各種不同情況的模擬與調節準則的設定，進而可以取得下列各項功能產出：(1)需求的預測；(2)調整市場區隔；(3)調整市場需求改變時價格；(4)估計延長住宿的機會成本；(5)控制房價結構；(6)控制房價結構組合；(7)使用折扣或全額房價控制房間存量；(8)控制超額訂房；(9)提供團體最佳化的房價；(10)提供決策支援工具；(11)提供早期訂房與銷售狀況資訊；(12)提供模擬分析；(13)提供銷售的成本與利潤分析；(14)提供趨勢分析報告等（Griffin, 1994）。這些功能的產出最主要可以協助旅館確定最適化的顧客組合（如商務客與觀光客的比率）；協助房間內容量的配置（如在二十七個星期前就分配每星期二有60％的容量以商務客的訂價銷售給商務客，保留15％的容量以全額房價銷售給當天要求住房的旅客，分配35％的容量給團體的商務旅客），並提供最佳化收益之訂價水準。

第三節　旅館業營收管理運作條件

旅館業營收管理運作的條件包括：容量是相對固定的、需求是波動的、存貨不可儲存、具有區隔市場能力、低邊際銷售成本、產品可以預先售出等六項，但其中小型旅館在應用營收管理上，則有兩個障礙，分別是企業本身的障礙與環境的障礙，前者如缺乏電腦營收管理系統，後者如無法資源共享等問題。本節將

針對旅館業營收管理運作條件進一步說明。

營收管理的觀念可以被輕易地轉換到旅館的架構上，但Orkin（1990）強調，若旅館業依循著航空業的模式來執行營收管理，將會有危險存在。因此Kimes（1989a）與Luciani（1999）兩位學者的研究歸納分析旅館業應用營收管理的必備條件、成功運作條件與可能的環境阻礙，茲說明如下：

一、營收管理在旅館運作的必備條件

任何管理方法都有其適用的範圍和條件，對症下藥才能達到最理想的效果（Kimes, 1989a），為達到營收管理系統的最佳化，旅館所需具備的條件有：

（一）容量是相對固定的（fixed capacity）

旅館的容量是固定的，無法超收過多的旅客。例如一家旅館的房間都已全部客滿的情況下，旅館就需要一個有效的營收管理計畫，包括可準確預估顧客的超額訂房策略。當顧客數大於房間數時，要如何安撫顧客或安排至鄰近同業暫為住宿，或當顧客數少於房間數時要如何招攬客戶，或將房間外包給旅行社等。

（二）需求是波動的（fluctuating demand）

旅館的房間需求會因為淡旺季的影響而呈現不穩定的需求狀況，在旺季時供不應求，在淡季時卻有供過於求之虞。使用營收管理可藉由提高在需求較少時的效用（如折扣價增加客房銷售量）和增加在需求較大時的收入（如維持全額房價）來幫助企業緩和需求的波動。如果管理者知道需求波動的形態，將可以作較佳的處理與計劃。

（三）存貨具有不可儲存性（perishable asset）

區別製造業與服務業的一大特性就是存貨是否可以儲存。在

服務容量受到限制的旅館業，房間的庫存是容易消逝的，旅館的房間若無法在預約期間或當天售出，就會造成無法售出的損失。如果旅館業可以減少剩餘房間容量的損失，將可使營運更具效率。

（四）產品可以預先售出（product sold in advance）

運用預約系統可以使企業在服務發生之前，就先瞭解顧客對服務需求的狀況，知道服務容量在未來被使用的情況。然而就旅館而言，管理者必須在預先接受訂房的期間，調節不同的訂價策略，決定是接受事前預約享有價格優惠的顧客，或是等待願付較高房價的顧客出現，即何時接受折扣訂價，何時維持正常訂價。

（五）具有區隔市場的能力（ability to segment markets）

為使得營收管理發揮最大的功效，企業必須將各種不同形態的顧客區分出來，以因應不同的顧客需求來達成最佳的營收管理，例如航空業對於在週末晚上必須作停留的班機，有價格上的優惠，這就是把重視價格與重視時間的顧客之間作一個區分。另外航空公司將機位分為頭等艙、商務艙及經濟艙的做法，也是相同的道理。旅館也可以區隔時間敏感的需求者（如商務客）和價格敏感的需求者（如觀光客），進而發展區隔不同價格敏感者的服務。

（六）低邊際銷售成本／高容量改變成本（low marginal sales costs / high capacity change costs）

對容量受限的服務業而言，若是額外銷售一單位容量的成本（marginal sales costs）較增加一單位容量的成本（high capacity change costs）為低，則可以有效地運用營收管理系統來促使經營效率提高。

二、營收管理在旅館成功運作條件

Luciani（1999）的研究引用Jones（1997）之營收管理模式，將資訊技術、人力資源、管理資料系統、策略性與操作性決策視為是營收管理成功運作的關鍵條件。資訊技術、人力資源、管理資料系統可歸納屬於決策支援系統，策略性與操作性決策屬於決策系統。由於此研究屬深度訪談的調查，作者以決策支援系統與決策系統為問卷之主要架構，並以Donaghy等人（1995）之研究模式作為主要架構中之次要問項，設計成開放式問卷，內容包括三大部分，以瞭解業者對營收管理的認知與應用狀況。

三、營收管理在旅館運作的環境阻礙

在Luciani（1999）調查佛羅倫斯中小型旅館應用營收管理的阻礙與成功因性的研究中，引述The European Commission（1997）的報告，顯示中小型旅館在應用營收管理上，有兩個主要的障礙，分別企業本身的障礙與環境的障礙，茲說明如下：

（一）企業本身的障礙

可區分為態度上與操作上。在態度上的障礙包括缺乏營收管理的技術與專家、缺乏對營收管理的認知、抗拒輔助營收管理資訊技術的引進。在操作上的障礙包括使用電腦營收管理系統的成本太高、內部資訊流通的缺乏、依靠固定房價的商業契約、缺乏合適的傳播與通路管道。

（二）環境的障礙

包括無法明確地區隔市場、資訊共享的缺乏、無法找到適用的電腦營收管理系統、不穩定的季節性需求。

以上的敘述，整理如表10-2所示。

表10-2　影響旅館營收管理運作的阻礙因素

企業本身的阻礙	環境的阻礙
態度上 ＊缺乏營收管理的技術與專家 ＊缺乏對營收管理的認知 ＊抗拒輔助營收管理資訊技術的引進	＊無法明確地區隔市場 ＊資訊共享的缺乏 ＊無法找到適用的電腦營收管理系統 ＊不穩定的季節性需求。
操作上 ＊使用電腦營收管理系統的成本太高 ＊內部資訊流通的缺乏 ＊多依靠固定房價的商業契約 ＊缺乏合適的傳播與通路管道	

資料來源：European Commission.(1997). Yield management in small and medium sized enterprises in the tourism industry,131-132., as cited in Sara Luciani (1999).Sized hotels., an investigation of obstacles and success factors in Florence hotels. *International Journal of Hospitality Management,* 18(2), 129-142.

第四節　個案探討與問題分析

特殊意外事故

　　祈情飯店為了用心求新，於是在大廳的大門上作了一番的大工程整修，因此，多少造成客人之不便是無庸置疑的。這一天側門熙熙攘攘的人群如同平時一般熱絡，外頭的鬱悶遇上了烏雲，聽說有個輕度颱風將至了。

　　「Mike，待會颱風來會刮雨，側門這裏待會工程部會來搭個臨時帳棚，再這裏你要多多注意一下客人的安全。」大廳副理對門衛Mike說著。

這臨時帳棚成為了新的門面以後，自然沒有以往大門豪華級的風光了，更別說是一到了雨季，帳棚時常會積水，每每一段時間，門衛就需要用掃把的柄將帳棚向上撐。

今夜的颱風，並沒有相當地震撼人心，只是雨水奔落的速度不一，需要特別注意這帳棚上所囤積的水量，祈情飯店工程部所搭設的臨時帳棚看似是牢靠的，但是……

隔天一早——

倏地及時雨已停歇，飢餓的麻雀爭先恐後尋找外頭好吃的蟲子，今天的祈情飯店的確有些狼狽，甌喔旅行社的團客一早的行程將出發到最近的高雄港，上遊覽巴士前門衛已停止為團客一一撐傘的服務，最先的導遊走在前頭，經過帳棚的那一刻，天空吹起陣風，帳棚隨風飄動著，上面的積水突然就這樣地往導遊正面趴倒，後頭跟著的團客全傻了，當時氣氛真是一片尷尬，大廳副理在飯店內巡視突然見到此事，立刻向前道歉。

1.若您為當場目擊的大廳副理，您會如何處理善後？

2.就客房及大廳施工方面討論飯店於進行施工期間時，應考量哪些以防範意外發生？

第十一章　電腦管理系統

我們常有足夠的時間，如果我們恰當地用它。

——歌德

　　根據James（1996）指出，在現代化的旅館，客務部運用電腦作業已是必然趨向。對新企業體而言，電腦本來就是公司標準配備。在現行的旅館作業中，電腦已整合成為每日的作業工具，協助員工為客人提供最佳的服務。旅館電腦的運用範圍包括處理訂房、住宿登記、客帳登錄、退房遷出以及夜間稽核。旅館各部門的電子資料，可以處理餐廳、藝品店、溫泉浴室、停車場等銷售點（point-of-sale）的營運，也可監控鍋爐、空調系統處理工程的維護，以及安全的問題，如房間鑰匙的控管。當你從事旅館行業的工作時，你會很想瞭解到底旅館客務部是如何運用電腦的。本章將提供各種資料讓你瞭解客務部的電腦運用情形。電腦的運用涵蓋旅館電腦管理系統（property management systems, PMS），此為通常使用的術語，用以描述旅館業所使用的電腦硬體和軟體。你會注意到旅館電腦管理系統的應用範圍並不僅局限於客務部而已，而且能夠連線房務、餐飲、行銷業務、藝品、財務、工程維修、安全等部門，構成整個旅館的服務網絡。每一個部門都能在客人住宿之前、當中、之後，與客務部相輔相成扮演好自身的角色。客務部本來就應協調好對客人的溝通聯繫、會計帳目和安全管理的責任。客務部既然是旅館的中樞神經，透過電腦化操作系統，對於各種作業詳實加以記錄，才能有利於整體的運作。

　　台灣目前各大旅館的電腦系統作業情形，雖然可能因為業務所需或是其他種種因素有所差異，但是對資訊科技的高度依賴性卻是一致的。其透過引進科技資訊（information technology，簡稱I.T.）的應用，來收集、整理、分析與整合商業資源，洞悉所

面對的市場環境，以精準的科學技術爲基礎來協助業者有效地發展目標市場，創造競爭優勢（林東清，1995）。透過資訊科技的進步及刺激，大大地顛覆了一成不變的管理模式，使得國際觀光旅館經營管理業者從以往著重於傳統的作業性事務形態，轉而投注更多的心力於創造競爭優勢及策略。經營管理者面臨的是一個變化多端的經營挑戰、不確定的環境變數、短促的產品生命週期、全球化的商品趨勢、競爭的白熱化，除了需要有靈敏的市場反應、快速的效率要求與掌握顧客的喜好之外，維持及創造永續的競爭優勢，更是企業長期生存發展的關鍵所在，而資訊科技（I.T.）正是扮演此一關鍵時刻的致勝武器（李岳貞，1998）。西元一九九四年Bernard亦提出因應全球性的競爭，企業應該採用資訊科技（I.T.）來建立、維持及擴張競爭優勢之主張。在美國有愈來愈多旅館（尤其是連鎖旅館）願意投下大筆的費用使用資訊科技來增加住房人數，順便在網頁上介紹連鎖餐廳的服務。資訊科技在旅館業的應用未來將是大勢所趨（張玉欣，1999）。目前國外的國際觀光旅館業者常用的資訊科技種類有：全球傳輸系統（globe distribution system, GDS）、線上銷售系統（point-of-sales, POS）、管理資訊作業系統（management information system, MIS）、資產管理系統（property management system, PMS）、高階主管決策資訊系統（executive information management system, PMS）、網際網路通訊傳輸系統（internet）等（廖怡華，1999）。

根據廖怡華（1999）在影響國際觀光旅館業引進資訊科技之組織因素之研究中表示，有鑑於國際觀光旅館業對資訊科技之需求日益增加，其對資訊科技的依賴也愈顯得重要。一個符合組織需求的資訊系統在國際觀光旅館業競爭中扮演非常重要的角色。西元一九九八年李岳貞提到在過去六年來所接觸到的企業當中，

大約只有10％的企業高階主管對資訊科技（I.T.）有相當的認識，其餘90％的企業主管都是將資訊科技的認識、發展由層級相當低的單位來負責。資訊科技是企業邁入二十一世紀的競爭利器之一，企業必須選擇主流的資訊科技，以免在短時間內遭受淘汰，因此必須不斷地投資，以獲得更佳的效益。資訊科技系統的應用是全體企業主管的責任，與資訊科技相關的部門層級越高越好，以減少科技與業務功能的差距，同時也能縮短企業主管間認知的差距。毫無疑問地，資訊科技之應用如流水之載舟，操作得當可加速企業的速度，反之雖不至於顛覆企業，但也會造成投資不佳、遲滯成長的反效果。本章首先介紹旅館商品特性與資訊在觀光旅館之應用，其次說明電腦管理系統，最後為個案探討與問題分析。

第一節　旅館商品特性與資訊在觀光旅館之應用

　　旅館商品之特性可分為一般性與經濟性。前者如舒適性、安全性、服務性與高級性等，後者如產品不可儲存性、搬移性、標準化等無形性。由於旅館商品有上述等特性，因此旅館管理者無不努力讓其旅館的住房率達到最高且其每日的收入極大化。為了達到上述之目的，目前很多旅館皆藉助科技電腦資訊等工具，讓其管理更有效率與彈性，本節將進一步介紹旅館商品特性與資訊在觀光旅館之應用。

一、旅館商品的特性

旅館商品（products）即是出售空間（space）、時間（time）與服務（service）。它的特性分為一般性與經濟性，茲說明如下：

(一)一般性

1. 舒適性：舒暢愉悅的氣氛，且尊重個人隱私。
2. 禮節性：顧客與旅館員工有必須遵守的社交禮儀。
3. 服務性：注重人的因素，款待慇懃，個性化服務。
4. 安全性：保障顧客生命和財產安全，注重安全措施。
5. 合理性：按設施與服務分等級，物與值相稱。
6. 持續性：全天候提供服務，沒有間歇。
7. 高級性：華麗氣派，社經地位的表徵。
8. 確實性：能迎合客人的要求，迅速完成應履行之事。
9. 流行性：新的生活價值、經驗，領導時尚。
10. 話題性：社會關心的焦點，確保資訊的流通。

(二)經濟性

1. 產品不可儲存及高廢棄性：旅館基本上是一種勞務提供事業，勞務的報酬以次數或是時間計算，時間一過則原本可有之收益，因為沒有人使用其提供之勞務而不能實現。
2. 受地理區位的影響：無法隨住宿人數之多寡而移動其位置，旅客要投宿便要到有旅館的地方，受地理上限制很大。
3. 短期供給不彈性：興建旅館需要龐大的資金，由於資金籌措不易，且施工期長，短期內客房供應量無法很快地適應需求的變動，因此短期供給是無彈性的。

4. 資本密集且固定成本高：國際觀光旅館往往興建在交通方便、繁榮的市區，建築物又講究富麗堂皇，因此於開幕前必耗費鉅資，這些固定資產的投入占總投資額八至九成，而在開業後尚有其他固定及變動成本之支出，因此提高其設備的使用率是必要的。

5. 需求的多重性：旅館住宿之旅客有本國籍旅客也有外國籍旅客，其旅遊的動機不同，經濟、社會、心理、背景亦各有異，故旅館業所面臨之需求市場遠較一般的商品複雜。

6. 需求的波動性：旅館的需求受到外在環境如政治動盪、經濟景氣、國際情勢、航運便捷等因素影響很大。來台旅客不僅有季節性也有區域性。

二、資訊科技在台灣觀光旅館之應用

台灣地區的國際觀光旅館業在資訊科技方面的應用，普遍說來在創新以及引進新資訊科技的程度方面較不像其他先進國家那樣的積極。由於國內引進高科技應用於服務業經營管理的風氣較其他許多先進國家要來得保守，於是對於資訊科技的要求仍屬於電腦化階段：利用電腦執行儲存、計算或是印帳單的階段。值得大家特別要注意的是，多位國際觀光旅館業資訊科技相關部門主管及旅館資訊科技供應商皆表示：儘管資訊科技的變化與創新日新月異，每年都以驚人的速度在創新，但是對於許許多多在台灣的國際觀光旅館業者而言，對於資訊科技方面的使用，大部分屬於最基本的營運功能需求階段。老守著傳統的資訊科技，不容易考慮引進新的資訊科技，甚或有時候是提案的雷聲大，最後落實更新現有電腦資訊系統的雨點小，半途而廢的情形非常普遍。據

業者表示，一般說來觀光旅館業者一旦要引進新資訊科技，花費平均高達千萬元，而資訊科技對於觀光旅館者來說，只要能維持基本的營運功能，就不需花費如此高的費用去引進新的資訊科技。根據與業者訪談資料顯示，一般來說國際觀光旅館業者引進新資訊科技的頻率和時限平均為五至十年左右，規模愈大者並不表示其引進的資訊科技較先進。表11-1整理的資料為目前台灣觀

表11-1　台灣國際觀光旅館業之資訊科技應用

	台灣國際觀光旅館業之資訊科技系統說明
前檯作業系統 （front office）	(1)客務管理作業系統 ・業務管理 ・旅客歷史作業系統 ・會員及簽約公司管理系統 ・訂房系統 ・接待管理系統 ・總機作業系統 ・外幣匯兌作業系統 ・出納管理系統 ・夜間稽核作業管理系統 ・服務中心作業系統……等系統 (2)房務管理作業系統（housekeeping） ・洗衣中心作業系統……等系統 (3)餐飲管理作業系統（F & B） ・餐廳出納作業系統 ・線上連線銷售系統（簡稱P.O.S.） ・發票管理系統……等系統
後檯作業系統 （back office）	(1)財務管理系統 ・總帳管理系統 ・應收、應付帳款管理系統 ・固定資產管理系統 ・成本控制管理系統 ・票據管理系統……等系統 (2)會計管理系統 (3)採購管理系統 (4)庫存管理系統 (5)人事、薪資、行政管理系統……系統

資料來源：廖怡華（1999），影響國際觀光旅館業引進資訊科技之組織之研究，碩士論文。中國文化大學觀光事業研究所。

光旅館業者在資訊科技方面所應用的範圍。目前台灣國際觀光旅館業中較為普遍被採用的資訊科技系統供應商，在國內部分有金旭資訊、亞美資訊、德安資訊、陽明資訊、全程資訊以及內部資訊科技相關之關係企業。在國際部分之資訊系統供應商，主要以FIDELIO為主，占有大部分觀光旅遊業資訊科技市場，由於產品功能的完整性及創新性，近年來在台灣觀光業界的地位愈來愈受重視，隨著多家國際連鎖性旅館（如台北遠東大飯店、台北西華大飯店）的陸續採用，提高了其在業界應用的知名度外，更有著銳不可檔的進攻趨勢。

 專欄11-1　網路訂房（CRS）

網路訂房（Computer Reservation System）直接提供客戶線上訂位刷卡服務，不需再透過電話詢問，省去交易流程的繁雜。

1.傳統訂房流程

繁瑣程序造成人力、物力、財力的三大浪費，將導致錯失許多商機。

2.本訂房系統流程

讓人力、物力、財力合而為一，快速的服務、一氣呵成的效率將是致勝的關鍵。

島嶼旅館（水上屋）

綠中海島嶼度假村（Pangkor Laut Resort）位於麻六甲霹靂州西南方（距邦喀島西南方一點六公里）的私人小島，距馬來半島約四點八公里，是標榜一島一度假村的隱密海角樂園。據說在馬來文裏，Pangkor 的意思是「斷掉的旗桿」，Laut 則是「島」，原來在古老傳說中，皇室王子搭船至此小島擱淺，船上旗竿折斷的原因雖不得而知，卻因此發現島上的美景。

Pangkor Laut 的海水顏色像翡翠一般碧綠，所以又被稱為「翡翠帝王島」。擁有難得一見的原始景觀和豐沛的生態資源、占地三百英畝、一百二十五間房的綠中海度假村雖不大，卻獲得《世界頂級小型豪華飯店雜誌》（*Smallluxury Hotels of the World*）的鄭重推薦，與新加坡的萊佛士酒店、普吉島的悅榕度假村、日本豪斯登堡的歐洲大飯店等同享齊名。

度假村內的房間，採用馬來西亞的傳統建築形式，以木頭為主要建材，每個房間均有不同的風味，若以房間所在位置來區分，共有水景別墅、皇家沙灘別墅、皇家沙丘別墅、丘陵珊瑚別墅、山間別墅等種類。最特別的建築便是建築在碧綠海水間的水景別墅（water and sea villas）。度假村擁有三座網球場、三座游泳池及冷熱水按摩池、二座壁球場、三溫暖、健身房、圖書館及一間二十四小時開放的視聽間。島上有三處海灘可供戲水及日光浴，珊瑚灣設有水上活動中心，免費提供獨木舟、浴巾、風浪板、釣具。需付費的有潛水、深潛。此外有慢跑及散步習慣的旅客，亦可利用島上四條森林小徑來一段叢林探險。

資料來源：http://www.longwaytour.com.tw/Hotel/malaysia/pangkor_laut.htm

第二節　電腦管理系統

　　由於旅館之電腦化，讓旅館與客人間獲得更多之利益與方便。因有電腦之輔助讓旅客遷入登記與退房遷出更快速有效率，亦可節省客人等候之時間，根據Baker Bradly及Huyton（2000）指出，旅館之電腦管理系統（property management system, PMS）可分為兩部分：前檯電腦管理系統與後檯電腦管理系統。前者包括前檯遷入登記、客房預訂、夜間稽核、電子化定點銷售系統（electric point-of-sales, EPOS）、電話帳單、退房遷出等；後者包括房務作業管理、營收管理、能源管理、安全系統、行銷業務及電子郵件等，因此本節將根據Baker（2000）等學者所提出電腦管理系統作進一步之介紹。

一、前檯電腦管理系統

(一)登記（registration）

　　前檯電腦化之後，櫃檯接待人員幫客人作遷入（check in）時，即可在電腦螢幕上一目瞭然地看到其資料。因訂房員已經將所有的旅客資料登入電腦內，當旅客一到達飯店時，櫃檯接待員就可以從前檯電腦系統裏叫出客人的登記卡資料，確認客人的所有明細資料，確認其付賬方法等資料。這使櫃檯人員更有效率、更快速地替客人做遷入手續，故可節省客人遷入的時間，降低繁忙時的大排長龍。不論是線上預定房間或是使用電話預約中心將不成問題，因這套程式是安裝在電腦系統上，故在任何時間皆可自由地從飯店電腦中讀取資料。

在電腦化中櫃檯可利用高科技技術來協助服務工作，如遠距訂房系統又稱漫遊櫃檯（the roaming front desk），已經被廣爲始用。它是一種小型電腦，附有小型印表機及磁卡型，而且連結到旅館財務管理系統。客人利用觸摸式銀幕下載訂房細節，即可從遙遠的地方預訂房間，此系統有簽名功能，能辨別信用卡，及列印客人的登記表給客人使用。

(二)客房預訂

訂房可分散客或團體客，而根據電腦中可銷售房資料檢索客人的訂房要求，並儲存訂房資料，而客人詳細資料的取得是透電話詢問或是連線電腦儲存的資料。無論房間形態和位置、房價、客人的特殊要求，而其電腦的處理系統均能一一加以配合，使作業順利。此外有關客人若以信用卡作爲保證訂房的資料，或是經確認無誤的資料，電腦系統即記憶下來，而此資訊對經理人來說是非常重要的。

(三)電子化定點銷售系統（electric point-of-sales, EPOS）

另一種前檯的作業系統方式是電子化定點銷售系統，一般常用於飯店的餐飲部門，這是由數個電子收銀機所結合的系統。餐飲部門所使用的電子化定點銷售系統（EPOS），它能即時地將前檯客人的消費金額單轉載於總帳目內。如房客於館內使用早餐，則這筆餐飲費將在房客尚未離開餐廳或咖啡廳時，將記入他的客房總帳目裏。

(四)夜間稽核

稽核人員的工作通常是在夜間進行的。這項工作必須查核旅館白天所有已入的帳是否正確，即現金收支平衡，此外也跟前檯人員一樣須幫忙處理有問題的客房。由於前檯已經電腦化，故大量地簡化了稽核員的工作。也就是說，電腦自動地檢查該客房該

入的帳是否已經入了，且金額是否正確，還有每位客人在飯店各個部門消費的現金及信用卡簽帳金額是否正確，以及房務部門的客房問題是否與前檯的資料相吻合。稽核員須將上述所提到的項目，一一做成稽核報表以提供各個部門主管審核。

而夜間稽核亦需透過電腦將旅館各部門相關的報表列印出來，如房務部、出納部門、訂房組等等。而其報表也非常多樣化，如房務部可能需要最新的旅客遷入和遷出的名單，或者前檯經理可能需要前檯提供每小時房間的狀態，或者房務部門的房間最新狀態報表等，此報表可供旅館管理者做決策之參考，因此電腦化對其夜間稽核是很重要的。

(五)退房

旅館電腦系統對於旅客退房程序這種繁雜工作能有很大的幫助，且能將帳單精準、簡潔而完整地列印出來。如果帳單內的金額錯誤，將讓旅客對飯店留下不好的印象。電腦化的系統對於櫃檯人員辦理客人退房有很大幫助，例如可以減少客人排隊等候的狀況，這是一般旅客最常抱怨的，藉由此系統可縮短處理時間，加快其作業速度。全自動的「房內快速」(in room) 退房系統，其直接連線到信用卡的電腦系統，提供旅客立即退房的服務。因旅客能輕易在房內的電視螢幕上查看其住宿期間的消費金額，因此有些商務客人為了趕時間，常寫好快速退房單且同意接受他們的帳單，而讓退房手續在客房內即可辦好。

(六)電話帳單系統 (call accounting system, CAS)

電話帳單系統是跟飯店櫃檯電腦連接的，但亦可以是單獨作業的系統。電話帳單處理系統包括所有本地、國際電話及自動付費用電話的客人帳單。這個系統主要的優點包括下列幾項：客人可直接從他們房內打電話，而不需透過飯店總機，增加客人使用

電話的方便性。此外，此系統可自動記錄客人使用電話的量、時間及細節等，可提高旅館的服務品質及客人的滿意度，因此可減少客人的抱怨。因為有了CAS此項系統，減少了接線總機部門很多麻煩，且節省了許多時間，因此提高總機人員的工作效率，且讓客人享受更便捷的服務。

二、後檯電腦管理系統

(一)房務管理作業系統

前檯人員手中現有的房間狀況資料不正確往往會有困擾與問題發生。其原因有可能是客人在住宿登記後，房間尚未整理好，客人不耐久等。前檯人員也相當無奈，一點辦法也沒有，因為一直沒有接獲整理好房間的通知，只好保持外表冷靜，並設法緩和客人的情緒。如果有這套PMS就能很快得到房間的訊息了。房務員可以很快按入已經完成的房間於電腦系統中，不必再向房務領班報告整理好的房間資料。房務領班也不需每天再穿梭於櫃檯，提供可以供出售房間資料。惟此一組成單元的效率則有賴房務員不斷地輸入最新的房間狀況，才能發揮最大的效益。

(二)營收管理

營收管理是房間管理的一種方法，這方法起源於航空業，而亦適用於旅館業。其最主要的目的是使房間占有率極大化並同時得到最好的平均房價。電腦化營收管理系統可以使訂房人員在銷售房間時能做最佳的選擇，如該幫客人訂怎樣的房間且其價錢為何，此系統能立即給予訂房員最佳銷售價建議。此外電腦系統亦能提供在特定時期（如淡旺季、節慶等）適時調整房價的資料，藉由旅客過去資料可知道旅客需求之高低，以俾用來作為房間需求之評估。此外這些資料也包含有些區域性的活動或節日時的住

房銷售紀錄，此有助於旅館客房價格之訂定與提高房間之訂房率，主要目標為讓房間有較佳的收入。

(三)能源管理（energy management）

能源管理系統是一種自動控制旅館內機械設備的系統設施，主要目的是希望旅館內的能源能最有效地運用，如瓦斯及電力冷暖氣空調等設施。當客人進入房間時，只要將鑰匙插入插座，能源管理系統就會自動統籌房間內所有的電力系統開始運作如，如打開房間內的電燈和通風系統等。當客人離開房間時，系統會馬上自動地停止運轉。此方式可節省不必要的浪費，如沒人在房裏燈卻開著，或是房間內的冷暖氣依然運轉著。此系統目前在各大飯店多使用之，即可節省能源浪費，又可節省飯店的電費。

(四)安全系統

電子鑰匙的產生，增加對客房鑰匙的管制能力。每個客人所拿到的鑰匙都有自己的特殊密碼，因為前檯服務人員會將鑰匙的數字號碼重新組合，才會交給新來的客人。對於每一重新出售的房間，前檯人員給予鑰匙（key）或一張鑰匙卡（key card），此鑰匙或鑰匙卡片在辦理住宿遷入時已輸進新的密碼。PMS的安全組成單元無時無刻不在監控安全事項。在客房、公共區域以及工作區域，火警系統經常保持監控狀態中。一旦狀況發生，警鈴或電話語音系統將會在館內任何地方發出警告聲，讓所有的人知道。此時電梯會自動降至主要大廳中，或其他指定樓層，這是一種安全上的設計。

(五)行銷業務

本部門是最經常使用PMS的一個單位。訂房單和住宿登記單上的客人歷史資料（guest histories），如籍貫、公司行號、信用卡使用記錄、住宿習性與偏好等，是要一直不斷翻新修改的。訂房

者（秘書、社團、旅行社）、住宿房間形態、公司郵遞區號、個人住所等都可從訂房檔案中查出。另外，一些市場資訊（報紙的閱讀、推薦資料或廣播的收聽等）在住宿登記時亦可從客人透露中獲得，可適時提供給行銷業務部門，針對目標市場，在廣告媒體上發揮。行銷人員對PMS的另一用途即是可以製作宣傳單，直接針對目標客層作廣告宣傳。廣告信函所要廣告的旅館產品與服務，還有姓名地址貼紙均可利用電腦系統加以製作。從一連串餐飲活動中，根據每日宴會安排一覽表，電腦可以製作每週集會日程表，包括會議、宴客等。所有顧客的資料都可儲存起來，也可做必要的修正。各式的合約格式和內容，電腦也可製作與儲存。一些特殊的資料，可能成為集會的某些活動資料，電腦亦可儲存，以作為日後業務競爭的利器。

(六)電子郵件（electronic mail, E-Mail）

電子郵件是一種利用電腦網路設施傳達通訊的一種系統。這種通訊設施對館內為數眾多的員工傳達公司政策訊息，以及聯繫現有和過去顧客，是相當管用的工具。在使用電子郵件時，要使用安全密碼以確保隱私。員工們在電腦終端機可以查看到電子郵件，電子郵件也可列印出來以供未來參考用。

大型企業及所屬關係企業或連鎖公司，其相互之間均可用電子郵件聯繫。一家旅館如有很多部門和部門主管，則以此設施作為溝通聯繫的工具相當管用。例如，飯店在接受外面傳遞過來的電子郵件，無論是對旅館服務方面的建議或者對旅館的抱怨等等提出的任何問題，旅館方面的主管能在短時間內，按對方電子郵件位址回答客人的建議或問題。

專欄11-2　聯合訂房中心

聯合訂房中心是針對國內外廣大的網友（消費者），包括商務考察人士及一般旅遊觀光人士設計的網路訂房系統，是目前擁有最大、最好、最安全、範圍最廣、最便捷的線上聯合訂房系統，並提供消費者價格優惠、即時且高品質的服務，及國內各大飯店最新及最完整的飯店房間預訂系統服務。讓您不用透過傳統繁雜的訂房方式，即可得到最佳的訂房服務及超安全性的電子商務。

第三節　個案探討與問題分析

角色扮演

一、情境

情境一

客人在商務中心內忙碌地辦理事務，他向商務中心的服務員說：「我必須盡快辦妥這些文件，我肚子很餓，但實在沒有時間到餐廳去，請問你可否替我準備一份三明治？」

情境二

客人致電接線生。那是早上七時，客人有些文件需要打字服務，但商務中心在早上八時才會開放，而他的文件必須在早上九

時準備好，於是他問：「請問有沒有人可替我打好這份文件？」

情境三

客人正在辦理退房手續，並已來不及去赴一個約會，他要求接待員致電通知他的朋友他將會稍遲才到。

情境四

你是電話總機，Mr. Smith 是我們的常客，他這次在我們的酒店逗留一星期。他在上午十一時正辦理離房手續，而他的航班是中午十二時三十分。他在上午十一時三十分從機場致電給你，說他把機票遺留在房間了。

1.請問如果您是客務人員，您會如何回答上述的四種情況？怎樣做才能讓客人感到窩心？

二、檔案

檔案A

客人檔案

客人姓名：Andy Loo

狀況：再度光顧的客人

職業：商人

逗留時間：三晚

個人喜好：(a)通常要傳真大量文件

(b)時常將手提電腦攜帶在身邊

(c)清晨時在房內進食早餐

檔案B

客人檔案

客人姓名：Benny Smith 先生夫人和兩名子女

狀況：再度光顧的客人／渡假旅客

逗留時間：一星期

個人喜好：(a)喜愛遊覽名勝古跡

(b)時常在酒店慶祝結婚週年紀念

(c)時常訂下相連房間

檔案C

客人檔案

客人姓名：Cindy Nathan

狀況：單身女遊客／首次到訪的客人

職業：商人

逗留時間：三星期

個人喜好：不詳

1.請問如果您是客務人員，您會做些什麼令客人感覺受到歡迎和特別？

2.請問如果您是客務人員，您會說些什麼？

參考書目

一、中文部分

1. 王麗娟（2000），〈我國觀光旅館營收管理運作及其成效影響因素之研究〉，私立中國文化大學觀光事業研究所碩士論文。
2. 吳勉勤（1998），《旅館管理—理論與實務》，台北：揚智文化。
3. 李欽明（1998），《旅館客房管理實務》，台北：揚智文化。
4. 河西哲（1999），《餐旅管理會計》，pp.12-13。
5. 張玉欣（1993），〈全國觀光旅遊資訊網之規劃研究〉，私立中國文化大學觀光事業研究所碩士論文。
6. 陳世呂（1993），《台灣旅館事業的演變與發展》。
7. 黃良振（1994），《觀光旅館業人力資源管理》，台北：中國文化大學。
8. 詹益政（1991），《現代旅館實務》。
9. 廖怡華（1998），〈影響國際觀光旅館業引進資訊科技之組織因素研究〉，私立中國文化大學觀光事業研究所碩士論文。
10. 劉桂芬（1998），《旅館人力資源管理》，台北：揚智文化。
11. 潘朝明（1988），《旅館管理基本作業》，台北：水牛。
12. 郭春敏（2002）譯，《旅館前檯管理》，台北：五南出版社。

二、英文部分

1. Allison, L. & Ginger, C. (1996). Making sure the price is right. *Sales*

& *Marketing Management,* 148(5), 92-93.

2.Bake, S., Huyton, J. & Bradley, Pam. (2000). *Principles of Hotel Front Office Operations*, New York: Continuum. ISBN 0-8264-4709-0.

3.Bardi, J. A. (1996). *Hotel Front Office Management,* Van Nostrand Reinhold, Thomson Publishing Inc.

4.Berkus, D. (1988). The yield management revolution- an ideal use of artificial intelligence. The Bottomline, (June/July), 13-15.

5.Carter, R. & Screen, D. (1988). *The Business Traveller,* (April), 34-35.

6.Desiraju, R. & Shugan, M. S. (1999). Strategic service pricing and yield management. *Journal of Marketing,* 63(January), 44-56.

7.Deveau, L. T., Deveau, P. M. & Escoffier M. (1996). *Front Office Management and Operation,* New Jersey: Prentie-Hall. Inc.

8.Donaghy, K. (1996). Plotting future profits with yield management. *Hospitality*, (Feburary/March), 154.

9.Donaghy, K. (1997a). Implementing yield management: lesson from the hotel sector. *International Journal of Contemporary Hospitality Management,* 9(2).

10.Donaghy, K., McMahon, U. & McDowell, D. (1995). Yield management: an overview. *International Journal of Hospitality Management,* 14(2), 139-150.

11.Funk and Wagnalls (1990). *Funk and Wagnall's Standard Dictionary* (p.1751). New York: Lippincott & Corwell, New American Library.

12.Griffin, R. K. (1994). Critical Success Factors of Lodging Yield

Management System: An Empirical Industry. Unpublished doctoral dissertation, Virginia Polytechnic Institute and State University, Blacksburg, Virginia.

13. Griffin, R. K. (1997). Evaluating the Success of lodging yield management systems. *FIU Hospitality Review,* (Spring), 57-71.

14. Harris, F. H. & Peacock, P. (1995). Hold my place, please. *Marketing Management,* 4(2), 34-46.

15. Huyon, J. R. & Peters, S. D. (1997). Application of yield management to the industry. In A. Ingold & L. Yeoman (Eds.), *Yield Management Strategies for the Service Industry,* (pp.202-217). London: Cassell.

16. James, G. W. (1987). Fares must yield to the market. *Airline Business,* (January), 16-19.

17. Jones, P. (1997, September 9-11). Yield Management in UK Hotel: A System Analysis. Paper presented at the 2nd Annual International YM Conference, Bath University, London.

18. Jones, P. & Hamilton, Donna. (1992). Yield management: putting people in the big picture. *Cornell Hotel & Restaurant Administration Quarterly,* 33(1), 89-95.

19. Kennedy, D. (1995). Overbooked hotels can maintain loyalty. *Hotel & Motel Management*, 212(16), 22-23.

20. Khan, Mahmood. & Olsen Michael (1993), Hospitality and Tourism, 539-553。

21. Kimes, S. E. (1989b). The basics of yield management. *Cornell Hotel and Restaurant Administration Quarterly,* 30(3), 14-19.

22. Kimes, S. E. (1997). Yield management: an overview. In A. Ingold

& L. Yeoman (Eds.), *Yield Management Strategies for the Services Industries* (pp.3-11). London: Cassell.

23. Kimes, S. E. & Richard, B. C. (1998b). Strategic levers of yield management. *Journal of Service Research*, 1(2), 156-166.

24. Kimes, S. E., Chase, R. B., Choi, S., Lee, P. Y. & Ngonzi, E. N. (1998a). Restaurant revenue management-applying yield management to the restaurant industry. *Cornell Hotel & Restaurant Administration Quarterly*, 37(3), 32-39.

25. Lambert, C. U., Lambert, J. M. & Cullen, T. P. (1989). The overbooking question: a simulation. *Cornell Hotel & Restaurant Administration Quarterly,* 30(2), 14-20.

26. Larsen, T. D. (1988). Yield management and your passengers. *Asta Agency Management,* (June), 46-48.

27. Lieberman, W. H. (1993). Debunking the myths of yield management. *Cornell Hotel & Restaurant Administration Quarterly*, 34(1), 34-41.

28. Lodging Hospitality. (1997). The time has come for yield management., 53(3), 42.

29. Loverlock, C. (1984). Strategies for managing capacity-constrained service organization. *Service Industries Journal*, (November), 76-85.

30. Luciani, S. (1999). Implementing yield management in small and medium sized hotels: an investigation of obstacles and success factors in Florence hotels. *International Journal of Hospitality Management,* 18(2), 129-142.

31. Mac Vicar, A. & Rodger, J. (1996). Computerized yield

management system: a comparative analysis of the human resource management implications. *International Journal of Hospitality Management,* 15(4), 325-332.

32.Morrision, M. L. (1996). *Hospitality and travel marketing* (2nd ed.), New York: Delmar Publishers of I. T. P. Inc., 194-495.

33.Orkin, E. B. (1990). Strategies for managing transient rates. *Cornell Hotel & Restaurant Administration Quarterly*, 30(1), 34-39.

34.Woff, C. (1989). Yield management meet runs broad gamut. *Hotel & Motel Management,* 204(5), 106-109.

35.www.longwaytoru.com.tw/hotel （明泰旅行社）

36.www.suntravel.com.tw/hot/ （太陽網）

附錄一

前檯部門專業術語

A

Affiliate reservation system　聯合訂房系統

AH&MA　美國旅館暨汽車旅館協會（America Hotel and Motel Association）

Auberge　以餐廳為主，附設房間的旅館

Atrium　有中庭式的旅館

Annex　別館

Airtel　機場旅館——同Airport hotel

ARR　到達——Arrival

AJR——Adjoining room，互相連接的房間，中間沒門

Arcade　商店街

Approval code　授權號碼

Assistant manager　副理

Allowance sheet　折讓調整單——同Allowance chit

Accommodation　住宿設備

Amenity　旅館內的各種設備及備品

Automatic wake-up system　全自動叫醒系統

Airlines　航空公司——同Airways

Airmail sticker　航空信戳

Airline rate　航空公司價——旅館以較低房價提供給航空公司之空

服人員

A la care　單點

American plan　美式早餐──除房價外包含三餐甚至下午茶等

Arrival and departure lists　到達暨離開旅客名單──清楚載明旅客在某日即將到達或離開，且在前一晚上將其資料送達至旅館相關部門

Average room rate　平均房價──每一個房間平均之價錢

A/D（After departure）　延遲帳──房客已離去，來不及向房客索取的帳款，同Late charge (L/C)

Advance payment　旅客預付房租

Advance deposit　訂房訂金

Area code　區域號碼

B

Back-of-the house　後場──主要之服務場所比較少與客人直接接觸，如人事、會計與採購等部門

Back to back　連續客人──在同一天內有很繁重之遷出與遷入旅客；亦即一個旅客遷出則另一旅客馬上遷入

Blacklist　黑名單──被旅館列為不受歡迎的人物名單

Black room　準備出租之客房

Block booking　鎖住訂房──在同一天以同樣的價錢訂房，通常因團體或會議等而使得其他客人無法訂到當天之房間

Budget hotels　經濟旅館──提供較簡單設備之房間，由於房價較便宜，因此大多不提供餐飲之服務

Business hotel　經濟級商務旅館──同Budget-type hotel

B&B　民宿旅館──Bed and Breakfast，B&Bs即房租內包含早餐

Bungalow　別墅式平房

Boutique hotel　小巧玲瓏的旅館

Barter　交換房間

Business class　商務艙

B/C　商務中心──Business center

B/D　下行李──Baggage down，團體到達飯店時，必須把旅客行
　　　李從車上卸下

Bell captain　服務中心領班

Bell hop　行李員──同Porter

Brochure　簡介──同Pamphlet

BTC　公司付帳──Bill to company

Bad account　壞帳

Billings　對帳

Butler service　專屬服務員服務──高級豪華旅館內所設的專屬服
　　　務，服務人員隨時聽候差遣

Baggage（美）　行李──同Luggage（英）

Bell desk　行李員服務台──同Porter desk

Bell room　行李間

Board room　豪華會議室──同Conference suite

Bachelor suite　小型套房或單間套房──同Junior suite

Bed-sitter　客廳兼用臥房

Busy signal　電話占線的嘟嘟信號

C

Casino　賭場

Cabin　小木屋

Cabana　游泳池畔的獨立房間

Chalet　城堡式旅館、民宿農莊──同Chateau hotel

Complex　綜合性旅館──有辦公廳、會議廳、商店街等

Commercial hotel　商務旅館──此旅館主要旅客為商務客

Condominium　分戶出租的公寓大廈

Convention hotel　會議旅館──旅館內有會議設備的旅館

Capsule hotel　膠囊旅館──又稱棺材酒店，全是一格格的像盒子
　　　　　　　般的單位，設有電視、保險箱及小書櫃，目前日本流行

Check-in counter　報到櫃檯

Courtyard　中庭

Commissionable source　旅遊相關來源

Conductor　導遊──同Tour guide

CXL　取消──Cancellation，旅客取消其訂房

Cash sale　無訂房之遷入──客人未訂房遷入則需付現金

Cashier's office　出納組──客人遷出付賬或外幣兌換之單位

Chance guest　無訂房之遷入──無訂房遷入之旅客，同Cash sale.

Charge　記帳

Cheque（英）　支票

Charge voucher　對帳單──此帳單詳細記載旅客在本飯店之消費
　　　　　　　金額，包括住宿費及其他消費

Close cashier　關帳──結班時，必須把自己的帳關掉

Cut out time　──一般旅館替預訂的客人保留房間至下午六點

Cut off time　截止時間

Check-in　遷入程序──旅客到達旅館住宿之遷入登記程序

Check-out　遷出程序──旅客離開旅館住宿遷出之結帳程序

CIP　商務貴賓──Commercially Important Persons，大企業的負

責人、旅行社老闆、大眾傳播媒體等有影響力人士，其企業能給旅館帶來很大的利益，通常由旅館決策人員來認定誰是商務貴賓

City accounts　簽帳轉讓——旅館與個人、公司機構簽訂合約，同意支付住宿者的費用及明訂支付範圍。住客簽帳退房後，帳單轉至財務部，每月與簽約客戶結帳

Closed dates　客滿——旅館房間全部被訂滿

Commission　佣金——此金額是給介紹旅客至本旅館之旅行社或公司行號

CNR　連通房——Connecting room，兩間房間有一個共同的門，旅客可以不用經由過走廊就可到達另一房間，此形態的房間很適合家庭成員居住

CNG　服務中心——Concierge，設於大廳，專責處理對客服務，協助處理客人提出的任何問題，其工作亦包括航空機票的代訂、戲院或文藝活動入場券之代購，甚至處理客人的抱怨與投訴等

Cloak room　行李暫存處

Checked baggage　隨機託運之行李

Confirmed booking　確認訂房——旅館經由書信、口頭或E-mail等方式確認其訂房資料

Confirmation slip　訂房確認單

Continental plan　大陸式早餐——房價只包含早餐，又稱為room and breakfast

Contract　合約——雙方同意依法簽訂契約

Conventional chart　訂房紀錄合約表——此表記載旅客之房號、房間形態、客人姓名及住宿時間等，此表適用於餐廳或小

型旅館

Corporate rate　公司、團體價——同Contract rate／Commercial rate
／Company rate，旅館與公司或團體彼此同意給予特別之
房價

C/C　信用卡——Credit card，信用卡公司或銀行同意旅客握有此
卡者能晚一點付款，如Visa卡及American Express等

Curtailment　提早退房——旅客提早離開旅館，同early departure

City ledger　外帳——旅行社或簽約公司之簽帳

Chit　傳票——例如，餐飲服務時，不必當場付錢，而只要在服
務生送來的傳票上簽字，並在退房時付款即可

Courtesy bus　免費提供的交通車

Courier service　國際快遞服務

Conference room　會議室

Clip　迴紋針

Correction fluid　修正液

Calculator　計算機

Central　電話總機、電話接線生——同Operator

Collect call　對方付費電話——指定電話費是由收話的人來付，不
過要等到收話方同意之後，電話才可以接聽

CPN　餐券、聯券——Coupon

Conner room　邊間——位在角落的房間

Check out not ready　客人已退房但房間尚未準備好

Cut off date　清房日、不賣的房間

D

Directory assistant　查號台

DIT　本地旅行之散客／國民旅遊——Domestic Individual Tour

Daily movement report　每日訂房異動報告

Day rate　日租

Deluxe　豪華

Duplex　樓中樓

Double lock key　反鎖鑰匙

Double booking　重複訂房

Duty-free shop　免稅商店

Duty-free article　免稅品

Directory assistance　查號台

DDD　長途直接撥號

DEP　出發時間——Departure

Diversion　暫留——指短暫停留的旅客，此種狀況常發生在機場
　　　　旅館

D/I　今日預計住房——Duc in

D/U　當天遷入又當天遷出，必須付全租——Day use

Day out　預定當天遷出

Definite reservations　確認的訂房

DND　請勿打擾——Do not disturb

DNS　沒有住宿——Did not stay，客人已訂房但未抵達飯店者

Duty manager　值勤經理

Door man　門衛——是第一位接待到達旅館客人的從業人員

Day let　白天使用——此種狀況常發生在商務客上，如面試等

Deposit　訂金——旅客如為保證訂房，飯店則要求先繳訂金

Disbursement　預付金——同VPO（visitors paid out），有時旅客會
　　　　要求旅館先代付其花錢、戲院錢等

Dishonoured cheque　退票——銀行將信用不佳者之支票退還

Double-bedded room　雙人床——一個大床可容納兩人，在美國亦
　　　可稱為twin

Double room　雙人床之普通房

Double-double　四人房

Double occupancy　雙重訂房——兩位旅客重複訂相同之房間

Drawee　受票人——支票之付款人

Drawer　開票人——支票之開票人

E

Eurotel　提供給長期客住

Efficincy apartment　有廚房設備的房間

E.M.K.　緊急鑰匙——Emergency master key

Emergency paging　緊急廣播

Elevator（美）　電梯——同Lift（英）

Extension　分機

Economy class　經濟艙

Early departure　提早退房——旅客比預定退房時間提早離開，同
　　　curtailment 、understay、early check out

Expire date　截止日期

Express check out　快捷結帳

ENT　交際費——Entertainment

Expected avvival　預計抵達而尚未遷入的客人

Expected departure　預計退房

E.B.S.　簽約公司服務台——Executive business service

Extend of stay　延長住宿——同Extention

Employee ledger　員工掛帳

Exchange rate　兌換率

Exchange memo　兌換水單

Exchange order　旅行服務憑證——同Travel voucher、Service order

Executive floor　貴賓樓、商務樓層——同VIP floor、Concierge floor

Executive service　秘書服務——同Secretarial service

Escort　領隊——同Tour guide

End of day　關帳清機

Extra bed　加床

EMT　早上茶——Early morning tea，亦可包含咖啡

European plan　歐式計價——房租不包含餐費在內

F

FIT　散客——Free (foreign) independent traveler，國外旅行之散客

Floor limit　最大信用額度——旅館接受旅客的最大信用額度，同 sanction limit

Folio　帳單——旅客在旅館內之所有消費紀錄，同 guest account

Foyer　大廳——同Lobby

Front desk　櫃檯——負責旅客住宿登記、分配鑰匙及提供資訊等之地方，為旅館之中樞神經

Full-service　全方位服務——提供旅客廣泛之服務，除了住宿外亦包括餐飲、洗衣等服務

First class　頭等艙

FMK　樓層主鑰匙——Floor master key

FOM　客務部經理──Front office manager

FDC　櫃檯出納──Front desk cashier

FOC　免費招待

Full house　客滿──同Fully booked、No vacancy

Flat rate　淨價

Front of the house　前場

Foreign currency　外幣兌換──同Foreign exchange、Money exchange

Flight delay　飛機誤時

Free sales agreement　授權銷售協議

Family room　家庭房

Fill out　填寫（表格、文件等等）

Find out　找出、查出

G

Garni　不設餐廳的旅館

Guest house　美國民宿──歐洲稱Pension或B＆B

GIT　團體旅客──Group inclusive tourist旅館同意給予團體旅客特殊的房價，同flat rate

Guaranteed (GTD) booking　保證訂房──無論旅客是否到達旅館，旅館皆須保留其房間

Group calculation sheet　團體簽認單

Group rooming list　團體房號名單

Group rate　團體價格

G.H　旅客歷史資料──Guest history

Guest title　旅客身分

Guest ledger　房客帳

Gross price　包括佣金在內的房租

Gratuity　小費

GMK　全館通用鑰匙──General master key

H

HI　青年旅館──Hostelling International，是一個國際性的住宿組
　　　織，舊名為Youth hostel

Hospital hotel　療養旅館

Highway hotel　公路旅館

Hotel passport　旅館護照

Hotel card　旅館名片

Hotel information　提供旅館內各種設備的情報

Hotel coupon　旅館住宿券

Hotel directory　旅館指南書

Hotel account　住宿帳單──同Hotel bill

Hold account　保留帳

Hold for Arrival (Arr.)　保留至客人抵達飯店

Holding time　訂房保留時間──通常保留至下午六點

H/U　因公使用──House use

House count　今天已賣出去的房間數

House phone　館內電話

Hall porter　行李員

Hospitality room　接待交誼廳──同Hospitality suite，開會中與會
　　　人員可以自由進出的接待室

Hollywood twin　併床式雙人房──兩側各置放床頭櫃，沒有床

架、床頭板及床尾板的床

Hollywood bed　白天當沙發，晚上當床用

Handicapped room　殘障房

Hide-A-bed　隱匿床、雙人床兼沙發用——同Hideaway bed、
　　　　Murphy，隱藏在牆壁內的床

Half twin　兩人平分雙人房的房租

High season　旺季——旅館旺季時，房價通常是最高

Hospitality industry　餐旅業——提供住宿及餐飲給遠離家鄉的旅
　　　　客或本地的客人

Hotel diary　旅館日誌——記載到達旅客所有的詳細資料，以便
　　　　做最好的服務

Hotel register　旅館登記——當旅客遷入旅館時，櫃檯需請旅客登
　　　　記個人資料，而其資料依法需具備且真實。如外國旅客
　　　　需護照，本國旅客需身分證等

Housekeeping department　房務部——旅館中負責管理客房及清理
　　　　客房與公共區域等事務

I

Invoice number　統一編號

International tourist hotel　國際觀光旅館

IDD　國際長途電話直撥——International direct dialing

IOU　簽帳單

Information directory desk　查號台

Information　詢問處

Incoming call　來話——有從外線進來的電話

Imprinter　刷卡機——旅客到達旅館辦理遷入登記手續時，如使

用信用卡付賬時，需預先做過卡動作，以確定信用卡之
有效期限與額度等

Incidental charge　私人雜費──同Personal account，例如團體旅
　　　　　行時，私人所使用的費用，如電話費等等

Inspected　稽查──主管或領班詳細檢查其房間狀況

Inside room　內向房間──無窗戶而面向中庭、天井的房間

Innovation　設備全部更新

Individual　個別客

J

Junior suite──小套房，同Semi suite

K

Key card　鑰匙卡──旅客遷入登記程序完成時，則可給予鑰匙
　　　　　卡，有些旅館仍使用鑰匙

Kurssal　附有溫泉的旅館

Key tag　鑰匙牌

Key box　鑰匙盒

King size bed　加大型雙人床

L

Luggage tag　行李單

Les clefs d'or　金鑰匙協會

Lodge　獨立小屋

Lanai　屋內有庭院的房間──夏威夷涼台，為休閒旅館最普遍的
　　　　設計

Limited service hotel 簡單型旅館

Late check out 延遲退房

Late charge 延遲帳──客人已退房，但部分帳單才出現

Lay-over passenger 滯留客

Lobby assistant manager 大廳副理

LIMO 禮車、小型巴士──Limousine service，機場與旅館間的定期班車

Lock-out 自動上鎖，鎖在門外

Lounge 接客廳

Long distance call 長途電話

Lost and found 失物招領（L & F）

Loft 頂層房間

L/C 延遲帳──Late charge，亦即住客退房後帳單才送至櫃檯，同After depature (A/D)

Lobby 旅館大廳

Lift(英) 電梯──Elevator（美）

Lost property book 遺失物登記本──房務員需將旅館內所有遺失之物品，確實登記於遺失物登記本上

Low season 淡季──旅館生意最清淡的時候，此時旅館的房價特別便宜

Luggage storage 行李保管間

Luggage（英） 行李──同Baggage（美）

Luggage book 行李登記本──服務中心需處理的旅客之行李問題，如手提行李件數、寄件者、時間等問題，皆需登記在行李登記本上

LB 只有簡便的行李──Light baggage

M

Motel　汽車旅館──同Motor court 、Motor hotel

Management contract　委託經營合約

Mail forwarding address　轉信地址

Mail forwarding address card　郵件轉寄卡

Miscellaneous exchange order　服務兌換券

Money order　匯票

Money change　外幣兌換──同Foreign exchange 、Foreign currency

Massage service　按摩服務

Masseuse　女按摩師

Masseur　男按摩師

MSG　留言──Message

Message slip　留言單

Message light (lamp)　留言燈

M/C　晨間喚醒電話──Morning call，同wake up call

Murphy bed　隱匿床──同Hideaway bed，隱藏於牆壁中的床

Mezzanine　中層樓

Mail advice note　包裹提領通知單──當旅客有包裹或信件等待領取時，則可利用包裹提領通知單通知旅客提領

Modified American Plan　修正美式早餐──房價包含早餐及午餐或晚餐，通常為晚餐。同demi-pension和half board

N

N/S　未出現者──No show，已有訂房但並沒有在特定的當天到達旅館

Night manager　夜間經理

Night audit　夜間稽核員

NB　沒有行李的客人——No baggage

NRG　未登記的客人——None registered guest

No call　不接電話——外線來電找房客，但客人不接電話

Non stop check out　快捷退房服務——同Express check out，即不必前往櫃檯付帳即可離開，帳單最後送至櫃檯

Net income　淨收入

Non-affiliate reservation system　非聯合訂房系統——非聯合訂房系統主要是結合獨立經營之旅館，彼此有訂房業務往來等，藉此可增加旅客來源

Non-profit-making business　非營利事業——其主要營業之目的並非賺錢，如福利機構之餐飲等

Non-smoking floor　非吸煙樓層

O

Open　營業中——尚有房間可出租

OOO　故障房——Out of order，房間無法出租，如房間整修或保養等

OS　停賣做工程的房間——Out of service

OCC　續住客——Occupied

On change room　房客遷出後房間尚未整理完畢，另一客人又遷入

Off season rate　淡季特別價格

On season rate　旺季房價

On change　整理中

On waiting　候補

On-spot confirmation　當場即可確認訂房

Occupancy graph　住房統計圖

Out let　餐飲營業廳

Operator　總機——同Central

Overseas call　越洋電話

On the way　上路了——機場回報給飯店客人現已在回飯店的路上了

Open bed　夜床服務——同Turndown service，為房客作開夜床服務，以便使房客隨時掀開床罩即可上床

Outside room　外向房間——面對外面，可看到館外景色的房間

Overbooking　超額訂房——接受訂房的數目大於實際旅館的房間數，因旅客有可能取消訂房、缺席沒來或提早離開，而旅館又希望住房率能達百分之百，故有時會超額訂房

P

Parador　西班牙的國營旅館——由地方觀光局將古老並具有中古世紀歷史意義的修道院或豪宅改建而成的旅館

Pension　供膳食的公寓——屬歐洲的家庭式旅館，房間很老舊，大多沒有電梯，且房間內沒有衛浴設備，無法使用刷卡付帳，造成許多的不便

Penthouse　閣樓；屋頂套房；最高級套房

Patio　西班牙式內院

PKG　套裝旅遊——Package tour

Package rate　包辦旅遊的價格

Passport　護照

Page　旅館內廣播尋人

Page boy　傳信員、行李員——同Porter、Bell man

Parcel notice　包裹通知單

Pending mail　待領信件

Porter　行李員——同Bell hop

Poterage　行李搬運費

PP　延期——Postpone

P/U　接機——Pick up

Pamphlet　簡介——同Brochure

Profile　檔案

Posting　登帳、入帳

Pay by　付帳從～——例如：602 Pay by 601—601房客替（幫）602房客付帳；同601 Pay for 602—601房客替（幫）602房客付帳

PAX　人數——Persons

PCS　張數——Pieces

PBX　總機——Private branch exchange，連接外線之電話設備

Person to person call　叫人電話——指定某一個人來接聽，而且要等到此人本身來接聽時，才開始計費，若被指名的人不在，就不收任何費用，這種費用比叫號電話爲高

Pay-per-view　付費電視（每看一次就計費一次）

Per-person rate　按人數計算房租

Presidential suite　總統套房

Pass key　清潔員服務鑰匙

Personal effects　隨身物品

Payee　領款人——支票之受款人

Porter's desk　服務櫃檯——主要有門衛、行李員等，負責替旅客
　　　開車門、停車或送行李等工作，同concierge

Prepayment　預付金——尚未得到服務之前就先預付錢等

Paid in advance　預先付房租

Pre-registration　預先遷入登記——旅客尚未到達旅館時就先辦遷
　　　入登記如旅行團體等

Profit-making business　營利事業——主要營業目的為賺錢，如旅
　　　館、商務餐廳等

Q

Queen size bed　雙人床

Quads　四人床

R

Revise　變更

Residential hotel　長住型旅館

Rooming house　美國的公寓式旅館

Resort hotel　休閒旅館

Rating　分級

Room change　換房

Room rate　房價

Room assignment　排房

Room type tropularity report　客房接受度分析報告

Room count　本日尚未售出的房間數

Room status report　房間狀況報告表

Room to rent　房間可以賣（的總數）

Room to sell　房間還可以賣（的總數）

R/S　客房餐飲服務——Room service，不必到餐廳用餐，可以叫
　　　　侍者把食物送到房間

Room division　客房部

Rooming list　住客房號名單、房號分配表

Rooming guest　安排房間、安頓客人

Return guest　再度光臨的客人

Register　登記簿、收銀機

Registration card　登記卡

Rack rate　房價、定價——旅館管理者視現狀訂定不同之房價

Reception office　櫃檯接待——旅館處理旅客之遷入登記及詢問房
　　　　間形態之場所

Reception clerk　櫃檯接待員——同Receptionist

Rate on request　議價的房租

Relet room　房客原來住的房間，因故離去而不能回來住宿

Run of the house rate　旅館取最高與最低之平均價，作為團體的
　　　　價格

Reservation forecast　訂房預報表

Reservation confirm　訂房確認

Reservation control sheet　訂房控制表

Reservation form　訂房記錄表——此表主要被使用於記錄旅客之
　　　　詳細資料如姓名、到達日期、住宿天數、地址、電話號
　　　　碼、接機及特殊要求等

Reservation office　訂房組——前檯中訂房組負責代表旅館賣房間
　　　　給予旅客

Revenue management　利潤管理——同Yield management

Room occupancy percentage　住房率——實際賣出房間之百分比，

已賣房間數÷總房間數×100％

Room state/ status　房間狀況——表示房間已出組、空房或維修中
　　　　等狀況

Reinstate　取消的訂房再恢復

Renovation　更新設備，重新裝潢、改修過房間

Rental car　租車

Routing　旅行路線安排

Rollaway bed　掛有車輪，可以摺疊的床

Room maid key　清潔員服務鑰匙

S

Self-catering hotel　自助型旅館——除基本住宿設備外，並不提供
　　　　任何其他的服務

Seasonal resorts　季節型度假旅館

Schloss hotel　德國式城堡旅館

Suburban hotel　都市近郊旅館

Station hotel: 車站附近的旅館

Series booking　系列訂房

SOP　標準作業程序——Standard operation procedure

Secretarial service　秘書服務——同Executive service

Simultaneous translation　同步翻譯

Switch board　總機——同PBXn (Private branch exchange)

Station to station call　叫號電話——指定某一個人的電話號碼，而
　　　　不指定某一個人接電話，只要有人開始接電話，就開始
　　　　計費了

Supplementary fees　追加費用

S/C 服務中心──Service Center

Sticker 行李標貼

Shuttle bus 來往市內、旅館與機場間的專用車

Space availability chart 訂房控制圖表

Safe deposit 保險箱──同Safety box，提供旅客存放貴重物品之
設備

Sleeper 呆房

Single 單人床──房間適合一個人住

Suite 套房

Semi-suite 小型套房──同Junior suite

Studio bed 沙發床──日間當沙發，晚上當床用之兩用床，同
Hide-A-bed，最適合小房間使用

Sofa bed 沙發床──同Statler bed

Semi double bed 半雙人床──120cm×200cm

Single room surcharge 單人床追加房租

SITs 特殊興趣旅客──Special interest tours，由於特殊的興趣
（如世貿電腦展等）將吸引再度光臨之旅客

Skipper 跑帳者──同Walk-out，旅客未付款即離去

SO 外宿──Sleep out，旅客有訂房間但卻未在旅館內過夜，如
因出差外地或訪問親友等因素無法回旅館過夜休息

SPATTS 特別關照旅客──Special Attention Guests，旅館必須加
以特別照顧，如長期住客或董事長之親友等

Standard room rack rate 標準房價──房價內不含任何餐券或折扣
等

Special rate 特別房價──當貴賓遷入時，以更好形態的房間取
代原來的房間，但仍然以原訂的房價收費

Stay-on　續住——旅客訂房超過兩晚，或者快到住期時間要求延
　　　長住宿

Stay-over　延期續住旅客——旅客已到遷出時間但希望能多停留
　　　一日或多日

Service order　旅行服務憑證——同Exchange order、Travel
　　　voucher

Souvenir　紀念品

Slides projector　幻燈機

Stapler　訂書機

Staple　訂書針

Scotch tape　膠帶

Scissors　剪刀

T

Trolley　行李車

Transit hotel　過境旅館

Transient hotel　短期性旅館

Terminal hotel　終站旅館

Turning away　外送

T/C　旅行支票——Travelers cheque

Ticketing　票務

Tag　標籤、籤條

Tax exemption　免稅

Tour package　全套旅遊

Tour guide　導遊——同Conductor

Time difference　時差

Telephone toll　電話費

Telephone credit card　電話計費卡

Toll free call　免費服務電話

Telephone secretary　電話秘書

Table d'hote　定食或公司餐——固定價格之套餐

Tours　團體旅客——團體旅客皆大多一起遷入且一起遷出，同 GITs

Tour guide　導遊

Travel agent　旅行社——旅行社代旅館替旅客訂房及安排活動，藉此賺取佣金

Twin room　雙人房—— 一間房間內有兩張分開的床

Twin double　四人房

Triple room　三人房

Tariff　房價

Turndown service　夜床服務——同Open bed service、Night service(NS)

Tower　高層樓

Trunk　車廂

U

Unload luggage　卸運行李

Urban hotel　城市旅館——同City hotel

Uniform service　服務中心——同Concierge

Up sale　增加銷售收入——客人訂房時，飯店為了增加收入，如果增加一點點價錢，那房間就可從小房間變至大房間，為推銷手法之一種

U/G　升等——up grade，將房間免費從小房間變至大房間

Update reservations　更新訂房資料

Under stay　提前離店——同Early check out

Unoccupied　空房——同Vacant room

V

Vehicle　車輛

Villa　別墅

Valuables　貴重物品

VHR　住宿憑證——Voucher

VIP　重要貴賓——Very important person

VIP set-up　貴賓迎賓安排

VPO　預付金——旅客有時會要求旅館先代替付其消費金額（如戲院錢等），同disbursement

Vacant　空房——同Unoccupied

Vancant and ready　可租出之空房

Visa　簽證

Valet parking　泊車服務

W

Whiteboard marker　白板筆

Weekday rate　平日房價

Weekend rate　週末房價

Wake up call　喚醒電話——同M/C (Morning call)

W/I　臨時抵達旅客——Walk in，沒有訂房散客，同Cash sale、Chance guest

Walking a guest——保證訂房或已做確認的旅客，由於旅館房間不
　　　　足，故須安排旅客至另一個旅館住宿，通常旅館會
　　　　upgrade旅客的房間，卻不加收其費用

Welcome drink coupon　迎賓飲料券

Welcome letter　歡迎函

Welcome set-up　迎賓安排

Waitlist　候補名單

Wet bar　私人小酒櫃、房內小型酒吧，同Mini bar

X

Xerox machine　影印機

Y

Yachtel　遊艇旅館

Youth hostel　青年旅館——現已改名為HI (Hostelling
　　　　International)，是一個國際性的住宿組織

Yield management　利潤管理——主要目的讓旅館之房間收入最大
　　　　化，同revenue management

Z

Z-bed　摺疊床——摺疊床輕便、不占空間且容易存藏，通常白天
　　　　可當沙發，晚上則可當床

附錄二

Concierge （一）

　　服務中心是旅客館內外資訊、詢問的中心，而由於旅客有不同的需求，因此服務中心人員需具備豐富的知識與常識以及良好的語言溝通能力，以下將舉出旅客常問的問題，供剛進服務中心人員參考。

1. Please write down 3 "5 star hotel" name in town and their address and telephone number in Chinese and English.

2. How long does it take by Fe-Go bus from the Hotel to International Airport? And how much will that cost per person?

3. Please write down 5 morning newspapers with Chinese and the Newspaper Codes.

4. Please write down 3 morning newspaper with English and the Newspaper Codes.

5. What is the newspaper code for "Asahi Shibum"?

6. What is the country code for calling to Canada and United States?

7. What time is Business Center open hours?

8. How much do we charge for "Valet Parking"?

9. Where are the fire extinguishers in the lobby?

10. What number should you dial in case of emergency?

11. How many TV channels do we have in guestroom? Which channel is HBO?

12.Please write down 5 items "Free of Charge" for in-house guests.

13.Please tell me what does SQ, TG, CI, MU, DL, and CO mean?

14.How long does it take from the hotel to "Domestic Airport"?

15.Please tell me 3 hospitals in Chinese and English in our neighborhood.

16.Please tell me 3 temples in English and Chinese which one is closed night market.

17.Please tell me 5 department stores and what time they will close?

18.How do I find the movie titles in English?

19.What does TWTC stand for and how long will it take to walk there?

20.Please show me how to get on "Highway number 2".

21.Please recommend 3 legal night entertainment.

22.Please tell me 3 night markets that you are familiar with and how long does it take to each place?

23.I am looking for the BEST steak house in town, what is your recommendation?

24.Please write down the names of 5 pubs which have line bands.

25.Please write down the address of Chinese handicraft center and it's open hours.

26.How much will it cost to get a taxi from the hotel to Nei-Hu?

27.Where is computer components market?

28.What time is Ding Tai Feng open hours?

29.Please recommend 2 Indian Food restaurants and their location.

30.Where is professional baseball game held in Taipei?

31.Please tell me e-mail address for Service Center.

32.Where can I exchange EURO that is the closest the hotel?

33.Where can I buy imitation brand-name watches?

34.How many persons are fitted in a mini van (driver excluded)?

35.Which road is called "Bookshop Street"?

36.Which temple will hold "Lantern Festival" in town?

37.What does MOFA mean and it's Address?

38.How much is the entrance fee of National Palace Museum and what is the opening hour?

39.Please tell me the Standard of telephone greeting.

40.Is there time difference between Taiwan and Japan?

41.Please write down at least 6 items name of cigarettes.

42.Where can I buy some dry goods?

Concierge（二）

以下將針對上述的問題提供解答，而由於每家飯店的位置與設備不同，故以下之答案僅供參考，讀者可以試著依您所在的飯店情況，而加以練習回答。

1.Please write dow the name of three "5 star hotel" in Taipei and their address and telephone number in Chinese and English.

Far Eastern Plaza Hotel 遠東國際大飯店 台北市敦化南路二段201號 2378-8888

Grand Hyatt Hotel Taipei 台北凱悅大飯店 台北市松壽路2號 2720-1234

The Sherwood Taipei 西華飯店 台北市民生東路三段111號 2718-1188

2.How long does it take by Fe-Go bus from the Hotel to International Airport? And how much will that cost per person?

It might take 1 hour to 1 hour and a half to the airport, it charges N.T.D. 135 per person.

3.Please write down the name of 5 Chinese language morning newspapers and the Newspaper Codes.

中國時報CT　聯合報UDN　經濟日報EDN　民生報 MSN 自由時報LT

4.Please write down the name of 3 English language morning newspaper and their Newspaper Codes.

International Herald Tribune (IHT)　Taipei Times (TT)

Asian Wall Street Journal (AWJ)

5.What is the Newspaper Code for "Asahi Shibum"?

ASA

6.What is the country code for calling to Canada and United States?

Please, dial #1.

7.Between what hours is the Business Center open?

It begins from 07:00 to 22:00.

8.How much do we charge for "Valet Parking"?

It charges N.T.D. 120 for per hour.

9. Where are the fire extinguishers in the lobby?

There are two fire extinguishers, one in front of escalator; the other is in front of guest elevators.

10.What number should you dial in case of emergency?

119 or 110

11. How many TV channels do we have in our guestroom? Which channel is HBO?

30 channels including music channels

CH. 11 is HBO (Home Box Office)

12. Please write down 5 items "Free of Charge" for in-house guests.

1. two bottles of mineral water

2. Free parking

3. Free usage of Health Club facilities

4. Free daily newspaper

5. Free entrance to Sean's Pub

13. Please tell me what does SQ, TG, CI, MU, DL, and CO mean?

Singapore Airline, Thai Airways, China Airlines, Air Macau, Delta Airline and Continental Airline.

14. How long does it take from the hotel to "Domestic Airport" ?

Approximately 20 mins by taxi, I would suggest you to leave the hotel 1 hour prior to the flight departure.

1. Ta Shee bus - N.T.D. 300 - 07:00, 09:00, 11:00, 14:00 and 17:00

2. Leo Foo them park - Free - On weekend in front of the Westin Taipei

3. DFS - Free - Duty Free Store on call by Service Express

15. Please tell me 3 hospitals in Chinese and English in our neighborhood.

Adventist Hospital　　台安醫院

Chang Kang Hospital 長庚醫院

Mackay Hospital 馬偕醫院

16. Please tell me 3 temples in English and Chinese. which one is close to the night market?

Hsin Tien Temple 行天宮

Lung Shan Temple 龍山寺 Night Market - snake alley

Pao An Temple 保安宮

17. Please tell me 5 department stores and what time they will close?

SoGo Department Store	Mon-Thursday 21:30
Mitsukoshi Department Store	Fri-Sunday 22:00
Takashimaya Department Store	
Ming Yao Department Store	
SunRise Department Store	

18. How do I find the movie titles in English?

You can find English movie titles in the local English newspapers.

19. What does TWTC stand for and how long will it take to walk there?

It means Taiwan World Trade Center and it might take you 2 hours from here to there by walk. Would you like to take a taxi?

20. Please show me how to get on "Highway number 2".

Please go straight south on Chien Kuo N. road to get onto high way 2.

21. Please recommend 3 legal night entertainment.

1. KTV but please bring your passport with you

2. Disco Pub, the nearest is Kiss la bocca or the Sean's Pub

3.Night Markets

22.Please tell me 3 night markets that you are familiar with and
how long does it take to each place?

Jao Ho Street   15 mins by taxi

Shih Lin   15 mins by taxi

Tong Hwa Street   20 mins by taxi

23.I am looking for the BEST steak house in town, what is your
recommendation?

Ruth Chris, Should I need to book a seat for you?

24.Please write down the names of 5 pubs which have live
bands.

Sean's Pub

Ziga Zaga

EZ 5   安和路二段

Zee's   主婦之店

Michel's   米丘餐廳

25.Please write down the address of Chinese handicraft center
and its business hours.

台北市徐州路1號

09:00-17:30

26.How much will it cost to get a taxi from the hotel to Nei-Hu?

N.T.D. 250-300

27.Where is computer components market?

光華商場

28.What time is Ding Tai Feng open hours?

It begins from 09:00 to 20:30, but food serving just begins from

10:30 to14:00 and from 16:30 to 20:30.

29. Please recommend 2 Indian food restaurants and their location.

Tandoor, Min-Chuan E. Road

New Dehli, Lin Shen N. Road

30. Where are professional baseball games held in Taipei?

Tien Mu Baseball Stadium

31. Please tell me e-mail address for Service Center.

Concierge@westinhtl.com.tw

32. Where is the closest place to the hotel to exchange EURO?

Go to the International Chinese Business Bank.（ICBC:中國國際商業銀行）

33. Where can I buy imitatior brand-name watches?

Sunrise Department Area

Snake Alley

Kuang Hwa Market

34. How many persons can occupy in a mini van (driver excluded)?

The capacity of mini van is 7 persons excluded drives.

35. Which road is called "Bookshop Street"?

Chung Ching S. Road

36. Which temple will hold "Lantern Festival" in town?

Lung Shan Temple

37. What does MOFA mean and it's Address?

Ministry of Foreign Affair 外交部

凱達格蘭大道2號

38.How much is the entrance fee of National Palace Museum and what hours is the open?

It is cost N.T.$ 80 for per person and is open from 09:00 to 19:00.

39.Please tell me the Standard of telephone greeting.

Good Morning/afternoon/evening, Service Center Vicky peaking, how may I help you?

40.Is there a time difference between Taiwan and Japan?

Yes, there is one-hour lag between Taiwan and Japan

41.Please write down the names of at least 6 brands of cigarettes.

Marlboro, Marlboro lights, Davidoff, Longlife, Mild Seven, Virginia Slim, 555

42.Where can I buy some dry goods?

Di Hwa Street

旅館前檯作業管理　　　　　　　　　　　　　　餐旅叢書

作　　　者／郭春敏

出　版　者／揚智文化事業股份有限公司

發　行　人／葉忠賢

總　編　輯／林新倫

登　記　證／局版北市業字第1117號

地　　　址／台北市新生南路三段88號5樓之6

電　　　話／(02)2366-0309

傳　　　真／(02)2366-0310

網　　　址／http://www.ycrc.com.tw

E-mail／book3@ycrc.com.tw

郵政劃撥／19735365

戶　　　名／葉忠賢

法律顧問／北辰著作權事務所　蕭雄淋律師

印　　　刷／鼎易印刷事業股份有限公司

ISBN ／957-818-493-X

初版三刷／2014年8月

定　　　價／新台幣450元

國家圖書館出版品預行編目資料

旅館前檯作業管理 / 郭春敏著.-- 初版.--

臺北市：揚智文化, 2003[民 92]

面；　公分.--（餐旅叢書）

參考書目：面

ISBN　957-818-493-X（平裝）

1. 旅館-管理

489.2　　　　　　　　　　　92003068